Johannes Kellerer

Panoramic Displays

Johannes Kellerer

Panoramic Displays

Untersuchung zur Auswahl von Eingabeelementen für Großflächendisplays in Flugzeugcockpits

Südwestdeutscher Verlag für Hochschulschriften

Imprint
Any brand names and product names mentioned in this book are subject to trademark, brand or patent protection and are trademarks or registered trademarks of their respective holders. The use of brand names, product names, common names, trade names, product descriptions etc. even without a particular marking in this work is in no way to be construed to mean that such names may be regarded as unrestricted in respect of trademark and brand protection legislation and could thus be used by anyone.

Publisher:
Südwestdeutscher Verlag für Hochschulschriften
is a trademark of
Dodo Books Indian Ocean Ltd., member of the OmniScriptum S.R.L Publishing group
str. A.Russo 15, of. 61, Chisinau-2068, Republic of Moldova Europe
Printed at: see last page
ISBN: 978-3-8381-1920-5

Zugl. / Approved by: Darmstadt, TU, Diss., 2010

Copyright © Johannes Kellerer
Copyright © 2010 Dodo Books Indian Ocean Ltd., member of the OmniScriptum S.R.L Publishing group

Zusammenfassung

Das Cockpit moderner Flugzeuge ist eine komplexe Arbeitsumgebung mit vielschichtigen Aufgabengebieten und Belastungskomponenten. Die Ergebnisse dieser Untersuchung zeigen, dass durch intensive Arbeiten im Bereich der ergonomischen Arbeitsplatzgestaltung und durch Änderungsmaßnahmen der Mensch-Maschine-Schnittstelle im Flugzeugcockpit erhebliche Verbesserungen der Leistungsfähigkeit wie auch eine Reduzierung der Belastung des Operateurs erzielt werden können.

In dieser Arbeit wird die Bedienleistung von Touchscreen und Trackball für Eingaben auf einem Großflächendisplay für die Anwendung in hochagilen Flugzeugen untersucht. Zentraler Punkt der Untersuchung ist die Quantifizierung der Bedienleistung der betrachteten Eingabeelemente für die im Flugzeugcockpit herrschende Aufgaben- und Belastungsstruktur. Die Interaktion mit dem Großflächendisplay wurde dabei durch Zeigeaufgaben abgebildet. Die variable Belastungssituation wurde durch verschiedenartige Zusatzaufgaben repräsentiert, die im Versuch simultan mit den Zeigeaufgaben bearbeitet werden mussten. Die Inhalte der unterschiedlichen Aufgaben wurden in einer umfassenden Aufgaben- und Belastungsanalyse am Beispiel eines konkreten Flugzeugmusters ermittelt. Die Flugzeugdynamik und deren Auswirkungen auf die Eingabeleistung des Piloten wurden durch die Analyse vorliegender Flugdaten berücksichtigt. Die Datenerhebung fand ausschließlich mit fliegendem Personal unterschiedlicher Erfahrungsstufen statt, wobei ein Großteil der Versuchspersonen Testpiloten militärischer Flugzeugmuster mit mehr als 3000 Flugstunden sind und daher Expertenstatus besitzen.

Die Leistungsunterschiede zwischen den betrachteten Bedienelementen Touchscreen und Trackball sind in den unterschiedlichen Kombinationen aus Zeige- und Zusatzaufgaben erwartungskonform. Die Verwendung des Touchscreens führt, verglichen mit dem Trackball, zu erheblich kürzeren Bedienzeiten bei einem gleichzeitig sehr hohen Erfüllungsgrad der Zeigeaufgabe und wirkt sich darüber hinaus positiv auf die Leistung in der Zusatzaufgabe aus. Auf Grundlage der Versuchsergebnisse ist im Rahmen dieser Untersuchung kein Genauigkeitsunterschied zwischen den beiden Bedienelementen zu erwarten.

Die Zeige- und Zusatzaufgaben bzw. der Belastungskontext wurde von den Piloten als sehr repräsentativ bewertet. Die Bedienfeldgrößen der quadratischen Ziele in den Zeigeaufgaben, mit einer Aktivierungsfläche von 17 mm Kantenlänge, wurden von den Versuchspersonen als ausreichend groß und die gewählte optische Rückmeldung sehr positiv bewertet.

Zusammenfassend zeigen die Ergebnisse dieser Usability-Untersuchung klare Leistungsdifferenzen in Zeige- und Zusatzaufgaben in Abhängigkeit vom in der Zeigeaufgabe verwendeten Bedienelement. Es ist in den meisten Fällen ein eindeutiger Leistungsvorteil des Touchscreens erwartungskonform für alle Kombinationen aus Zeige- und Zusatzaufgaben erkennbar. Treten bei der gleichzeitigen Bearbeitung Interferenzen zwischen Zeige- und Zusatzaufgabe auf, so führt dies bei der Verwendung des Trackballs zu deutlicheren Leistungseinbußen als beim Touchscreen. Der Trackball wird von den Piloten besser bewertet als das derzeit im Eurofighter befindliche indirekte CCE, der XY-Controller. Es ist daher neben der Empfehlung, den Touchscreen als primäres Bedienelement zu verwenden, eine Kombination aus Touchscreen und Trackball ratsam. Dadurch wird ein leistungsstarkes und redundantes Bedienkonzept erreicht, das zudem alle Kriterien des HOTAS bzw. VTAS Konzepts erfüllt.

Abstract

The cockpit of modern aircraft is a complex working environment with various tasks and work load components. The results of this study show, that intensive work within the field of human factors engineering and modification measures of the human-machine-interface in aircraft cockpits can significantly improve operators' performance and reduce work load respectively. In this study control performance of a touch screen and trackball control interface is investigated with respect to their application with panoramic displays in highly agile aircraft cockpits.

Crucial point of this investigation is the quantification of control performance of the above mentioned control devices in consideration of representative task and work load context of fighter aircraft cockpits. The interaction with panoramic displays is represented by pointing tasks. The variable work load environment will be displayed by different additional tasks. Pointing and additional tasks have to be executed simultaneously during the test runs. The contents of the tasks were elaborated within a vast task and work load analysis with respect to a concrete aircraft type. Aircraft dynamics and their impact on pilots' control performance were considered by an analysis of representative flight data.

The test runs were all performed by flying personnel of all levels of expertise, whereas the bulk of the test subjects were test pilots of fighter aircraft and had therefore expert status with more than 3000 flying hours.

The performance differences between touch screen and trackball interaction in the various combinations of pointing and additional tasks are according to our expectations and the hypotheses. The touch screen usage leads, compared to the trackball, to considerable shorter interaction times and concurrently to extensive higher task completion of the pointing tasks and affects the performance of the additional tasks positively as well. Based upon the results of this study no accuracy difference between the two control devices could be observed in the pointing task.

Pointing and additional tasks as well as the resulting work load context were assessed as very representative by the subjects. The square activation size of the pointing targets (edge length = 17 mm) and the according feedback were judged as sufficient.

In summary the results of this usability study show distinct dependency of performance differences in pointing and additional tasks with respect to the operating control device of the pointing task. In most task combinations a significant performance advantage of the touch screen can be observed. Occur interferences between the simultaneously operated pointing and additional task the negative impacts on task performance and completion are considerable less severe by using the touch screen, compared with the trackball. All the same, the pilots preferred the trackball in comparison with the Eurofighter's current cursor control element, the XY-controller. Therefore we suggest the touch screen as primary control element for panoramic displays in fighter aircraft in combination with an additional trackball, sited in the throttle top. Thus a high-performance control concept can be achieved, with full HOTAS and VTAS compatibility.

Inhaltsverzeichnis

1. Einleitung 1
   1.1. Motivation 1
   1.2. Ziele 3
   1.3. Aufbau der Arbeit 3
2. Mensch-Maschine Interaktion in Flugzeugen 5
   2.1. Anzeigen und Interaktion in aktuellen hochagilen Flugzeugen 5
      2.1.1. Displays und Bedienelemente 5
      2.1.2. Informationsanzeige und Eingabefunktionalität 7
      2.1.3. Problematik bestehender Displaysysteme 8
   2.2. Großflächendisplays 9
      2.2.1. Grundlagen 9
      2.2.2. Anzeigekonzept 10
      2.2.3. Bedienkonzept 12
   2.3. Berührempfindliche Anzeigen in Flugzeugen 14
      2.3.1. Technologie 14
      2.3.2. Bisherige Anwendungen in Flugzeugcockpits 15
      2.3.3. Eigenschaften der Touchscreenbedienung 16
      2.3.4. Aktivierungsflächen 18
      2.3.5. Rückmeldung 19
   2.4. Psychologische Untersuchungsgrundlagen 22
      2.4.1. Usability-Untersuchung 22
      2.4.2. Menschliche Informationsverarbeitung 24
   2.5. Hypothesen 27
3. Großflächendisplays in hochagilen Flugzeugen 29
   3.1. Auswahl eines Flugzeugmusters 29
   3.2. Cockpitbeschreibung 30
      3.2.1. Neue Displaykonfiguration 30
      3.2.2. Bedienelemente 34
      3.2.3. Anthropometrie 35
   3.3. Analyse der Eingabehandlungen des Piloten 38
      3.3.1. Aufgabenspektrum 38
      3.3.2. Belastungsstruktur 40
   3.4. Flugdynamik hochagiler Flugzeuge 44
      3.4.1. Klassifizierung der Beschleunigungen im Cockpit 44
      3.4.2. Beschleunigungsspektrum - Analyse von Flugdaten 46
   3.5. Einfluss von Beschleunigungen auf die Bedienleistung des Piloten 49
      3.5.1. Leistungsfähigkeit des Menschen in bewegter Umgebung 49
      3.5.2. Antwortverhalten des Hand-Arm-Systems auf mechanische Schwingungen 52
4. Evaluation der Bedienelemente 59
   4.1. Experimentelles Vorgehen 59

Inhaltsverzeichnis

- 4.2. Versuchsbeschreibung 62
  - 4.2.1. Zeigeaufgaben 62
  - 4.2.2. Zusatzaufgaben 66
  - 4.2.3. Ablauf 72
- 4.3. Instrumente und Messgeräte 74
  - 4.3.1. Versuchsumgebung 74
  - 4.3.2. Software 76
  - 4.3.3. Fragebögen 76
- 4.4. Stichprobenkonstruktion 77
- 4.5. Untersuchungsdurchführung 77
- 4.6. Datenerhebung und Analyse 78
- 5. Ergebnisse und Diskussion 81
  - 5.1. Stichprobenbeschreibung 81
  - 5.2. Versuch 1: Single Targets 81
    - 5.2.1. Leistung in der Zeigeaufgabe 81
    - 5.2.2. Leistung in den Zusatzaufgaben 88
    - 5.2.3. Diskussion 94
  - 5.3. Versuch 2: Multiple & Moving Targets 99
    - 5.3.1. Leistung in der Zeigeaufgabe 99
    - 5.3.2. Leistung in den Zusatzaufgaben 105
    - 5.3.3. Diskussion 111
  - 5.4. Belastungsstruktur 117
    - 5.4.1. Zeigeaufgaben 117
    - 5.4.2. Eindimensionale Zusatzaufgaben 118
    - 5.4.3. Mehrdimensionale Zusatzaufgabe 123
  - 5.5. Nutzerzufriedenheit 125
    - 5.5.1. Standardisierte Fragebögen 126
    - 5.5.2. PanDis-Usability Fragebogen 129
  - 5.6. Hypothesenprüfung 130
- 6. Zusammenfassung und Ausblick 133

1. Einleitung

1.1. Motivation

Die intensive Nutzung des Flugzeuges zum Transport von Menschen und Gütern aller Art und die damit einhergehende Optimierung der Fluggeräte zur Erfüllung dieses Zwecks hat seit dem Anfang der kommerziellen Verwendung des Flugzeugs bis in die Neuzeit die Transportkapazität der Flugzeuge wie auch das Flugaufkommen extrem ansteigen lassen (Klingauf & Azzam, 2008). Die Flugzeuge werden mit immer mehr Funktionen ausgestattet, die einen effizienten und sicheren Flugbetrieb gewährleisten müssen. Das Cockpit als Kommunikationsschnittstelle zwischen Pilot und Flugzeug macht diese Funktionen dem Operateur zugänglich. Die Qualität der Mensch-Maschine-Schnittstelle wirkt sich daher direkt auf die Leistungsfähigkeit des Flugzeuges aus. Finden Erweiterungen des Funktionsumfangs des Flugzeuges statt, durch die eine Einflussnahme des Piloten auf das Flugzeug oder den Flugbetrieb notwendig wird, führt dies zu Änderungen der Anzeigen und Bediengeräte im Cockpit. Es sind somit ständige Integrations- und Optimierungsmaßnahmen des Cockpits notwendig.

Das sukzessive Anpassen der Cockpits an neue Funktionalitäten zeigt sich vor allem in der geschichtlichen Entwicklung der Cockpitanzeigen und Bediengeräte. Mit der Einführung des Computers und verbesserter Sensoren gegen Ende der 70er Jahre nahm die Funktionalität des Flugzeuges, aber auch die Anzahl der verfügbaren und darstellbaren Informationen deutlich zu (Adam et al., 1986). Diese Informationsflut konnte mit den damals üblichen Anzeigegeräten für den Piloten nicht mehr nutzbar gemacht werden. Multifunktionsdisplays ermöglichen an dieser Stelle die gleichzeitige Darstellung verschiedener Informationen auf einem Anzeigegerät sowie die zeitliche Variation des Inhalts dieser Anzeige. Aus wenigen analogen Rundinstrumenten zu Beginn der Luftfahrt zu Anfang des 20. Jahrhunderts haben sich im Laufe der Zeit komplexe Cockpitschnittstellen entwickelt, die dem Piloten eine Vielzahl an Informationen zur Verfügung stellen und unterschiedlichste Bedienaktionen ermöglichen.

Die Displayfläche und die Anzahl der darauf darzustellenden Informationen hat seitdem stetig zugenommen. Größere Displayflächen ermöglichen nicht nur die Anpassung der Anzeige an eine ständig wachsende Informationsmenge, sondern auch die kontextabhängige Integration von Informationsgruppen zur intuitiven Darstellung aller wichtigen Informationen (Wickens, 2003). Adam (1991) sieht in der Zusammenfassung von Informationsgruppen auf einem Display und der Verwendung möglichst großflächiger und variabel belegbarer Anzeigegeräte die Möglichkeit einer deutlichen Verbesserung der Informationsaufnahme und des Situationsbewusstseins der Piloten sowie eine erhebliche Steigerung des Leistungspotentials von Pilot und Flugzeug. Er prognostizierte Anfang der 90er Jahre auf Grundlage seiner Arbeiten zu diesem Thema eine weitere Zunahme der Displayfläche der Cockpitanzeigen, die letztendlich zu der Verwendung einer einzigen großflächigen Anzeige im Bereich des Hauptinstrumentenbretts moderner Flugzeugcockpits führt (Adam, 1994).

Heutige Displaytechnologien besitzen erstmalig seit den Arbeiten von Adam das Potential der Realisierung solcher Großflächendisplays. Da diese Anzeigen bisher in keinem Flugzeugmuster zur Serienreife gebracht wurden, stellen sich grundlegende Fragen zur Gestaltung der Informationsdarstellung und der Interaktion auf und mit solchen Displaygeräten.

Adam (1991) führte umfangreiche Untersuchungen zur Anwendung eines Großflächendisplays in hochagilen Flugzeugen durch und gibt damit wichtige Anhaltspunkte für eine optimierte Darstellung von Information auf großflächigen Anzeigegeräten. Er diskutiert auch die Verwendung möglicher Bediengeräte wie etwa Touchscreens, die sich besonders für die Interaktion mit Großflächendisplays eignen. Konkrete Hinweise für deren Verwendung finden sich jedoch an dieser Stelle nicht (Schwartz & Adam, 1987; Joss, 1987). Buxton (2007) kommentiert die Entwicklung von Bediengeräten und Interaktionskonzepten im Allgemeinen wie folgt:

> „To significantly improve a product by a given amount, it probably takes about two more orders of magnitude of cost, time and effort to improve the display as to get the same amount of improvement on input. Why? Because we are ocular centric, and displays are therefore much more mature." Bill Buxton (2007)

Befasst man sich also mit der Erstellung eines Anzeigekonzeptes für neuartige Anzeigen, ist nach Buxton (2007) eine Bearbeitung des korrespondierenden Bedienkonzepts ratsam, da dadurch mit vergleichsweise geringem Aufwand eine Verbesserung der Schnittstelle erreicht werden kann. Betrachtet man die Eingabemittel in modernen Flugzeugen, so finden sich bis heute im Bereich des Hauptinstrumentenbrettes mit Drehreglern, Kipp- und Druckschaltern noch immer die gleichen Bediengeräte wie schon in den 70er Jahren. Eine eingehende Untersuchung möglicher Eingabegeräte für die Interaktion mit Großflächendisplays ist daher im Hinblick auf weitreichende Änderungen des Anzeigekonzepts wichtig. Dies gilt vor allem dann, wenn die Einrüstung großflächiger Displays aufgrund der begrenzten Fläche des Hauptinstrumentenbrettes keinen Platz mehr für herkömmliche Bedienelemente bietet (Adam et al., 1986).

Es stellt sich daher die grundlegende Frage, welche Bediengeräte sich für die Interaktion mit Großflächendisplays besonders eignen. Zur Feststellung dieser Eignung muss zunächst der Einfluss des Bediengeräts auf die Leistungsfähigkeit von Mensch und Maschine im Aufgabenkontext des Piloten im Flugzeugcockpit quantifiziert werden. Durch den Vergleich der Bedienleistung unterschiedlicher Bediengeräte und Eingabevarianten lässt sich für verschiedene Eingabehandlungen das leistungsstärkste Bediengerät auswählen. Die Interaktion kann dann durch die geeignete Auswahl eines oder gegebenenfalls durch die Kombination mehrerer Bediengeräte leistungsgerecht optimiert werden.

Von Adam et al. (1986) wird der Touchscreen als primäres Bediengerät für die Interaktion mit Großflächendisplays vorgeschlagen. Der Touchscreen besitzt nach Kerschenlohr (2007) diverse Vorteile, die seine Wahl als primäres Bedienelement für großflächige Anzeigen unterstützen. Im Rahmen dieser Arbeit wird die Leistungsfähigkeit des Touchscreen und verschiedener Bedienelementalternativen betrachtet, um ein breites Entscheidungsfundament für die Auswahl von Bedienelementen bzw. deren Kombination für Großflächendisplays in hochagilen Flugzeugen zur Verfügung zu stellen.

1.2. Ziele

Ziel der vorliegenden Arbeit ist die Schaffung einer Entscheidungsgrundlage für die Auswahl leistungsstarker Bedienelemente für die Interaktion mit Großflächendisplays in modernen hochagilen Flugzeugen. Diese Arbeit liefert eine Übersicht des Leistungsspektrums der untersuchten Bediengerätalternativen. Dazu wird die Leistung der Bediengeräte für unterschiedliche Eingabehandlungen im Cockpit anhand üblicher Usability-Maße quantifiziert und gleichzeitig die Auswirkungen der Bediengeräte auf die Bedienleistung weiterer Aufgaben des Piloten im Cockpit erhoben. Auf Grundlage dieser Untersuchungsdaten werden die Bediengeräte miteinander verglichen und eine Empfehlung für die Auswahl von Interaktionsgeräten ausgesprochen. Eine detaillierte Beschreibung des Handlungskontextes sollte die Interpretation der Leistungsdaten und deren Übertragbarkeit auf beliebige Flugzeugmuster gewährleisten. Es findet dazu eine eingehende Analyse der Handlungen und der Belastung des Piloten im Cockpit am Beispiel eines repräsentativen Flugzeugmusters statt, wodurch die Erhebung der Daten in einem möglichst realistischen Untersuchungskontext sichergestellt wird.

1.3. Aufbau der Arbeit

In Kapitel 2 werden die Grundlagen der Mensch-Maschine Interaktion in modernen Flugzeugen zusammengefasst und die Verwendung großflächiger Displays und berührempfindlicher Anzeigeflächen in den Cockpits moderner Flugzeuge erörtert. Daran schließt sich basierend auf psychologischen Handlungsmodellen eine Leistungsprognose für die beiden betrachteten Bedienelemente Touchscreen und Trackball sowie die Herleitung der Hypothesen dieser Arbeit an. In Kapitel 3 wird zunächst ein repräsentatives Flugzeugmuster ausgewählt. Anhand dieses Flugzeugmusters werden relevante Randbedingungen der Anthropometrie, des Aufgabenspektrums des Piloten und der Belastungsstruktur sowie der Flugdynamik im Cockpit dokumentiert, analysiert und die Auswirkungen auf die Verwendung von Großflächendisplays und die Interaktion mit diesen Anzeigen hinsichtlich der betrachteten Bedienelemente zusammengefasst. Auf dieser Grundlage wird in Kapitel 4 das Untersuchungsdesign hergeleitet. Die Evaluationsversuche, die sich in Zeige- und Zusatzaufgaben aufteilen, werden wie auch der Versuchsaufbau und die eigentliche Datenerhebung eingehend beschrieben. In Kapitel 5 werden die Versuchsergebnisse dokumentiert und interpretiert und im Rahmen der Überprüfung der Hypothesen zusammengefasst. Kapitel 6 gibt einen Überblick über das Vorgehen und die grundlegenden Ergebnisse der Arbeit. Abb. 1-1 fasst die inhaltliche Abfolge und Struktur des Untersuchungskonzepts zusammen und stellt eine Beziehung der Arbeitsschritte zu den Kapiteln dieser Arbeit her.

Kapitel 1 · Einleitung

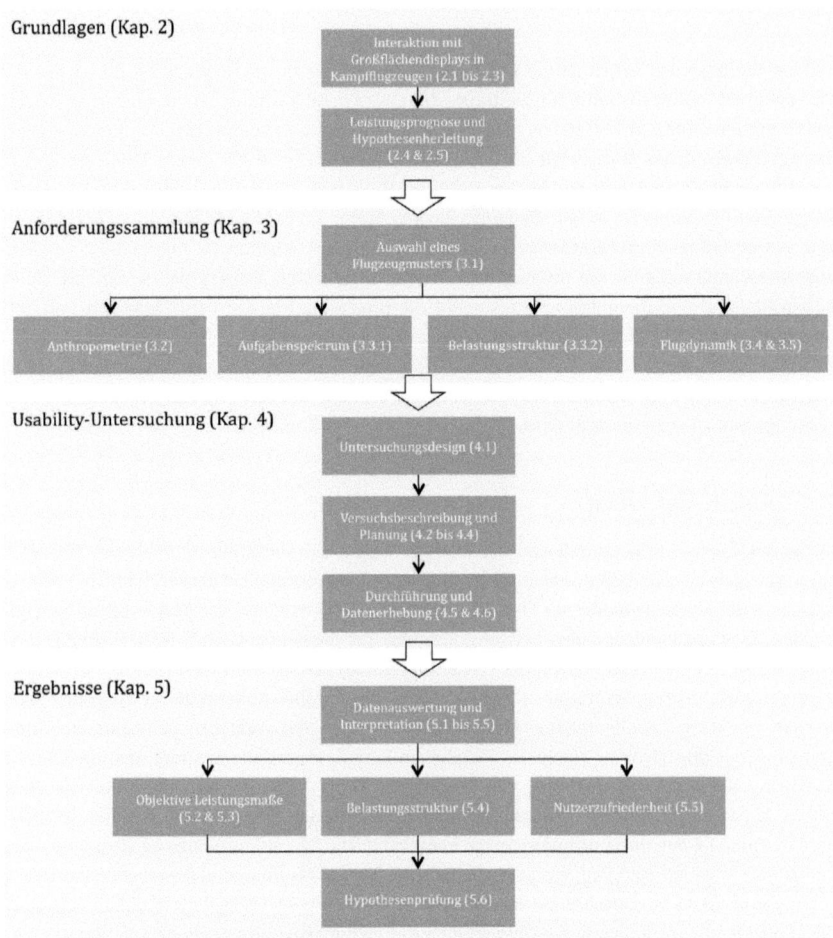

Abb. 1-1: Inhaltliche Struktur und Abfolge aller wesentlichen Arbeitsschritte dieser Untersuchung mit der Verknüpfung der Arbeitspakete in die Gliederung dieses Dokuments.

2. Mensch-Maschine Interaktion in Flugzeugen

2.1. Anzeigen und Interaktion in aktuellen hochagilen Flugzeugen

2.1.1. Displays und Bedienelemente

Die Kommunikation zwischen Pilot und Flugzeug findet über Anzeigen und Bedienelemente, zusammengefasst unter dem Begriff „Human-Machine-Interface" (HMI), statt. Die Cockpits der Flugzeugmuster Eurofighter *Typhoon*, Lockheed Martin *F-35 Joint Strike Fighter Lightning II*, Suchoi *Su-35 Flanker E* und Lockheed Martin *F-22 Raptor* repräsentieren den Entwicklungsstand aktueller militärischer Flugzeugcockpits der vierten und fünften Generation (vgl. Abb. 2-1) und dienen daher als Grundlage für die Analyse aktueller militärischer Flugzeugcockpits (Jukes, 2004; Jarrett, 2005).

Abb. 2-1: *Übersicht der aktuellen Cockpits moderner hochagiler Flugzeuge.*
1: Eurofighter Typhoon (Net Ressources International, 2009a),
2: F-35 Joint Strike Fighter Lightning II (Aeroteam, 2009),
3: Su-35 Flanker E (Sukhoi, 2009),
4: F-22 Raptor (Wollenhaupt, 2009).

Die Anzeige- und Bedienelemente in diesen Cockpits unterscheiden sich in ihrer Gestalt und der Position im Cockpit. Sie lassen sich dennoch aufgrund ihrer Funktionsweise in deutlich abgrenzbare Gruppen einteilen. Eine erste Unterteilung erfolgt nach der Unterscheidung zwischen Anzeige- und Bedienelement. Es gibt zunächst Geräte die exklusiv zur Informationsanzeige (vgl. Abb. 2-2:2) oder zur Bedienung von Funktionen (vgl. Abb. 2-2:3) verwendet werden. Zugleich treten

Mischformen auf, die Anzeige und Bedienung in sich vereinen, z.B. Druckschalter mit variabler Beschriftung, Fahrwerkshebel und Kippschalter (vgl. Abb. 2-2:4, 5a, 5b). Die Displays lassen sich in optische, haptische und auditive Displays gliedern, die eine oder mehrere Informationen gleichzeitig anzeigen. Ähnliches gilt für die Bedienelemente. Sie unterscheiden sich in der Anzahl der bedienbaren Funktionen, deren Dimension (ein/aus, mehrere Zustände) sowie in der Art der Bedienung, die motorisch etwa mit Steuerknüppel und Druckschaltern oder verbal durch Spracheingabe erfolgen kann.

Abb. 2-2: Anzeige- und Interaktionsgeräte im Eurofighter-Cockpit rechts im Überblick (Airliners, 2009) und links im Detail (Reiser, 2009).
 1a, b, c: linkes, mittleres und rechtes Multi-Functional-Display (MFD),
 2: Read-Out-Lines auf Daten-Eingabe-Panel,
 3: Drehregler zur Einstellung der Helligkeit der MFDs,
 4: Druckschalter mit variabler Beschriftung,
 5a: Fahrwerkshebel,
 5b: haptisch kodierter Kippschalter,
 6a: Steuerknüppel,
 6b: Schubhebel mit XY-Controller zur Cursorpositionierung auf den MFDs.

Die folgende Betrachtung bezieht sich auf die Bedienfunktionen und Informationsdarstellungen im Bereich des Hauptinstrumentenbretts. In den betrachteten Flugzeugmustern beschränkt dies die Auswahl an möglichen Anzeigen auf visuelle Multifunktionsdisplays (vgl. Abb. 2-2:1a-c), zeilenbasierte alphanumerische Ausgaben (vgl. Abb. 2-2:2) und analoge kreisförmige Anzeigen, die seit jeher in der Luftfahrt Anwendung finden. Als Multifunktionsdisplays werden in diesem Zusammenhang Anzeigen bezeichnet, auf denen simultan unterschiedliche Einzelinformationen und Informationsgruppen wie Flughöhe, Rollwinkel oder Wegpunktlisten und Routeninformation angezeigt werden können. Sie besitzen zusätzlich die Möglichkeit, sequentiell in verschiedenen Formaten unterschiedliche Inhalte darzustellen. Der Begriff Format beschreibt hierbei einen festgelegten Satz an Informationen und dessen gleichzeitige Darstellung auf dem Multifunktionsdisplay. Je nach Displaygröße nimmt ein Format die gesamte Displayfläche oder einen Teil davon ein.

Die Gruppe der motorischen Bedienelemente umfasst unterschiedliche Arten von Drehreglern, Druck- und Kippschaltern und Geräte zur Positionierung des Cursors auf den Anzeigegeräten (vgl. Abb. 2-2). Die Druckschalter teilen sich auf in Schalter mit einer festen Funktion und multifunktionalen Druckschaltern, die bei Betätigung abhängig vom Systemzustand unterschiedliche Funktionen auslösen. Kippschalter können mehrere Zustände einnehmen und werden in verschiedenen mechanischen Ausführungen verwendet. Zur Positionierung des Cursors auf den Multifunktionsdisplays und zur Interaktion mit den darauf dargestellten Informationen bzw. zur Bedienung der abgebildeten Funktionen werden sog. Cursor Control Elemente (CCE) verwendet. Diese sind in der Regel in militärischen Flugzeugen als kraftsensitive Bedienelemente am Schubhebel als sog. XY-Controller verbaut oder werden in der zivilen Luftfahrt als Trackball oder Touchscreen in das Cockpit integriert.

2.1.2. Informationsanzeige und Eingabefunktionalität

Die Darstellung der Information erfolgt bei den betrachteten Flugzeugmustern hauptsächlich in hoch integrierten Formaten auf den Multifunktionsdisplays. Analoge Anzeigen werden in sehr reduziertem Maß und zur Darstellung sicherheitskritischer Informationen verwendet. Die zeilenbasierte Darstellung alphanumerischer Information ist zumeist an Bedienelemente zur Eingabe von Text und Zahlen gekoppelt.

Die Bedienfunktionalität wird in den betrachteten Cockpits durch multifunktionale Druckschalter, Drehregler und Eingabegeräte zur Cursorpositionierung abgebildet (vgl. Abb. 2-2). Die Druckschalter teilen sich in zwei Gruppen auf, Druckschalter mit einer integrierten Zustandsanzeige auf dem Schalter und Schalter mit einer Darstellung der aktuellen Schalterstellung in einem angrenzenden Display. Beide Arten von Druckschaltern arbeiten mechanisch und verfügen über einen haptischen Druckpunkt, der dem Benutzer den Zeitpunkt der Befehlsübergabe an das System anzeigt (MIL-STD-1472F, 1999). Die Rückmeldung der ausgelösten Systemänderung wird visuell auf dem entsprechenden Display angezeigt. Drehregler dienen zur Einstellung von Helligkeit und Kontrast der Displays, zur Eingabe von Zahlenwerten und zur Auswahl von Listenelementen. Bei den Eingabeelementen zur Cursorpositionierung unterscheidet man zwischen indirekten Bedienelementen wie XY-Controller am Schubhebel oder Trackball und direkten Bedienelementen wie etwa dem Touchscreen (Wickens et al., 2004). Die Position des Touchscreens ist durch die Position der zugehörigen Anzeigegeräte vorgegeben. Der Trackball kann ebenfalls in den Schubhebel integriert werden oder entsprechend der anthropometrischen Anforderungen im Cockpit positioniert werden (Diehl Aerospace, 2009).

Bei der Auslegung des Cockpits werden die Gestaltungsphilosophien „Hands On Throttle And Stick" (HOTAS) bzw. seit Verwendung der Spracheingabe das „Voice, Throttle And Stick" (VTAS)-Konzept verfolgt (Jarrett, 2005). Ziel dabei ist es, dem Piloten die Möglichkeit zu bieten, die Hände an den primären Flugsteuerungsinstrumenten Steuerknüppel und Schubhebel zu belassen und gleichzeitig alle wichtigen Funktionen im Cockpit bedienen zu können. Dies hat zur Folge, dass eine ganze Reihe unterschiedlicher Bedienelemente in Steuerknüppel und Schubhebel integriert sind. Dabei wird mit jedem dieser Eingabegeräte zumeist eine bestimmte Funktionalität abgebildet, wie etwa die Auswahl eines Waffensystems oder die Aktivierung der Kommunikationseinheit. Bedingt durch den begrenzten Platz auf den Steuerelementen und die zunehmende Anzahl der Funktionen im Cockpit kann nur eine eingeschränkte Anzahl an integrierten HOTAS-Bedienelementen auf Steuerknüppel und Schubhebel untergebracht werden. Das CCE ist daher ein wesentlicher Bestandteil der HOTAS- bzw. VTAS-Konzepte, da es die nötige Flexibilität besitzt, mit einer großen Anzahl unterschiedlicher Funktionen auf den Multifunktionsdisplays zu interagieren. In aktuellen Flugzeugcockpits werden verschiedene Funktionen über Druckschalter und Drehregler abgebildet, deren Funktion nicht durch das CCE ausgelöst werden kann. Folglich müssen trotz der Verwendung eines CCE als multifunktionales HOTAS-Bedienelement für bestimmte Bedienhandlungen die Hände von Steuerknüppel oder Schubhebel genommen werden.

Bei der Verwendung von Touchscreens und anderen CCEs besteht die Möglichkeit, dieselben Bedienfunktionen über ein alternatives CCE redundant zu betätigen oder, wie im Fall der *F-18 Super Hornet*, die beiden Bedienalternativen Touchscreen und XY-Controller auf unterschiedlichen Multifunktionsdisplays exklusiv einzusetzen (Hoener & Hardy, 1999). Integriert man beide Bedienelemente könnte man dadurch die Funktionen von mechanischen Schaltern durch virtuelle Bedienelemente abdecken, die dann entweder mit dem Touchscreen oder dem XY-Controller betätigt werden können. Dies würde im Bereich des Hauptinstrumentenbretts eine maximale HOTAS- bzw. VTAS- Funktionalität erlauben.

2.1.3. Problematik bestehender Displaysysteme

Ziel der militärischen Luftfahrt ist es, die Leistungsfähigkeit bestehender Flugzeugsysteme durch die Integration neuartiger und erweiterter Funktionalitäten wie etwa neue Sensoren oder Waffensysteme zu erhöhen und dadurch das Missionsspektrum der Flugzeugmuster zu erweitern. Dies bedeutet einen erweiterten Informations- und Funktionsumfang, der dem Piloten zugänglich gemacht werden muss. Es sind daher Änderungen im Cockpit notwendig. Modifikationen der Displaysoftware und an der Cockpitausrüstung oder -struktur sind im Allgemeinen sehr zeit- und kostenintensiv. Zur Kostenersparnis werden solche Umrüstungen meist gemeinsam in großen zeitlichen Abständen durchgeführt. Dies hat zur Folge, dass die Integration neuer Cockpitfunktionalitäten später erfolgt als technisch möglich. Der technische Vorsprung kann somit nicht optimal ausgenutzt werden. Die Verwendung von multifunktionalen Displays und Bedienelementen bietet aufgrund der Flexibilität solcher Geräte an dieser Stelle die Möglichkeit, neue Funktionen ohne Änderungen der Cockpithardware zu integrieren. Es sind dann alleine Änderungen der Software und die entsprechenden Funktionstests notwendig. Ist die Software ausreichend modular gestaltet, um Änderungen des Displaykonzepts zu unterstützen, kann dies zu einer beträchtlichen Zeit- und Kostenersparnis im Integrationsprozess neuartiger Funktionalitäten führen.

Verfolgt man die Entwicklung der Anzeige- und Bediengeräte in hochagilen militärischen Flugzeugcockpits, so ist seit den 70er Jahren ein Anwachsen der verfügbaren Anzeigefläche von Multifunktionsdisplays sowie eine Reduzierung der Zahl von Anzeigen und Bedienelementen zu erkennen (Sexton, 1988; Hopper, 2000). Dadurch können immer mehr Informationsgruppen in Formaten zusammengefasst und sequentiell auf den Multifunktionsdisplays dargestellt werden. Für die Qualität der Formatanzeige ist die verfügbare Anzeigefläche entscheidend (Wickens & Carswell, 1995; Kellerer, 2006). Eingeschränkte Displayfläche führt bei steigendem Informationsangebot entweder zu einer Fülle von unterschiedlichen Formaten oder zu überfrachteten Displayinhalten, mit dem Resultat einer beeinträchtigten Informationsaufnahme (Wickens & Carswell, 1997). Die Konsequenz hieraus ist eine Maximierung der Anzeigefläche von Multifunktionsdisplays in Flugzeugcockpits durch die Verwendung von Großflächendisplays. Bedienelemente wie Druckknöpfe und Drehregler nehmen durch ihre physikalischen Eigenschaften einen beträchtlichen Anteil der Fläche des gesamten Hauptinstrumentenbretts ein. Sie bieten zudem eine begrenzte Flexibilität bei der Erweiterung der Funktionalität der Cockpitanzeigen und Bediengeräte. Mit der Verwendung von großflächigen Anzeigegeräten ist daher auch gleichermaßen eine Anpassung der Bedienelemente verbunden.

Die Entwicklung der Anzeigen moderner hochagiler Flugzeuge strebt offensichtlich auf die Verwendung großflächiger Multifunktionsdisplays zu, die ein hohes Maß an Flexibilität und Anzeigefläche für Änderungen des Anzeigesystems und die Integration weiterer Informationen und Funktionalitäten ermöglichen. Bestes Beispiel hierfür ist das momentan aktuellste militärische Displaykonzept eines hochagilen Flugzeuges, der F-35 *Joint Strike Fighter* Lightning II von Lockheed Martin (Net Resources International, 2009b).

2.2. Großflächendisplays

2.2.1. Grundlagen

Die Verwendung großflächiger Multifunktionsdisplays bietet aufgrund geringer systemtechnischer und geometrischer Beschränkungen ein hohes Maß an Flexibilität bei der Belegung der Anzeigefläche. Basierend auf grundlegenden Gestaltungsrichtlinien für Cockpitanzeigen wie Funktionalität, Erlernbarkeit, Steuerbarkeit, Fehlerrobustheit, Selbstbeschreibungsfähigkeit, Individualisierbarkeit und Erwartungskonformität (DIN EN 9241-110, 2006) oder den bei Wickens (2003) vorgestellten Prinzipien *Legibility, Information Need, Integration & Proximity, Moving Part* und *Predictive Aiding* ist bei der Gestaltung der Informationsdarstellung darauf zu achten, alle notwendigen Informationen nach ihrer Zugehörigkeit zu gruppieren und übersichtlich darzustellen (Wickens & Carswell, 1995; Wickens, 2003). Ziel sollte dabei nicht die Anzeige möglichst vieler Informationen in wenigen hoch integrierten Formaten, sondern vielmehr eine möglichst intuitive und einfach zu interpretierende Darstellung der momentan vom Piloten benötigten Information sein. Verglichen mit mehreren kleineren multifunktionalen Anzeigen derselben Gesamtfläche und Bildschirmauflösung erlaubt ein Großflächendisplay eine besonders übersichtliche und leicht interpretierbare Darstellung wichtiger Information (Adam, 1991; Furness, 1986; Weghorst & Furness, 1996; Kellerer, 2006).

Großflächige Anzeigen werden in verschiedenen Bereichen wie Werbung oder Unterhaltung eingesetzt. Eine konkrete Verwendung von Großflächendisplays in hochagilen Flugzeugen wird erstmals bei Adam et al. (1986) vorgeschlagen. Anhand von Konzept- und Anforderungsvorschlägen wird an dieser Stelle der Begriff „Panoramic Display", also Großflächendisplay, geprägt. Im Rahmen dieser Arbeit wird auf Grundlage der Arbeit von Adam et al. (1986) ein Großflächendisplay als ein einzelnes und multifunktionales optisches Anzeigegerät mit einer ununterbrochenen Anzeigefläche von mindestens 1000 cm^2 bezeichnet. Es befindet sich in der unteren Hälfte des primären Gesichtsfelds des Piloten zentral auf dem Hauptinstrumentenbrett des entsprechenden Flugzeugmusters im *Head Down* Bereich. Das *Head Up Display* (HUD) wird an dieser Stelle nicht betrachtet.

Aufgrund bisheriger Limitationen bestehender Displaytechnologien wie LCDs oder CRTs ist die Verbreitung von Großflächendisplays in der Luftfahrt sehr begrenzt. Allein das Cockpitkonzept der F-35 von Lockheed Martin sieht die Integration eines Großflächendisplays mit einer Breite von 50,8 cm und einer Höhe von 20,3 cm vor (Driven Technologies, 2009; Mader, 2001). Dies entspricht einer Displayfläche von 1031 cm². Die F-35 ist nach obiger Definition derzeit das einzige in Entwicklung oder Verwendung befindliche Flugzeug mit Großflächendisplay. Nach Jarret (2005) wird die in der F-35 zur Informationsdarstellung vorhandene Fläche durch die Verwendung dieses Großflächendisplays optimal ausgenutzt. Fraglich ist jedoch, ob bei dieser Betrachtung die Tatsache, dass das Display der F-35 aus zwei praktisch nahtlos aneinander gesetzten Einzeldisplays bestehen wird, berücksichtigt wurde (Driven Technologies, 2009). Das Anzeigekonzept ist, folgt man veröffentlichten Darstellungen des Displaylayouts, aufgrund dieser Teilung in eine linke und eine rechte Seite aufteilt und nutzt nicht die volle Flexibilität der verfügbaren Fläche (Net Resources International, 2009b; Driven Technologies, 2009). Da zum Anzeigekonzept der F-35 keine schriftlichen Veröffentlichungen zugänglich sind, stützen sich diese Vermutungen alleine auf das erhältliche Bildmaterial. Aus diesem Grund wird das Display der F-35 in dieser Arbeit weiterhin als Großflächendisplay bezeichnet. Es können jedoch keine Anhaltspunkte für eine Gestaltung von Anzeige- und Bedienkonzepten für Großflächendisplays aus diesen Darstellungen abgeleitet werden.

LCDs stellen derzeit die für Multifunktionsdisplays in der Luftfahrt verwendete Displaytechnologie dar. Sie sind jedoch in ihrer Form und Größe beschränkt. Durch die Entwicklung der „Holographic Display"-Technologie (HOLDIS), einer auf Rückprojektion basierenden Displaytechnologie, eröffnet sich das Potential, Anzeigen von nahezu beliebiger Größe und Form in bestehende oder zu entwickelnde Cockpitsysteme zu integrieren. Diese Displaytechnologie besteht hauptsächlich aus einer Projektionseinheit zur Bilderzeugung und einem Hologramm, das als Mattscheibe dient. Die Verwendung mehrerer Bildgeneratoren ermöglicht eine hoch auflösende Bilddarstellung und bietet zugleich eine hohe Redundanz und Ausfallsicherheit (Halldórsson, 2004; MForum, 2005; Kleebaur, 2005).

Es besteht damit die Möglichkeit, nahezu beliebig geformte und beliebig große Anzeigegeräte in Flugzeugcockpits einzurüsten. Aktuelle und konkrete Vorgaben und Entwurfsvorschläge für die Gestaltung der Displayinhalte sowie der Art und Weise der Interaktion von Großflächendisplays dieser Art sind dagegen nicht verfügbar. Hier können bis auf die Konzeptideen von Adam et al. (1986) alleine die ergonomischen und systemtechnischen Leitsätze für die Auslegung von Anzeige- und Bedienkonzepten herkömmlicher Displays herangezogen werden (Kellerer, 2006; Kerschenlohr, 2007; Hadwiger, 2008).

2.2.2. Anzeigekonzept

Spätestens seit Anfang der 80er Jahre gibt es von Adam (1991) konkrete Überlegungen zur Verwendung großflächiger Anzeigen in der Luftfahrt. Nach Adam (1991) kann eine komplexe Umwelt mit einer Vielzahl von zu berücksichtigenden Elementen mit mehreren kleinen Displays nicht ausreichend dargestellt werden. Hierzu ist vielmehr eine „Big Picture" Anzeige notwendig, eine großflächige Darstellung auf einem Bildschirm, um dadurch das Aufrechterhalten des Situationsbewusstseins des Piloten während des Fluges zu unterstützen (vgl. Abb. 2-3).

Die Arbeiten von Furness (1986) aus der Mitte der 80er Jahre heben sich ebenso wie die Überlegungen von Adam von konventionellen Cockpitdarstellungen ab. Sein „Super Cockpit" besteht hauptsächlich aus einer hoch integrierten synthetischen Außensicht, die dem Piloten über ein

Kapitel 2 · Mensch-Maschine Interaktion in Flugzeugen

Helmet Mounted Display (HMD) dargestellt wird. Bei Tag wird die natürliche Außensicht durch zusätzliche im HMD dargestellte Information überlagert. Nachts bzw. bei schlechter Sicht dient die Anzeige im HMD als Ersatz der Außensicht. Die im HMD zusätzlich dargestellten Informationen werden bildhaft in die perspektivische Anzeige integriert und setzen sich aus Waffenstatus, Flugpfad und anderen Flugobjekten zusammen.

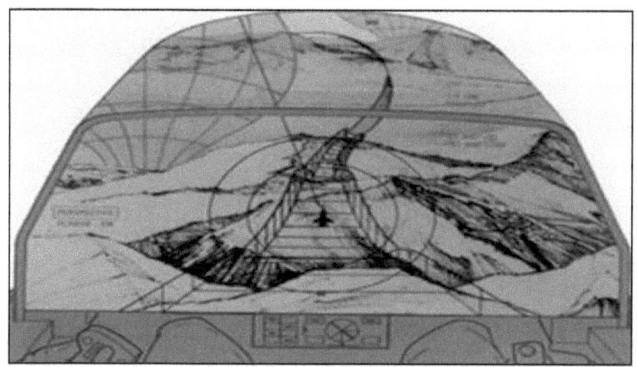

Abb. 2-3: Anzeigekonzept für Großflächendisplays in hochagilen Flugzeugen nach Adam (1991), welches das gesamte Hauptinstrumentenbrett und das Head-Up-Display (HUD) für eine integrierte perspektivische Außensicht als „Pilot Awareness" (PA)-Darstellung nutzt.

In Anlehnung an diese Konzepte wurde bei EADS MAS ein generisches Anzeigekonzept erarbeitet (Kellerer, 2006). Ausgangspunkt für den Entwurf war der Informationsbedarf des Piloten, der für die Flugphase *Navigation* analysiert und bei der Konzepterstellung entsprechend berücksichtigt wurde. Eine Priorisierung der darzustellenden Informationen ist bei Spinoni et al. (1986) für unterschiedliche Flugphasen am Beispiel des Flugzeugmusters Eurofighter zusammengefasst. Dadurch wurde die Berücksichtigung grundlegender Anforderungen eines repräsentativen Flugzeugmusters sichergestellt.

In Expertenbefragungen wurde die Übertragbarkeit des Anzeigekonzepts für alle weiteren Flugphasen erhoben und im Rahmen dieser Arbeit nachgewiesen. Das Anzeigekonzept besteht im Wesentlichen aus zwei Darstellungskomponenten, einer Vollbild-Darstellung, ähnlich dem Desktop-Hintergrund bei PCs, und aus zuschaltbaren Seitenfenstern zur Anzeige von Zusatzinformationen (Kellerer et al., 2007; Kellerer et al., 2008). Die Vollbild-Darstellung besteht aus einer herkömmlichen geographischen 2D-Karte und einer synthetischen Außensicht, zwischen denen der Pilot wählen kann. Beide Ansichten werden aus einer Datenbank generiert, in der geographische, topographische, navigatorische und taktische Informationen enthalten sind. Der Maßstab und die Orientierung der Darstellung sind ebenso variabel wie der Gehalt an Zusatzinformation (vgl. Abb. 2-4).

Durch die großflächige Darstellung der 2D-Karte bei hoher Displayauflösung (Becker et al., 2008) können detaillierte Informationen in ausreichender Größe und gleichzeitig, durch einen großen Kartenausschnitt, ein Überblick über die Gesamtsituation dargeboten werden. In ähnlicher Weise unterstützt das Großflächendisplay die synthetische Außensicht. Es ermöglicht bei einem Abstand des Augpunkts des Piloten vom Display von 700 mm einen azimutalen Sichtbereich von ca. 50°

und dadurch einen realitätskonformen "Blick durch die Flugzeugstruktur". Dadurch können dem Piloten Informationen zu Entfernung, Richtung und Höhe anderer fliegender und bodengebundener Objekte in einer Darstellung und für einen großen Bereich dargestellt werden. Die Seitenfenster sind individuell und unabhängig voneinander anwählbar. Sie überdecken dann Teile der Vollbild-Darstellung. Die Positionierung der Fenster ist festgelegt und erfolgt nach Anwahl am linken und rechten Displayrand. Auf jeder Seite kann entweder ein Format über die gesamte Displayhöhe oder zwei gleichgroße Fenster eingeblendet werden (vgl. Abb. 2-4). Damit können also maximal vier Fenster zusätzlich zur Vollbild-Darstellung angezeigt werden (Kellerer et al., 2008).

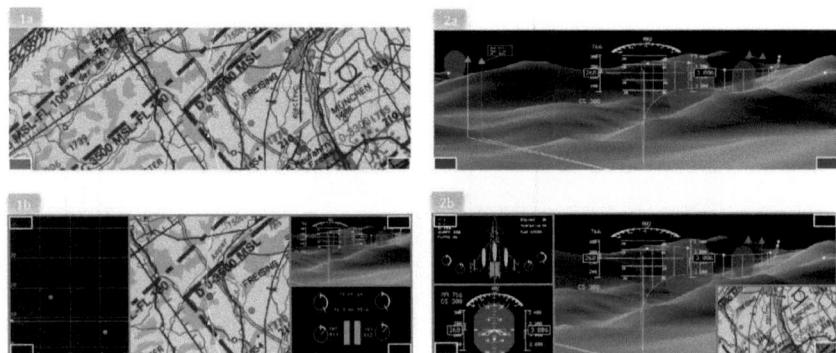

Abb. 2-4:   Anzeigekonzept für Großflächendisplays nach Kellerer (2007). In 1a und 2a werden jeweils die Vollbilddarstellungen der beiden Sichtweisen 2D-Karte und Perspektivische Außensicht abgebildet. 1b und 2b zeigen Varianten, in denen die PA-Vollbilddarstellung mit unterschiedlichen Kombinationen aus eingeblendeten Seitenfenstern überlagert wird.

2.2.3. Bedienkonzept

Auf Grundlage des obigen Anzeigekonzepts wurde von Kerschenlohr (2007) ein generisches Bedienkonzept für Großflächendisplays zur sicheren, schnellen und zugleich technisch durchführbaren Interaktion des Piloten erarbeitet. Die Kernpunkte dieser Arbeit sind die Auswahl der Bedienelemente sowie die Erstellung eines möglichst intuitiven und konsistenten Bedienkonzepts.

Anforderungen an mögliche Bedienelemente waren zum einen, die Displayfläche der Multifunktionsanzeigen zu maximieren, und zum anderen, die Variabilität des Anzeigekonzepts zu unterstützen. Zudem mussten die Bedienelemente für die Bedienung unter flugzeugtypischen Bedingungen wie Turbulenzen und Lastvielfache geeignet und mit den spezifischen Eigenschaften wie Geometrie und Bildqualität des Großflächendisplays kompatibel sein. Als primäres Bedienelement, das die Nutzung der gesamten Displayfläche erlaubt und die Flexibilität des Anzeigekonzepts unterstützt, wurde von Kerschenlohr (2007) ein Eingabegerät zur Positionierung des Cursors ausgewählt. Als mögliche Geräte zur Cursorbedienung kommen indirekte CCE, wie Trackball oder der kraftsensitive „XY-Controller" am Schubhebel des Eurofighters und direkte CCE wie beispielsweise eine berührempfindliche Bildschirmoberfläche (Touchscreen) in Frage. Die Aufteilung der CCE in direkte und indirekte Eingabeelemente findet sich bei Bullinger (2006) und Rogers et al. (2005). Die Ergebnisse der im Rahmen der Arbeit von Kerschenlohr (2007) durchgeführten Untersuchung ergeben, dass die befragten Experten den Touchscreen als primäres Bedienelement bevorzugen.

Der Einsatz berührungssensitiver Großflächendisplays bietet vielseitige Interaktions- und Darstellungsmöglichkeiten, die zur Unterstützung menschlicher Informationsverarbeitung genutzt werden können (Hoener & Hardy, 1999; Rogers et al., 2005). Anzeigen und Bedienelemente können räumlich nahe zueinander dargestellt werden und unterstützen nach dem „Proximity Compatibility Principle" von Wickens et al. (2004) die mentale Integration von Informationen und den zugehörigen Bedienelementen. Großflächig dargestellte Bedienelemente wirken sich positiv auf die Eingabegeschwindigkeit und -sicherheit aus (Fitts, 1954; Wickens et al., 2004; Eichinger et al., 2008). Gleichzeitig muss das Bedienkonzept die Kompatibilität mit dem HOTAS- bzw. VTAS-Konzept sicherstellen. Der Touchscreen reicht aus diesem Grund als einziges Bedienelement nicht aus. Es wurde daher für die Interaktion mit dem Großflächendisplay eine Kombination der drei Bedienelemente Touchscreen, Trackball oder XY-Controller und Spracheingabe gewählt. Der Funktionsumfang von Touchscreen und Trackball bzw. XY-Controller ist dabei redundant ausgelegt. Eine eingehende Betrachtung der Spracheingabe fand nicht statt, da diese unabhängig von der Displaygröße ist.

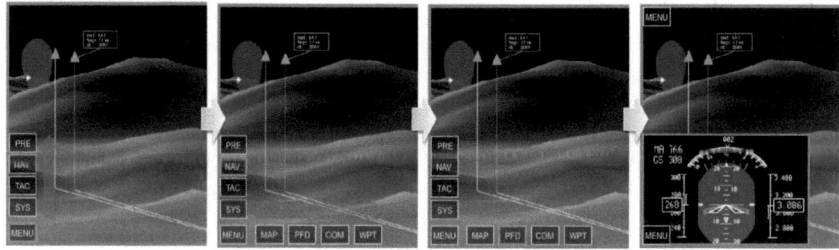

Abb. 2-5: Bediensequenz für die Einwahl von Seitenfenstern in die großflächige PA-Ansicht am Beispiel der Anwahl des Formats „PFD" aus der Formatgruppe „NAV" nach Kerschenlohr (2007). Die Bedienschritte sind anhand der angewählten und grün hervorgehobenen Eingabeschalter festgehalten. Durch Drücken der Schaltflächen „MENU" und „NAV" werden weitere Schaltflächen eingeblendet (blauer Pfeil). Nach der Anwahl der Schaltfläche „PFD" wird das entsprechende Format angezeigt.

Basierend auf der Auswahl der Bedienelemente wurde dann ein Bedienkonzept erstellt und anschließend in Expertengesprächen evaluiert. Im Bedienkonzept wird festgelegt, dass alle Bedienvorgänge durch Interaktionsflächen auf dem Bildschirm ausgeführt werden. Diese Bedienflächen sind als einfache „An/Aus"-Schalter ausgeführt und werden auf Anwahl oder automatisch ein- und ausgeblendet (vgl. Abb. 2-5). Dies dient der Maximierung der verfügbaren Anzeigefläche und gilt sowohl für das Vollbild als auch für die Seitenfenster (vgl. Kap. 2.2.2). Es besteht die Möglichkeit, Seitenfenster mit Informationen aus den Bereichen Navigation, Taktik und System zu belegen. Die Auswahl der Seitenfenster erfolgt in drei Schritten, deren zeitliche Abfolge am Beispiel des Seitenfensters PFD in Abb. 2-5 dargestellt wird. Der Auswahlprozess wird in zeitlicher Reihenfolge in Abb. 2-5 von links nach rechts dargestellt. Zuerst wird durch Anwahl einer Menü-Schaltfläche die Position des Seitenfensters auf der linken oder rechten Displayseite festgelegt. Dann folgt die Formatvorauswahl durch Auswahl eines der Informationsbereiche „Navigation", „Tactics" und

"System". Abhängig von der Formatgruppe werden dann weitere Schaltflächen eingeblendet. Durch die Anwahl der entsprechenden Schaltfläche wird das gewünschte Format dargestellt. Auf den beiden Displayseiten können je zwei Seitenfenster angezeigt werden. Die Position der Seitenfenster wird unabhängig von deren Inhalt festgelegt. Die Breite der Seitenfenster ist konstant, die Höhe kann je nach Inhalt variieren. Jedes Format ist über die halbe Displayhöhe darstellbar. Die Anzeige eines Formats über die gesamte Displayhöhe ist nur dann möglich, wenn es für die inhaltliche Struktur des Formates einen Vorteil bedeutet, wie etwa bei taktischen Formaten, die geographisch referenzierte Information beinhalten.

2.3. Berührempfindliche Anzeigen in Flugzeugen

2.3.1. Technologie

Berührempfindliche Anzeigen bestehen aus einem Anzeigegerät und einem zumeist in deren Displaygehäuse integrierten Gerät zur Erkennung der Fingerposition bei Eingabehandlungen, das im Folgenden unabhängig von der verwendeten Displaytechnologie als Touchscreen bezeichnet wird.

Ein Überblick über derzeit kommerziell verfügbare Touchscreentechnologien ist bei Bullinger et al. (2006) zu finden. Hier werden die Technologien resistiv, kapazitiv, Infrarot- und Oberflächenwellen-Touchscreen vorgestellt. „Frustrated Total Internal Reflection" (FTIR) ist eine neuartige Methode die Position des Fingers oder auch mehrerer Finger bei der Eingabe auf der Displayoberfläche zu detektieren. FTIR-Touchscreens werden in Kombination mit Rückprojektionsdisplays verwendet und eignen sich daher besonders für den Einsatz in Kombination mit der Displaytechnologie HOLDIS (Becker et al., 2008). Dabei wird die Rückseite der zur Bilddarstellung verwendeten Mattscheibe optisch aufgezeichnet. Durch Algorithmen der Bildverarbeitung ist es nach Han (2005) möglich, eine beliebige Anzahl von Objekten, welche die Mattscheibe auf der Vorderseite berühren, zu erkennen und dabei zwischen den Objekten, wie beispielsweise den zehn Fingern zu unterscheiden. Es können unterschiedliche Funktionen ausgelöst werden, abhängig davon ob der entsprechende Displaybereich mit dem Zeigefinger, dem Daumen oder einem anderen Zeigeobjekt berührt wird.

Für den Einsatz in hochagilen Flugzeugen muss der Touchscreen bestimmte technische Anforderungen erfüllen. Er muss mechanischen Belastungen wie hohen Beschleunigungen und Vibrationen im Flug standhalten und den Anforderungen an Bedienbarkeit, Lesbarkeit, Lebensdauer, Ausfallsicherheit und Verfügbarkeit genügen. Außerdem muss die Kompatibilität mit anderen Systemen im Cockpit sichergestellt sein. Der Touchscreen ist bedienbar, falls das Gerät in der Lage ist, eine ausreichend genaue Position des Fingers bei Eingaben auch für den Fall der Handschuhbedienung zu detektieren. Die Lesbarkeit des Displays im Flugzeug ist dann gegeben, wenn der Pilot bei allen Lichtverhältnissen die Anzeige ablesen kann und bei Touchscreeneingaben keine Verdeckungen auftreten.

Infrarot (IR)-Touchscreens kommen in der F-35 zum Einsatz (Driven Technologies, 2009). Dies ist bisher die einzige großflächige Anwendung eines Touchscreens in zivilen und militärischen Flugzeugen. Man kann daher davon ausgehen, dass dieses Gerät alle notwendigen Anforderungen für die Verwendung in hochagilen Flugzeugen erfüllen wird. Der folgenden Arbeit wird zugrunde gelegt, dass großflächige IR-Touchscreengeräte zur Verwendung in hochagilen Flugzeugen Serienreife besitzen. Die IR-Touchscreentechnologie bildet daher die Grundlage für weitere Touchscreenuntersuchungen im Rahmen dieser Arbeit.

IR-Touchscreens bestehen aus sich gegenüberliegenden Infrarotsendern und -empfängern. Sie werden in der Regel, in einem Rahmen zusammengefasst, vor der Anzeigefläche montiert und erzeugen im Betrieb ein Strahlengitter, das auf Unterbrechungen reagiert. Die Funktionsskizze ist in Abbildung 2-6 dargestellt. Berührt ein Objekt den Bildschirm, so werden an der entsprechenden Position die vertikal und horizontal verlaufenden IR-Strahlen unterbrochen, wodurch die Koordinaten des Berührpunktes ermittelt werden können (Bullinger et al., 2006). Es ist davon auszugehen, dass die Bedienung des IR-Touchscreens mit Handschuhen, wie sie von Flugzeugpiloten getragen werden, erfolgt. Beeinträchtigungen der optischen Eigenschaften des Displays sowie mechanische Verschleißerscheinungen aufgrund von Bedienhandlungen sind bei der Verwendung von IR-Touchscreens nicht zu erwarten. Aufgrund des Abstands der Dioden vom Display ist bei jedem Blickwinkel ungleich 0° mit Parallaxenproblemen zu rechnen. In diesem Fall ist eine Kalibrierung der Touchscreensoftware notwendig (VDI/VDE 3850, 2004).

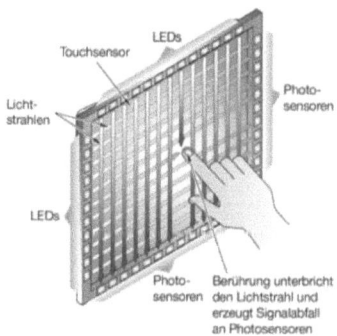

Abbildung 2-6: Funktionsskizze eines IR-Touchscreens (Craftdata, 2007).

Die gleichzeitige Unterscheidung mehrerer Berührpunkte des Touchscreens wird als Multitouch-Funktionalität bezeichnet. Dies ermöglicht durch die Verwendung intuitiver Gesten eine natürliche und einfache Interaktionsmöglichkeit (König & Kuhlmann, 2008; Benko et al., 2006; Trümper, 2007; Davidson & Han, 2006). Untersuchungen zur Anwendung der Multitouch-Funktionalität im Flugzeug sind (dem Autor) nicht bekannt. Diese Funktionalität wurde im Rahmen dieser Arbeit nicht weiter betrachtet.

2.3.2. Bisherige Anwendungen in Flugzeugcockpits

Militärische Flugzeugmuster In deren Cockpits Touchscreengeräte verwendet werden sind die McDonnel Douglas *F/A-18E/F*, die Dassault *Rafale* und in Zukunft die *F-35 Lightning II*.

Im Rahmen eines Display-Upgrades der F/A-18 vom Typ E/F wurde ein mechanisches Bedienpanel, bestehend aus mehreren Druckschaltern, durch ein monochromes Touchscreendisplay ersetzt (vgl. Abb. 2-7). Ziel dieser Integration war eine Vergrößerung der vorhandenen Displayfläche und die Verbesserung der Interaktion mit den Displayinhalten. Durch die Verwendung eines IR-Touchscreens konnte eine Vergrößerung der Displayfläche um 40 % erreicht werden (Hoener & Hardy, 1999).

Die zwei äußeren Multifunktionsdisplays des Mehrzweckkampfflugzeugs Dassault Rafale verfügen über Touchscreenfunktionalität (Net Resources International, 2009c) zur Interaktion mit der dargestellten Information (vgl. Abb. 2-7). Die F-35 *Lightning* ist mit einem großflächigen IR-Touchscreendisplay ausgestattet (Driven Technologies, 2009). Weitere Informationen zur Verwendung von Touchscreens in hochagilen Flugzeugen liegen (dem Autor) nicht vor.

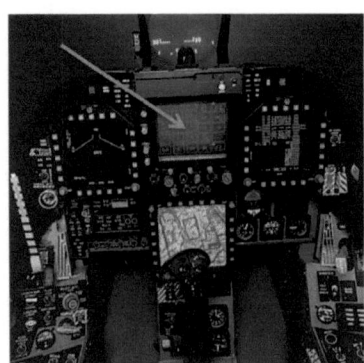

Abb. 2-7: *Touchscreengeräte in aktuellen Flugzeugcockpits. Im linken Bild (Hoener & Hardy, 1999) ist der Touchscreen im Cockpit der F-18 dargestellt (grüner Pfeil). Im rechten Bild sind die beiden seitlichen MFDs mit Touchscreen-Funktion im Cockpit des Dassault Rafale (Net Resources International, 2009c) zu sehen (grüne Pfeile).*

2.3.3. Eigenschaften der Touchscreenbedienung

Die Interaktion mit einem Touchscreen findet über kontextabhängige virtuelle Tasten statt (VDI/VDE 3850, 2004). Diese Tasten bestehen aus einer sichtbaren Repräsentation der Schaltfläche z.B. durch Symbole oder Beschriftungen und einer Aktivierungsfläche, welche die Erfassung einer Eingabe an dieser Stelle ermöglicht. Größe und Position von sichtbarer Repräsentation und Aktivierungsfläche stimmen in den meisten Fällen überein, können jedoch je nach Anwendung unabhängig voneinander betrachtet werden.

Die Aktivierung der virtuellen Tasten kann durch zwei Betriebsarten erfolgen. Es wird zwischen Erstkontakt- und Letzt-Kontakt-Methode unterschieden (ISO 9241-9, 2002). Bei der Erstkontaktmethode wird der Eingabebefehl an das System gesendet, sobald die Strahlen des IR-Gitters unterbrochen werden. Die Letzt-Kontakt-Methode bewirkt, dass der Eingabebefehl erst beim Beenden der Berührung durch das Abheben des Fingers gesendet wird. Bei einem Verschieben des Fingers erfolgt in beiden Fällen eine Aktualisierung der Cursorposition.

Die durch die Aktivierung ausgelöste Aktion ist abhängig von der Funktion dieser Taste, dem aktuellen Zustand der Taste und in den meisten Fällen vom Zustand des umgebenden Systems.

Kapitel 2 · Mensch-Maschine Interaktion in Flugzeugen

Die Eigenschaften virtueller Touchscreentasten werden im Rahmen dieser Arbeit durch die Ausprägungen folgender Merkmale beschrieben:

- Grafische Repräsentation
- Aktivierungsfläche
- Aktivierungsart
- Funktion
- Rückmeldung

Nach Bullinger et al. (2006) erlaubt die Verwendung eines Touchscreens im Vergleich zu anderen Bediengeräten eine weitaus größere Flexibilität, da die Anzahl, Form, Größe und Position der berührempfindlichen Felder leicht konfiguriert werden kann. Der Touchscreen ermöglicht eine intuitive Bedienung und eine gute Hand-Auge-Koordination. Der entscheidende Vorteil liegt dabei in der hohen Bediengeschwindigkeit.

Nach Fitts (1954) und Wickens & Carswell (1997) beeinflussen sich Bediengeschwindigkeit und Genauigkeit gegenseitig und sind direkt abhängig von der Größe der Bedienfelder und vom verwendeten Bedienelement. Dies gilt ebenfalls für Touchscreens. Für die Anwahl von Objekten kann daher durch Einhalten einer bestimmten Mindestgröße Geschwindigkeit und Genauigkeit der Touchscreeneingaben optimiert werden.

Bei Rogers et al. (2005) wurden allgemeine Vor- und Nachteile der Touchscreentechnologie im Vergleich mit anderen Eingabegeräten zusammengefasst (vgl. Tab. 2-1).

Tab. 2-1: *Übersicht der Vor- und Nachteile der Touchscreentechnologie nach Rogers et al. (2005)*

Vorteile	Nachteile
Direkte Hand-Auge-Koordination	Geringe Präzision
Intuitive Bedienung	Fehlendes haptisches Feedback
Befehle müssen sich nicht gemerkt werden	Armermüdung
Minimales Training erforderlich	Unbeabsichtigte Aktivierung möglich
Hohe Akzeptanz bei den Benutzern	Verdecken des Bildschirms
Wenig zusätzlicher Platz erforderlich	Verschmutzung der Oberfläche
Kurze Bedienzeiten	
Gute Eignung für Zeigeaufgaben	
Flexibler Displayaufbau	

Die Bedienleistung des Piloten, die Qualität der Informationsanzeige des Displays und dadurch die Verwendbarkeit von Touchscreens im betrachteten Kontext werden direkt von den Auswirkungen der oben genannten Vor- und Nachteile der Touchscreen-Technologie beeinflusst. Treten die Nachteile im betrachteten System in Erscheinung, müssen sie in ausreichendem Maße bei der Erstellung des Displaykonzepts berücksichtigt werden. Betrachtet man die Verwendung in hochagilen Flugzeugen, können Aspekte wie Verdeckung und unbeabsichtigte Eingaben durch eine Anpassung der Bedienlogik und Positionierung der Bedienflächen beeinflusst werden. Die Verschmutzung der Oberfläche kann durch das Tragen von Handschuhen vermieden werden (Hoener & Hardy, 1999).

2.3.4. Aktivierungsflächen

Bei jeder Mensch-Maschine-Schnittstelle mit Touchscreen-Funktion stellt die Wahl der Größe und Form der Aktivierungsflächen eine besondere Herausforderung dar. Zumeist ist bei Geräten wie Mobiltelefonen, Navigationssystemen und PDAs die verfügbare Displayfläche begrenzt. Die Größe der Aktivierungsflächen lässt folglich nur eine bestimmte maximale Anzahl von Schaltflächen zu und reduziert dadurch den Funktionsumfang der Geräte. Aus diesem Grund wird bei der Auslegung der Größe der Aktivierungsflächen oftmals mit dem Ziel, weitere Funktionen abzubilden oder mehr Displayfläche für die Informationsdarstellung verfügbar zu haben, eine Reduzierung der Aktivierungsflächengröße angestrebt (Karlson, 2007). Durch die Festlegung von Größe und Form der Aktivierungsfläche werden direkt Bediengeschwindigkeit, Fehlerrate und damit die Leistungsfähigkeit der Schnittstelle beeinflusst (Fitts, 1954; Boff & Lincoln, 1983). Die Bedienfelder können also hinsichtlich des Aspekts der Erhaltung der Bedienbarkeit der Geräte nicht beliebig klein gestaltet werden.

Gleiches gilt für die Bestimmung der Größe der Aktivierungsflächen bei der Gestaltung der Schaltflächen von großflächigen Touchscreens in Flugzeugcockpits. Für die Bestimmung der Aktivierungsflächengröße liegen Empfehlungen aus unterschiedlichen Anwendungsbereichen vor. Diese reichen von der Ein-Hand-Bedienung mobiler Navigationsgeräte (Karlson, 2007) bis zur Touchscreen-Interaktion im Panzer (Rühmann, 1983). Dabei werden je nach Anwendung unterschiedliche Mindestgrößen der Aktivierungsfläche vorgeschlagen, die von knapp 8 mm für eine Gesten basierte Daumeninteraktion (Karlson, 2007) bis hin zu 38 mm einer generischen Betrachtung von Touchscreen-Bedienelementen (Toms & Williamson, 1998) reichen.

Im Rahmen dieser Arbeit wird die Betätigung des Touchscreens mit dem Finger in einem bewegten Flugzeugcockpit betrachtet. Die Bedienung mit den in Flugzeugcockpits getragenen Handschuhen muss ebenfalls berücksichtigt werden. Die Verwendung physikalischer Hilfsmittel wie Eingabestifte ist in militärischen Flugzeugcockpits aus Sicherheitsgründen nicht möglich und kann daher für diese Betrachtung ausgeschlossen werden. Direkte Vorgaben für die Größe der Aktivierungsflächen in hochagilen Flugzeugen sind nicht zu finden.

Angaben zur Größe der Aktivierungsflächen, die als Anhaltspunkt für diesen Anwendungsfall herangezogen werden können, finden sich in unterschiedlichen Standards und Studien. Der MIL-STD-1472F (1999) schlägt eine quadratische Fläche mit 16 mm bis 38 mm Seitenlänge und einem minimalen Abstand der Aktivierungsflächen von 3 mm bis 8 mm vor. Der VDI/VDO 3850 (2004) empfiehlt für rechteckige Aktivierungsflächen eine Breite von 15 mm und eine Höhe von 25 mm, für quadratische eine Mindestkantenlänge von 20 mm und für runde einen Durchmesser von 20 mm. Avery (1999) setzt eine Kantenlänge quadratischer Flächen von 20 mm bis 25 mm an. Toms & Williamson (1998) schlagen für die Kantenlänge ein Intervall von 19 mm bis 38 mm vor und fordern für die Interaktion mit Handschuhen eine Mindestgröße von 25 mm. Boff & Lincoln (1983) empfehlen eine quadratische Fläche mit 22 mm Seitenlänge. Rühmann (1984) schlägt für quadratische Flächen eine Seitenlänge von 17 mm und einen Abstand der Aktivierungsflächen von mindestens 2 mm vor.

Die meisten Größenempfehlungen der unterschiedlichen Quellen beziehen sich nicht auf einen bestimmten Anwendungsfall, sondern geben einen allgemeinen Richtwert an. Die größte Übereinstimmung dieser Empfehlungen mit der Anwendung im Flugzeug finden sich für den MIL-STD-1472F (1999) und vor allem für die Arbeit von Rühmann (1984), der Genauigkeit und Bedienzeit von Touchscreen-Eingaben im Panzer für die Fahrt über einen Knüppeldamm betrachtet. Auch in dieser Arbeit geht es um zeitkritische Bedienhandlungen in einer bewegten Umgebung. Eine Überprüfung der Verwendbarkeit der bei Rühmann (1984) empfohlenen Bedienfeldgrößen für Großflächendisplays wurde im Rahmen der Arbeiten zum Thema *Panoramic Displays* bei EADS durchgeführt (Eichinger et al., 2008). Es werden daher im Folgenden quadratische Aktivierungsflächen mit einer Seitenlänge von 17 mm und ein minimaler Abstand dieser Flächen von 2 mm gewählt.

2.3.5. Rückmeldung

Nach Stanton (2003) ist bei der Mensch-System-Interaktion grundsätzlich mit Bedienfehlern zu rechnen. Durch die umfassende Rückmeldung von Systemzuständen an den Nutzer ist es jedoch möglich, die Fehlerwahrscheinlichkeit zu verringern. „Die Rückmeldung ist ein insbesondere mit Blick auf die kognitive Verarbeitung des Menschen essentieller Aspekt, da er das korrekte Aufnehmen von Information über den Zustand des technischen Systems gewährleistet und damit den Informationsfluss im Mensch-Maschine-System wesentlich beeinflusst" (Bubb & Sträter, 2006). Das Ergebnis jeder Bedienhandlung muss dem Anwender durch entsprechende Rückmeldungen mitgeteilt werden. Der Benutzer ist sich ansonsten nicht darüber im Klaren, ob seine Handlung zum beabsichtigten Ziel führt oder ob im Laufe der Eingabehandlung Fehler auftreten.

Jede Bedienhandlung an grafischen Schnittstellen lässt sich nach Norman (1989) prozedural in drei Eingabeaktionen aufteilen, nämlich

1. das Positionieren des Bedienelements auf der gewünschten Schaltfläche,
2. die Aktivierung der Schaltfläche bzw. das Erteilen des Eingabebefehls und
3. die Ausführung der angewählten Funktion durch das System.

Der Handelnde muss zu jedem Zeitpunkt der Handlungsausführung über den aktuellen Systemzustand sowie über den Status bzw. den Erfüllungsgrad der drei Eingabeaktionen informiert werden. So kann er seine Handlungsaktivitäten koordinieren und auf Fehler, die während der Eingabeprozedur auftreten, angemessen reagieren. Die Rückmeldung lässt sich folglich ebenfalls in drei Stufen aufteilen. Dabei muss dem Handelnden bei Eingaben neben dem aktuellen Systemzustand eindeutig vermittelt werden, ob

1. sich das Eingabeelement (z.B. der Cursor) auf dem gewünschten Schaltelement befindet,
2. durch Betätigen der Schaltfläche die angestrebte Funktion ausgewählt wurde und
3. das System die Funktion richtig ausgeführt hat.

Eine Zusammenfassung von Bedienhandlung und Rückmeldung ist in Abb. 2-8 dargestellt. Ein Beispiel einer solchen Handlungssequenz ist das Einfahren des Fahrwerks nach dem Start des Flugzeugs. Der Pilot muss dazu zunächst den Fahrwerkshebel auffinden, dann den Hebel in die gewünschte Position bringen und sicherstellen, dass alle Fahrwerksteile ordnungsgemäß eingefahren wurden. Der Pilot erhält dabei zu jeder Zeit durch haptische, akustische und visuelle Reize Rückmeldung über den aktuellen Systemzustand und die Richtigkeit der einzelnen Schritte seiner Handlungsausführung.

Rückmeldungen können durch unterschiedliche Modalitäten, wie etwa durch optische, akustische, olfaktorische, thermische und haptische Reize erfolgen. Die Rückmeldung muss innerhalb von 0 ms bis 200 ms nach der jeweiligen Eingabeaktion erfolgen. Eine Verzögerung oder ein Ausblei-

Kapitel 2 · Mensch-Maschine Interaktion in Flugzeugen

ben dieser Rückmeldung stört den Informationsfluss und kann zu Desorientierung und Fehleingaben führen (Degani et al., 1992; Bubb, 1981). Norman (1989) bekräftigt in diesem Zusammenhang, dass sich je nach Handlungsart die Wahl der Modalität der Rückmeldung erheblich auf die Fehlerwahrscheinlichkeit auswirkt. Der Nutzer muss also nicht nur ausreichend schnell durch Rückmeldung über die Folgen und die Richtigkeit seiner Eingabeaktivitäten unterrichtet werden, die Modalität der Rückmeldung muss zusätzlich an den Handlungskontext angepasst werden, um Fehleingaben zu reduzieren und dadurch die Leistungsfähigkeit des Gesamtsystems zu maximieren. Nach Zwisler (2001) verliert beispielsweise bei der Durchführung von komplexen Bedienhandlungen, wie sie auch in Flugzeugcockpits auftreten, das sehr wichtige visuelle Feedback mit zunehmender Übung an Bedeutung, während taktile Reize immer wichtiger werden. Ein Zusammenwirken von taktiler und visueller Modalität wird in diesem Zusammenhang als effizienteste Kombination bezeichnet, da „undeutliche Information aus einem Kanal durch zusätzliche Information aus dem anderen Kanal kompensiert werden kann" (Zwisler, 2001). Die Verwendung mehrerer Sinneskanäle wird dabei als multimodale Schnittstellengestaltung bezeichnet (Schomaker et al., 1995).

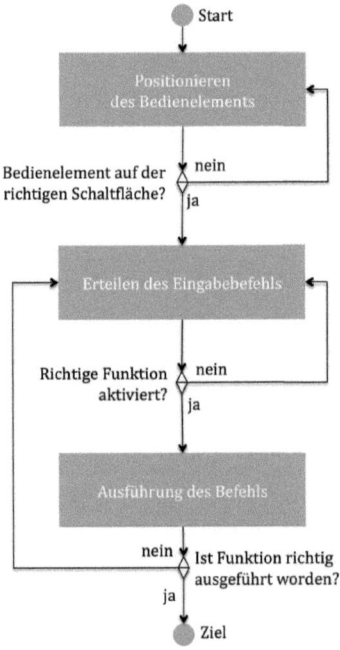

Abb. 2-8: Flussdiagramm zur Veranschaulichung der Rückmeldungen der drei Handlungsaktivitäten bei der Übermittlung von Befehlen an ein operatives System.

Touchscreens sind in der Lage durch optische Reizvermittlung die drei Bereiche der Rückmeldung bei Bedienhandlungen zu unterstützen. Taktile Reize bei der Touchscreenbedienung treten alleine mit dem Berühren der Displayoberfläche auf. Rogers et al. (2005) sieht hier, verglichen mit anderen Bediengeräten, einen Nachteil des Touchscreens durch die fehlende Möglichkeit weitere taktile Rückmeldung bei Eingabehandlungen bereitzustellen. Dreh-Druckschalter können beispielsweise die beiden ersten Bereiche der Rückmeldung haptisch unterstützen. Sie können erfühlt werden und identifizieren sich bei Betätigung über ihre Position, Form, Material und Oberfläche (Helander, 2006). Zudem verfügen sie in den meisten Fällen über einen oder mehrere haptische Druckpunkte, die dem Benutzer bei Überschreiten derselben die Befehlsabgabe an das System mitteilen.

Hinsichtlich einer multimodalen Schnittstellengestaltung fehlen dem Touchscreen daher, verglichen mit anderen Eingabemitteln wie Druckschaltern oder Drehreglern, haptische Kodierungsmerkmale, die das Auffinden von Touchscreenschaltflächen unterstützen und das Auslösen des Systembefehls an den Benutzer zurückmelden. Das fehlende haptische Feedback muss nach Bullinger et al. (2006) durch eine ausreichende visuelle oder akustische Rückmeldung ausgeglichen werden. Die multimodale Gestaltung der Rückmeldung bei einer Touchscreen-Eingabe kann jedoch auch durch entsprechende Modifizierungen des Touchscreens durch taktile Elemente angereichert werden.

Vilimek (2007) untersucht in diesem Zusammenhang die Verwendung von Touchpads im Kraftfahrzeug unter dem Aspekt multimodaler Rückmeldung, wie sie bei Bubb (2003) vorgeschlagen wird. Der Nutzer erhält gleichzeitig über den visuellen, akustischen und haptischen Sinneskanal Rückmeldung bei Eingabehandlungen auf dem Touchpad. Die haptische Rückmeldung erfolgt durch eine laterale Vibration der berührsensitiven Fläche des Touchpads. Vilimek vergleicht multimodale Touchpads und Dreh-Drücksteller und erhebt Leistungsmaße wie Bediengeschwindigkeit, Fehlerrate und subjektive Arbeitsbelastung. Bei Touchpad-Eingaben wurde von den Versuchspersonen eine deutlich höhere Leistung erreicht als mit dem Dreh-Drücksteller. Die Versuchsteilnehmer haben die akustische Rückmeldung der haptischen Rückmeldung und einer Mischung von haptischer und akustischer Rückmeldung vorgezogen. Dies stimmt mit den Fehlerraten und Bedienzeiten in den Versuchen überein. Die Unterstützung der visuellen Rückmeldung bei Touchpad-Eingaben durch akustische oder haptische Merkmale erweist sich also als leistungsförderlich. Die Ausprägung dieser Unterstützung ist jedoch stark vom jeweiligen Anwendungsfall und von den Rahmenbedingungen des betrachteten Systems abhängig.

Die Verwendung akustischer Reize bei Vilimek (2007) ist grundsätzlich auch auf hochagile Flugzeuge übertragbar. Aufgrund der hohen auditiven Belastung des Piloten durch Kommunikationsaufgaben wurde Rückmeldung über den auditiven Sinneskanal ausgeschlossen. Gleiches gilt für die Nutzung von Vibrationen als taktile Rückmeldungsvariante. Auch hier ist die Verwendung im Cockpit möglich, der Nutzen muss jedoch im dynamischen Umfeld des Cockpits und für Handschuhbedienung untersucht werden.

Eine weitere Möglichkeit, den Benutzer bei Touchscreen-Eingaben durch haptische Reize in der ersten Rückmeldungsstufe zu unterstützen, ist das Anbringen zusätzlicher haptischer Merkmale am Rand der Displayfläche. In diesem Zusammenhang wurde im Rahmen der Untersuchungen des Forschungsvorhabens Panoramic Displays die Verwendung einer haptisch kodierten Leiste am Displayrand für eine haptische Unterstützung der Positionsrückmeldung und einer gleichzeitigen Stabilisierung des Hand-Arm-Systems untersucht (Ritzer, 2008). Es wurden dabei unterschiedliche haptische Positionsmarken am Displayrand erstellt und von Testpiloten im Rahmen einer Expertenbefragung bewertet. Ziel hierbei war es den Nutzer beim Auffinden von Touchscreen-Schaltflächen am Displayrand durch angemessene haptische Elemente zu unterstützen und dadurch Bedien- und Blickzeiten bei Touchscreen-Eingaben zu reduzieren.

Es ist also möglich, Touchscreen-Eingaben durch entsprechende Modifizierungen, wie sie bei Vilimek (2007) und Ritzer (2008) vorgestellt werden, nicht nur visuell und akustisch, sondern auch taktil in den drei oben genannten Rückmeldungsstufen angemessen zu unterstützen und dadurch mögliche Nachteile des Touchscreens bei der Rückmeldung von Handlungsaktionen zu kompensieren.

2.4. Psychologische Untersuchungsgrundlagen

Im Folgenden werden die psychologischen Grundlagen für die Untersuchung der Leistungsfähigkeit direkter und indirekter CCE für die Interaktion mit Großflächendisplays in hochagilen Flugzeugen hergeleitet. Sie dienen der Formulierung der Hypothesen im Hinblick auf die zu erwartenden Leistungsunterschiede. Gleichzeitig werden sie für die Gestaltung der Versuchsumgebung der Usablity-Untersuchung nach ISO 9241-11 (1999) herangezogen.

2.4.1. Usability-Untersuchung

Usability wird als das „Ausmaß, in dem ein Produkt durch bestimmte Benutzer in einem bestimmten Nutzungskontext genutzt werden kann, um bestimmte Ziele effektiv, effizient und zufriedenstellend zu erreichen", bezeichnet (ISO 9241-11, 1999) und kann bei der Betrachtung der Nutzungsqualität einer Mensch-Maschine Schnittstelle sinngleich durch die Begriffe Gebrauchstauglichkeit und Verwendbarkeit ersetzt werden. Die Qualität einer Mensch-Maschine-Schnittstelle kann folglich durch die Usability-Maße Effizienz, Effektivität und Akzeptanz beschrieben werden. Effizienz und Effektivität sind hierbei objektiv messbare Leistungsgrößen. Akzeptanz des Benutzers ist eine subjektive Größe. Der Definition von Effizienz, Effektivität und Akzeptanz nach ISO 9241-11 (1999) folgend, lassen sich im hier untersuchten System und in Anlehnung an andere Untersuchungen der Usability von Bedienelementen (Boff & Lincoln, 1983; Rühmann, 1983) Effektivität durch Eingabegenauigkeit bzw. Fehlerrate und Effizienz durch Eingabedauer bzw. Bedienzeit operationalisieren. Die Akzeptanz der Nutzer muss durch Befragungen erhoben werden.

Die Usability einer Schnittstelle wird zusätzlich durch den Nutzungskontext beeinflusst. Dieser besteht hierbei aus den Benutzern, dem zu erreichenden Ziel, der physischen Umgebung, den Arbeitsmitteln und den Arbeitsaufgaben. Die *physische Umgebung* setzt sich aus dem Cockpit an sich und dem dynamischen Verhalten des Flugzeugs zusammen. Für eine Usability-Untersuchung ist es notwendig diese Einflussfaktoren im Kontext des betrachteten Interaktionskonzepts zu berücksichtigen (ISO 9241-11, 1999).

Die unter dem Begriff Nutzungskontext aufgeführten Elemente **Benutzer, Ziel, physische Umgebung, Arbeitsmittel** und **Arbeitsaufgaben** bilden die Grundlage für die Gestaltung der in Kap. 4 beschriebenen Untersuchung zur Bewertung der Usability von Eingabeelementen von Großflächendisplays.

Die Gruppe der **Benutzer** ist sehr eng gefasst. Es kommen als Anwender ausschließlich Piloten von hochagilen Flugzeugen in Frage. Durch die umfangreiche und spezialisierte Ausbildung dieser Piloten zeichnen sich diese Personen durch ihre Kenntnisse, Fertigkeiten, Erfahrung, Übungsgrad und ihre speziellen sensorischen, motorischen und kognitiven Fähigkeiten im Umgang mit speziellen Cockpitschnittstellen aus (Hörmann & Lorenz, 2009).

Das **Ziel** der Piloten ist, makroskopisch gesehen, das Erreichen des Missionsziels. Hinsichtlich der Bewertung der Eingabegeräte, also dem Nutzungskontext der Usability-Untersuchung, lässt sich dieses Ziel auf schnelle, sichere und richtige Systemeingaben abbilden. Die Rahmenbedingungen, in dem diese Eingaben zu tätigen sind, sind vom Missionsprofil des betrachteten Flugzeugmusters abhängig. Eine Analyse des Missionsprofils folgt in Kap. 3.3.2.

Relevante Merkmale der **physischen Umgebung** werden durch die Bewegungsdynamik und die Gestalt des Cockpits des betrachteten Flugzeugmusters festgelegt. Weitere Parameter wie Temperatur und Luftfeuchtigkeit, die das Wohlbefinden des Nutzers beeinflussen können, werden für das betrachtete Flugzeug aufgrund der Klimatisierung des begrenzten Raumvolumens und der angepassten Arbeitskleidung als konstant und optimal angenommen. Cockpitgeometrie und Bewegungsdynamik werden in Kap. 3.2.3 bzw. Kap. 3.4 & 3.5 weiter analysiert.

Die **Arbeitsmittel** bestehen aus dem Großflächendisplay, der Touchscreeneinheit, einem indirekten CCE und der Software, die für den Betrieb dieser Geräte benötigt wird. Da es sich hier um manuelle Eingabemittel handelt, sind die für das Flugzeugmuster vorgeschriebenen und vom Piloten zu tragenden Handschuhe als weiteres Arbeitsmittel zu betrachten. Die Spezifizierung von Großflächendisplay, Bediengeräten und Handschuhen wird anhand eines konkreten Flugzeugmusters in Kap 3.2 durchgeführt.

Die **Arbeitsaufgaben** sind die zur Zielerreichung erforderlichen Aktivitäten und lassen sich durch Tätigkeiten, deren Abfolge, Häufigkeit und Dauer beschreiben (ISO 9241-11, 1999). Es gibt im Rahmen der typischen Aufgaben von Piloten eine Vielzahl dieser Aktivitäten und deren Ausprägungen (Wickens, 2003). ISO 9241-11 (1999) empfiehlt in diesem Fall eine Aufgabenanalyse und die Auswahl repräsentativer Tätigkeiten zur Evaluation der Usability. Die Auswahl der Aufgabenbeispiele wird in Kap. 3.3.2 im Rahmen einer hierarchischen Aufgabenanalyse durchgeführt und durch die in Kap. 4.2.1 und 4.2.2 beschriebenen Zeige- und Zusatzaufgaben in der Usability-Untersuchung abgebildet.

Eine Besonderheit des Nutzungskontexts „Cockpit", die in der ISO 9241-11 (1999) jedoch nicht explizit genannt wird, ist das Auftreten von physischer und psychischer **Belastung** (Wickens & Hollands, 2000). Der Pilot ist durch Bedrohungssituationen oder durch die hohe Flugdynamik oftmals gezwungen unter hohen zeitlichen und körperlichen Anforderungen Entscheidungen zu treffen und Handlungen durchzuführen. Es ist davon auszugehen, dass die Arbeitsleistung des Piloten durch die einwirkende Belastung beeinträchtigt wird. Die Berücksichtigung realitätsnaher und repräsentativer Versuchsbedingungen (ISO 9241-11, 1999) ist daher im Rahmen der Usability-Untersuchung notwendig.

Die Auswirkungen der Belastung auf die Bedienleistung des Piloten lassen sich mit Hilfe des Informationsverarbeitungsmodells des Menschen nach Wickens et al. (2004) sowie des Modells multipler Verarbeitungsressourcen nach Wickens (2002) beschreiben (vgl. Kap. 2.4.2). Sie werden im Kap. 2.4.2 eingehend analysiert und für Vorhersagen der Leistungsfähigkeit verschiedener Bedienelemente im Belastungskontext Flugzeugcockpit verwendet.

2.4.2. Menschliche Informationsverarbeitung

Die Leistungsfähigkeit eines Mensch-Maschine-Systems wird nach Wickens & Carswell (1997) in erheblichem Maße von der Verarbeitung der dargebotenen Information durch den Menschen als Operateur beeinflusst. Das Modell der menschlichen Informationsverarbeitung nach Wickens et al. (2004) beschreibt die Prozesse der **Wahrnehmung, Informationsverarbeitung** und **Handlungsreaktion** und berücksichtigt Aspekte der **Aufmerksamkeit** und begrenzter **Verarbeitungsressourcen** (Wickens, 2002; Wickens & McCarley, 2008). Mit Hilfe dieses Modells lassen sich Auswirkungen auf die Leistungsfähigkeit des Mensch-Maschine-Systems herleiten, die abhängig sind von der Wahl des Interaktionsmediums, der Gestaltung der Bedienflächen, der Aufgabenstruktur und der beanspruchten Ressourcen (vgl. Abb. 2-9).

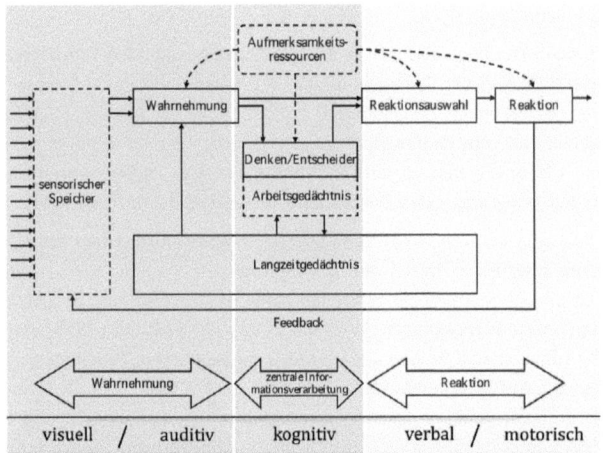

Abb. 2-9: Modell der menschlichen Informationsverarbeitung nach Wickens & Carswell (1997) und Wickens et al. (2004). Es lässt sich in die Bereiche Wahrnehmung, zentrale Informationsverarbeitung und Handlungsreaktion aufteilen, denen jeweils bestimmte beanspruchte Ressourcen zugeordnet werden können.

Die Prozesse **Wahrnehmung, Informationsverarbeitung** und **Handlungsreaktion** des Modells lassen sich wie folgt zusammenfassen. Informationen werden zuerst in Form von Reizen von den Sinnesorganen registriert, im sensorischen Speicher abgelegt und nach deren Wichtigkeit für eine weitere Verarbeitung ausgewählt. Information wird so wahrgenommen und kann auf Grundlage früherer Erfahrungen interpretiert werden. Daraufhin werden Einzelinformationen integriert, die dann als Auslöser für Entscheidungen und Handlungen dienen. Die Ausführung dieser Aktivitäten, nämlich Wahrnehmung, Informationsauswahl, Verstehen, Aktionsauswahl und Aktionsausführung benötigt jeweils Aufmerksamkeit (Goldstein, 2002).

Aufmerksamkeit wird nach Goldstein (2002) als Prozess der Auswahl und aktiven Zuwendung beim Aufnehmen und Verarbeiten von Informationen aus der Umwelt beschrieben und weist auftretenden Aufgaben bei der Informationsverarbeitung die verfügbaren Aufmerksamkeitsressourcen zu. Die Limitation der Ressource Aufmerksamkeit wirkt sich direkt auf die Leistung von Informationsauswahl, Wahrnehmung, Verstehen, Aktionsauswahl und Aktionsausführung aus. Wird Aufmerksamkeit mehrheitlich auf einen bestimmten Prozess in der Informationsverarbeitung wie z.B. die Wahrnehmung von Reizen fokussiert, kann dies zu einer Reduzierung der Leistung einer anderen, gleichzeitig ausgeführten Aktion, z.B. der Handlungsauswahl führen. Diese Tatsache ist vor allem im Hinblick auf multiple Aufgaben, wie sie z.B. in modernen Kampfflugzeugen auftreten, zu berücksichtigen.

Neben der Ressource Aufmerksamkeit stehen in den Prozessen Wahrnehmung, Entscheidung und Handlungsausführung weitere **Verarbeitungsressourcen** zur Verfügung. Diese Ressourcen werden im Modell der multiplen Verarbeitungsressourcen (Wickens, 2002) als unabhängige Ressourcenpools beschrieben und den jeweiligen Prozessen zugeordnet. Wickens & McCarley (2008) weisen in ihrem Modell der Wahrnehmung die visuelle und auditive Ressource, der Entscheidung die kognitive Ressource und der Handlungsausführung die verbale und motorische Ressource zu (vgl. Abb. 2-9). Beanspruchen Vorgänge der menschlichen Informationsverarbeitung unterschiedliche Elemente dieser Ressourcenpools, so unterstützt dies deren simultane Verarbeitung. Vorgänge, die sich auf die Verwendung der gleichen Ressourcen beziehen, müssen je nach Schwierigkeit und Beanspruchung der Ressource im Extremfall sequentiell abgearbeitet werden (Wickens & McCarley, 2008). Höhe und Art der Belastung wirken sich auf die Handlungseffizienz aus und können durch die Betriebsmittelauswahl, Aufgabengestaltung und die aktive Belegung unterschiedlicher Ressourcenpools beeinflusst werden. Für die Beurteilung der Leistungsfähigkeit von Bedienmitteln ist folglich die Betrachtung des jeweiligen Belastungskontextes notwendig. Durch physische und psychische **Belastung** der handelnden Person tritt eine Beanspruchung der Verarbeitungsressourcen auf. Beanspruchung bezieht sich dabei auf die Intensität der Belastung verschiedener Ressourcen der menschlichen Informationsverarbeitung. Im Allgemeinen wird Belastung und Beanspruchung als Ursache-Wirkung-Beziehung bezeichnet (Rohmert, 1984), wobei Belastung als objektive Größe gilt, die durch das Einwirken auf ein Individuum Beanspruchung hervorruft. Bei einer Kombination aus physischer und psychischer Beanspruchung ist Belastung meist nur schwer direkt messbar (Schmidtke, 2002; Eichinger, 2010). Belastung kann nach Eichinger (2010) „über die subjektive Erfassung der informatorischen Beanspruchung als unmittelbare Belastungsfolge" beurteilt werden. Im Folgenden wird daher Belastung über subjektive Angaben der Beanspruchung erhoben (vgl. Kap. 3.3.2).

Der Prozess **Entscheidung** wird auch als zentrale Informationsverarbeitung beschrieben und besteht aus mentalen und kognitiven Operationen, die im Arbeitsgedächtnis durchgeführt werden und die kognitive Verarbeitungsressource beanspruchen (Baddeley, 2003; Klingberg, 2008). Im Arbeitsgedächtnis werden Informationen bewusst erinnert, weiter verarbeitet und neu strukturiert (Zimbardo & Gerrig, 1999). Das Ergebnis der zentralen Informationsverarbeitung ist die Auswahl von Handlungsreaktionen durch die zentrale Exekutive (Baddeley, 2003). Die Leistungsfähigkeit des Arbeitsgedächtnisses ist nach Wickens et al. (2004) durch begrenzte Faktoren wie die Anzahl von Informationseinheiten, die Dauer des Behaltens, der Ähnlichkeit der Informationen und der Verteilung der Aufmerksamkeitsressourcen eingeschränkt. Die Beanspruchung des Arbeitsgedächtnisses wirkt sich daher direkt auf die Effizienz der Handlungsausführung aus. Durch das Nutzen mentaler Modelle, die im Langzeitgedächtnis abgelegt sind, kann die Beanspruchung des Arbeitsgedächtnisses reduziert werden, da der Abruf von Information aus dem Langzeitgedächtnis wenige kognitive Ressourcen bindet (Wickens et al., 2004).

Rasmussen (1983) beschreibt in diesem Zusammenhang die **Reaktionsauswahl** als fertigkeits-, regel- und wissensbasiert. Fertigkeitsbasiertes Verhalten ist, verglichen mit den beiden anderen Arten, sehr schnell, wenig fehleranfällig, automatisiert und beansprucht das Arbeitsgedächtnis nur wenig. Es handelt sich folglich um das Abrufen erlernter mentaler Handlungsschemata aus dem Langzeitgedächtnis als Grundlage der Handlungsanweisung (Wickens et al., 2004). Das regelbasierte Verhalten ist intuitiv und beruht auf dem Abfragen von „wenn - dann"-Regeln (Eichinger, 2008). Es geschieht innerhalb weniger Sekunden, nutzt mentale Modelle und Schemata und benötigt wenige kognitive Ressourcen des Arbeitsgedächtnisses. Das wissensbasierte Verhalten erfolgt ohne vorhandene Verhaltensprozeduren. Es muss bewusst und kontrolliert stattfinden und bindet dadurch mehr kognitive Ressourcen als die beiden anderen Verhaltensarten. Weitere Aspekte, welche die Handlungsauswahl beeinflussen sind die Komplexität der Verhaltensvarianten, die Erwartung und Auftrittswahrscheinlichkeit, die Übung, die Unterscheidbarkeit, die Rückmeldung und die Bewegungsdauer. Wird dies bei der Auswahl von Bedienelementen berücksichtigt, so kann die Erfahrung des Anwenders und bereits erlerntes fertigkeitsbasiertes Handeln gezielt zur Entlastung des Arbeitsgedächtnisses bzw. mentaler Ressourcen genutzt werden und führt aufgrund einer Reduzierung der Beanspruchung der zentralen Informationsverarbeitung zu Leistungsvorteilen bei Bedienhandlungen.

Die Interaktion mit dem Touchscreen basiert auf ballistischen Bewegungen des Hand-Arm-Systems und daher auf Handlungsschemata und mentalen Modellen, die vom Menschen im Alltag erlernt werden und dort im Gebrauch sind (Rühmann, 1984). Die Handlungsausführung mit Hilfe einer direkten manuellen Eingabehandlung, wie sie beim Touchscreen vorkommt, kann als fertigkeitsbasiertes Verhalten bezeichnet werden und wird daher vom Menschen instinktiv durchgeführt. Dieses hoch automatisierte Verhalten beansprucht das Arbeitsgedächtnis nur in sehr geringem Maße und hält dadurch mentale Ressourcen für weitere, simultan zu erfüllende Aufgaben frei (Helander, 2006).

Die Interaktion mit dem indirekten CCE kann zunächst nicht von alltäglichen Handlungen abgeleitet werden. Es benötigt Training, um die Bewegungsgesetze der Cursorpositionierung durch das indirekte CCE zu erlernen und die Bildung eines Handlungsschemas im Langzeitgedächtnis zu unterstützen. Dies bedeutet wiederum, dass in diesem Fall eine erheblich höhere Belastung des Arbeitsgedächtnisses und der zentralen Exekutive auftritt, als dies bei der Touchscreen-Bedienung der Fall ist (Helander, 2006; Rasmussen, 1983; Baddeley, 2003). Es stehen folglich weniger kognitive Verarbeitungsressourcen zu Verfügung. Bei einem Vergleich der beiden Bedienelemente weist Krauß (1999) auf eine erhöhte kognitive Belastung bei der Cursorpositionierung mit dem indirekten CCE als mit dem Touchscreen hin.

Bei der Verwendung des Touchscreens ist im Vergleich mit der Bedienelementalternative indirektes CCE hinsichtlich der begrenzten Aufmerksamkeits- und Verarbeitungsressourcen des Menschen ein deutlicher Leistungsvorteil zu erwarten. Es ist daher davon auszugehen, dass der Pilot bei gleichzeitigem Auftreten von zeitkritischen und arbeitsintensiven Aufgaben durch das Interaktionsmedium Touchscreen besser unterstützt wird als durch das indirekte CCE. Zusätzlich ist durch die Einfachheit der Bedienung mit einer erhöhten Zufriedenheit der Nutzer mit dem Bedienelement Touchscreen als mit dem indirekten CCE zu rechnen. Es wird daher ein Vorteil des Touchscreens gegenüber des indirekten CCE hinsichtlich der objektiven und subjektiven Usability-Maße Bedienleistung und Nutzerakzeptanz erwartet.

2.5. Hypothesen

In der vorangegangenen Betrachtung wurde die Problematik bestehender Displaysysteme diskutiert (vgl. Kap. 2.1). Eine Möglichkeit dieser Problematik zu begegnen und die Mensch-Maschine-Schnittstelle im Cockpit entscheidend zu verbessern, ist die Verwendung von Großflächendisplays kombiniert mit dem Interaktionsmedium Touchscreen (vgl. Kap. 2.2 und Kap. 2.3). Es wurden die Grundsätze der Anzeige und Bedienung für Großflächendisplays wie auch mögliche Interaktionsgeräte vorgestellt. Als Eingabeelemente kommen das indirekte CCE und der Touchscreen als direktes CCE in Frage (vgl. Kap. 2.2.3). Das indirekte CCE wird bereits in unterschiedlichen und ausreichend dokumentierten Anwendungen als primäres Eingabeelement für HDDs in Flugzeugcockpits verwendet. Veröffentlichte Usability-Untersuchungen von Touchscreens sind für unterschiedliche Anwendungen zu finden (vgl. Kap. 2.3.4). Für die Verwendung von Touchscreens im Bereich der militärischen Luftfahrt existieren vielmehr grundlegende Empfehlungen als konkrete Anforderungen (MIL-STD-1472F, 1999). Detaillierte Gestaltungsanforderungen für die Touchscreenanwendung sowie eingehende Betrachtungen von Interaktionskonzepten für Großflächendisplays sind für Anwendungen in der Luftfahrt nicht zu finden. Es bestehen daher erhebliche Forschungsdesiderate hinsichtlich der Usability von großflächigen Touchscreendisplays in der Luftfahrt allgemein und in der militärischen Luftfahrt im Speziellen. Es wird daher im weiteren Verlauf, aufbauend auf den Ausführungen in Kap. 2.1 bis Kap. 2.4, die Leistungsfähigkeit von Touchscreens als primäres Bedienelement für Großflächendisplays in hochagilen Flugzeugen anhand quantitativer Maße untersucht und ein quantitativer sowie qualitativer Vergleich der Leistungsfähigkeit des Touchscreens mit einem indirekten CCE durchgeführt. Als indirektes CCE wird im weiteren Verlauf der Trackball verwendet. Die Auswahl des hier betrachteten indirekten CCE findet in Kap. 3.2.2.1 statt, wird hier jedoch zur Formulierung der Hypothesen vorweggenommen.

Die Evaluation der alternativen Bedienelemente Touchscreen und Trackball findet im Rahmen einer Usability-Untersuchung statt (vgl. Kap. 2.4.1). Es werden dabei im Rahmen des Vergleichs der beiden Bedienelemente die Leistungskriterien Bedienzeit und Genauigkeit sowie das Kriterium Nutzerzufriedenheit betrachtet. Die Auswertung der Versuchsdaten erfolgt sowohl qualitativ als auch quantitativ. Dabei wird ein Vergleich der Leistungsfähigkeit von Touchscreen und Trackball unter den unterschiedlichen Randbedingungen durchgeführt und ein absolutes Leistungsmaß für die betrachteten Bedienelemente unter obigen Randbedingungen erhoben.

Im Kontext dieser Untersuchung lassen sich folgende Hypothesen formulieren:

H1	*Die Bedienleistung bei Eingabehandlungen (Zeigeaufgaben) auf Großflächendisplays ohne Zusatzbelastung ist mit dem Touchscreen höher als mit dem Trackball.*
H2	*Der Performanzvorteil der Touchscreenbedienung bei Zeigeaufgaben auf Großflächendisplays gegenüber der Trackball-Bedienung bleibt bei einer Erhöhung der Belastung bestehen.*
H3 (a), (b)	*Die Beständigkeit des Vorteils des Touchscreens in der Bedienleistung der Zeigeaufgabe gegenüber dem Trackball gilt für (a) standardisierte und (b) für die in hochagilen Flugzeugen auftretenden Eingabehandlungen und Zusatzaufgaben.*
H4	*Der Performanzvorteil des Touchscreens bei Eingabehandlungen nimmt gegenüber dem Trackball bei steigender Belastung des Piloten zu.*

Kapitel 2 · Mensch-Maschine Interaktion in Flugzeugen

H5 Werden für Eingabehandlungen und die Bearbeitung von Zusatzaufgaben dieselben Ressourcen benötigt, so führt der Touchscreen zu einer geringeren Belastung der betroffenen Ressourcen als der Trackball und dadurch zu einer positiven Beeinflussung der Leistung in Zeige- und Zusatzaufgabe.

H6 Die Interaktion mit dem Touchscreen ist zufriedenstellender als mit dem Trackball.

Ziel der Usability-Untersuchung ist neben der Prüfung der Hypothesen die Erhebung des Leistungsspektrum der beiden Interaktionselemente Touchscreen und Trackball für die Bedienung von Großflächedisplays als Grundlage möglicher Anwendungen in unterschiedlichen Flugzeugmustern. Die Hypothesen bauen inhaltlich aufeinander auf und decken so unterschiedliche Aspekte der Leistungsuntersuchung der betrachteten Bedienelemente ab. Der Prozess der Hypothesenprüfung folgt diesem Aufbau und ist in Abb. 2-10 als Flussdiagramm dargestellt.

Die zentrale Hypothese ZH dieser Arbeit baut auf die obigen Ausführungen im Kap. 2.4 auf und lautet zusammenfassend:

ZH Der Touchscreen weist deutliche Leistungsvorteile gegenüber anderen Bedienelementen auf und bietet sich daher als primäres Bedienelement für die Interaktion mit großflächigen Displays in hochagilen militärischen Flugzeugen an.

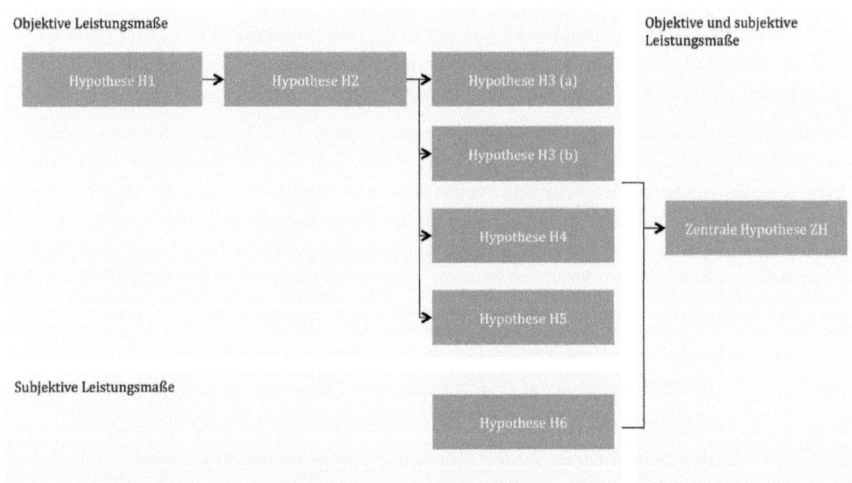

Abb. 2-10: Prozess der Hypothesenprüfung aufgeteilt anhand objektiver und subjektiver Leistungsmaße, die zur Überprüfung der Hypothesen verwendet werden.

3. Großflächendisplays in hochagilen Flugzeugen

Neben dem Vergleich der beiden Bedienelemente müssen grundsätzliche Anforderungen, die sich aus relevanten Umgebungsparametern moderner Flugzeuge ergeben, berücksichtigt werden (vgl. Kap. 2.4.1). Um diese Anforderungen zu konkretisieren, ist es notwendig dieser Untersuchung die Anwendung in einem speziellen Flugzeugmuster zugrunde zu legen. Die Randbedingungen erstrecken sich auf die Bereiche Cockpitgeometrie, Aufgaben des Piloten, Bedienfunktionen und Flugzeugdynamik. Im Rahmen der Analyse der Cockpitgeometrie werden Positionen von Display und Bediengeräten und deren Erreichbarkeit und Bedienbarkeit betrachtet. Aus der Aufgliederung der Aufgaben des Piloten lassen sich Bedienfunktionen ableiten, die vom generischen Bedienkonzept abgebildet werden. Durch Steuereingaben und Schubänderungen des Piloten und durch Änderungen der Anströmung des Flugzeugs werden durch Auftriebsänderungen Beschleunigungen in das Cockpit induziert. Je nach Flugzeugmuster werden durch dieses Verhalten die resultierenden Beschleunigungen festgelegt, unter denen Bedienhandlungen ausgeführt werden müssen. An dieser Stelle werden anhand des Antwortverhaltens des Hand-Arm-Systems die Relativbewegungen zwischen Finger und Display analysiert. Es soll dadurch sichergestellt werden, dass alle Bedienelemente und Displays gut sichtbar und erreichbar sind, alle Bedienfunktionen berücksichtigt werden und die in der Usability-Untersuchung verwendete Aktivierungsfläche der Symbole repräsentativ für die Verwendung in hochagilen Flugzeugen ist.

3.1. Auswahl eines Flugzeugmusters

Die Usability-Untersuchung eines Interaktionselementes findet bevorzugt im Nutzungskontext der Einsatzumgebung statt (vgl. Kap. 2.4.1). Zudem stellt die Auswahl eines militärischen Ein-Mann-Cockpits deutlich höhere Anforderungen an den Piloten als dies in zivilen Zwei-Mann-Cockpits. Die Auswahl eines Flugzeugmusters, dass außerordentliche Anforderungen an das fliegerische Personal stellt, bietet sich daher hinsichtlich der Übertragbarkeit der ermittelten Informationen besonders an. Für eine ausreichend genaue Beschreibung des Nutzungskontexts wird ein repräsentatives modernes hochagiles Flugzeug mit militärischem Verwendungshintergrund ausgewählt. Die Belastung auf den Piloten in einem solchen Flugzeugtyp stellt hinsichtlich mechanischer, physikalischer und psychischer Belastung extreme Anforderungen dar. Aus der in Kap. 2.1.1 vorgestellten Auswahl an möglichen Flugzeugen wurde der Eurofighter Typhoon als repräsentatives Referenzflugzeug für die weiteren Betrachtungen und Untersuchungen ausgewählt. Dafür sprechen mehrere Gründe. Der Eurofighter ist im internationalen Vergleich eines der modernsten und leistungsfähigsten im Einsatz befindlichen Kampfflugzeuge (Rauen, 2009a; Yoon, 2004; Hierakares, 2008) dessen Einsatzzeitraum sich mindestens über die kommenden 40 Jahre erstrecken wird (Rauen, 2009b). Zugleich finden die Untersuchungen dieser Arbeit in der Abteilung Human Factors Engineering, die in den Geschäftsbereich Military Air Systems der EADS GmbH eingegliedert ist, statt. Die Zugänglichkeit zu Daten und Informationen des Waffensystems Eurofighter Typhoon ist daher ungleich einfacher als dies bei anderen Flugzeugen der Fall ist.

Kapitel 3 · Großflächendisplays in hochagilen Flugzeugen

Darüber hinaus stehen am Standort Manching Eurofighter Testpiloten der EADS sowie der WTD 61 für diese Arbeit als Experten für Befragungen zur Verfügung.

Der Eurofighter ist ein hochagiles, allwettertaugliches Mehrrollenkampfflugzeug. Die maximale Geschwindigkeit beträgt Mach 2. Die maximalen Flugzeugbeschleunigungen sind auf +9 G und -3 G limitiert (aipower.at, 2009). Das Missionsspektrum des Eurofighters setzt sich aus Aufklärung, „Luft-Luft"- und „Luft-Boden"-Aktivitäten, Luftüberlegenheit, Luftnahunterstützung, Abstandslenkflugkörpereinsatz, Seezielbekämpfung, Unterdrückung der Luftabwehr und Mehrrolleneinsatz zusammen (Rauen, 2009a).

Die unterschiedlichen Missionen werden nach Spinoni et al. (1986) in die folgenden Flugphasen aufgeteilt:

- Ground Procedures
- Take-Off
- Navigation
- Combat (Air-to-Air)
- Attack (Air-to-Surface)
- Recovery
- Approach & Landing

3.2. Cockpitbeschreibung

Das Cockpit stellt die Schnittstelle zwischen Pilot und Flugzeug dar (vgl. Kap. 2.1.1). In den folgenden Betrachtungen wird angenommen, dass ein Großflächendisplay mit Touchscreen-Funktion das zentrale Anzeige- und Bedienelement auf dem Hauptinstrumentenbrett darstellt (vgl. Kap. 2.2). In diesem Zusammenhang wird im folgenden Kapitel eine anthropometrische Analyse der Sichtbarkeit und Erreichbarkeit des Großflächendisplays sowie der Bedienelemente durchgeführt. Hierzu werden Position und Einbaugeometrie des Großflächendisplays und der Bedienelemente in Verbindung mit der Sitzposition des Piloten analysiert. Im nächsten Schritt wird dann die Sichtbarkeit und Erreichbarkeit der Geräte als Grundlage der Usability-Untersuchung überprüft.

3.2.1. Neue Displaykonfiguration

Die Integration eines Großflächendisplays muss sich an der Struktur des bestehenden Cockpitlayouts orientieren. Dieser Arbeit liegt eine vorläufige Auslegung des Hauptinstrumentenbretts zu Grunde. Folgende Kriterien wurden hierfür herangezogen:

- Auf den MFDs werden keine sicherheitskritischen Funktionen abgebildet.
- Die bestehenden MFDs und deren Bedienelemente werden durch das Großflächendisplay ersetzt.
- Die Fläche des Head-Up-Panels, das zur Interaktion mit dem HUD dient, wird als Anzeigefläche für das Großflächendisplay zur Verfügung stehen (Kellerer et al., 2008).

Diese Rahmenbedingungen führen zu einer kreuzförmigen Geometrie des Großflächendisplays (vgl. Abb. 3-1). Die Position und räumliche Ausrichtung des Großflächendisplays orientiert sich am Augpunkt des Piloten und den geometrischen Eigenschaften der ersetzten Geräte.

Kapitel 3 · Großflächendisplays in hochagilen Flugzeugen

Der Augpunkt (Design Eye Point) ist ein Hilfsmittel bei der Konstruktion des Cockpits und legt im Cockpit einen Raumpunkt fest, der die Position der Augen des Piloten bestimmt und unabhängig von deren Körpergröße gilt. Im Eurofighter kann durch die Verstellung der Sitzhöhe für jeden Piloten die korrekte Position der Augen, entsprechend dem *Design Eye Point* (DEP) eingestellt werden (Spinoni et al., 1986). Die Sitzhöhe wird durch den *Neutral Seat Reference Point* (NSRP) angegeben. Die Position des DEP ist in Abb. 3-3 und Abb. 3-4 dargestellt. Nach diesem DEP wird im Laufe der geometrischen Auslegung der Cockpitstruktur die Position von Anzeige- und Bediengeräten bestimmt und dadurch Sichtbarkeit und Erreichbarkeit relevanter Geräte sichergestellt. Hierzu wird ein orthogonales rechtshändiges Koordinatensystem verwendet, dessen Ursprung im Augpunkt (DEP) liegt. Die x-Achse weist horizontal nach vorne in Flugrichtung. Die z-Achse weist senkrecht dazu nach unten und die y-Achse in Sichtrichtung des Piloten horizontal nach rechts (vgl. Abb. 3-2).

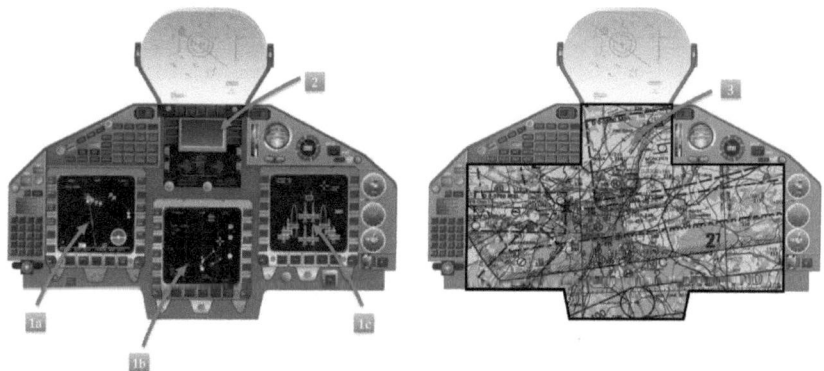

Abb. 3-1: Skizzenhafte Darstellung der Struktur des Hauptinstrumentenbrettes des Eurofighters in der aktuellen Konfiguration (links) und mit einem Großflächendisplay. Das Großflächendisplay (3) ersetzt dabei die Anzeige- und Bedienelemente der drei MFDs (1a, b, c) und des „Head Up Panels" (2).

Die Position des Großflächendisplays wird anhand der Positionen der aktuellen Displays im Eurofighter bestimmt (Spinoni et al., 1986). Die Entfernung zwischen DEP und dem Mittelpunkt der Displayoberfläche des mittleren Multifunktionsdisplays beträgt nach Spinoni et al. (1986) 740 mm. Diese Entfernung wird auf den entsprechenden Punkt auf dem Großflächendisplay übertragen. Der Winkel zwischen der Displayoberfläche und der Horizontalen muss aufgrund geometrischer Limitationen bei der Betätigung des Schleudersitzes 77,5° betragen (vgl. Abb. 3-3). Die Oberkante des Displays wird von der „Over the Nose Vision" Linie festgelegt. Diese Linie ist vom DEP her nach vorne in der xz-Ebene des Koordinatensystems um 15° nach unten geneigt (vgl. Abb. 3-2). Berücksichtigt man einen Displayrand des Großflächendisplays von 20 mm Breite, ist die Oberkante der sichtbaren Displayfläche 661 mm vom DEP entfernt und erscheint vom DEP gemessen 16,7° unterhalb der Horizontalen. Die Unterkante der sichtbaren Displayfläche ist 798 mm vom DEP entfernt und erscheint vom DEP gemessen 46,8° unterhalb der Horizontalen (vgl. Abb. 3-3).

Kapitel 3 · Großflächendisplays in hochagilen Flugzeugen

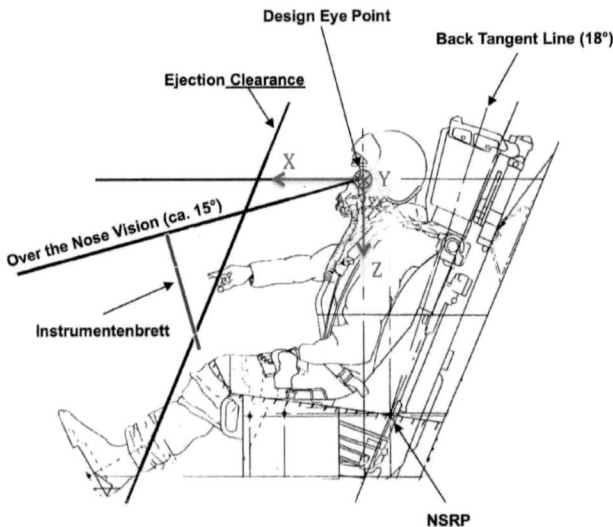

Abb. 3-2: Schematische Darstellung der Sitzposition des Piloten im Cockpit mit den Positionsmarken DEP und NSRP (EFA, 1987). Der DEP dient im Folgenden als Ursprung des rechtshändigen Koordinatensystems, in dem alle Punkte im Cockpit angegeben werden. Das Instrumentenbrett repräsentiert die Einbauposition des Großflächendisplays.

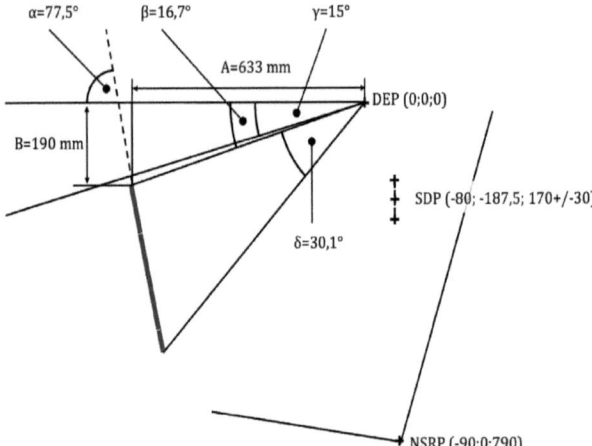

Abb. 3-3: Skizze zur Beschreibung der Position von Großflächendisplay und den Körperpunkten DEP, Schulterdrehpunkt (SDP) und NSRP. Die Darstellung erfolgt in einem vertikalen Schnitt in der xz-Ebene durch den DEP. Die x-, y- und z-Koordinaten der Referenzpunkte werden jeweils in Klammern in mm angegeben.

Kapitel 3 · Großflächendisplays in hochagilen Flugzeugen

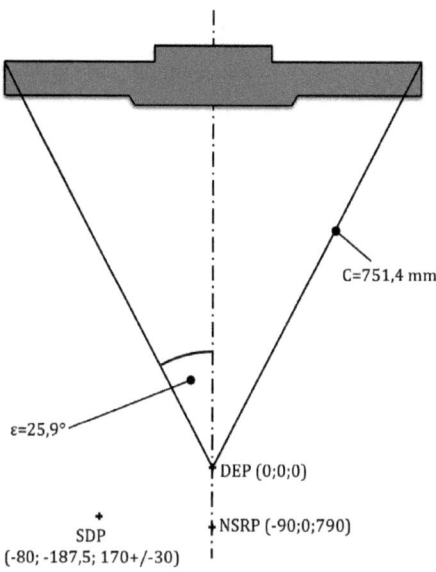

Abb. 3-4: Erweiterung der Skizze aus Abb. 3-3 zur Beschreibung der Position des Großflächendisplays und der Körperpunkte DEP, Schulterdrehpunkt (SDP) und NSRP. Die Darstellung erfolgt in einem horizontalen Schnitt in der xy-Ebene durch den DEP. Die x-, y- und z-Koordinaten der Referenzpunkte werden jeweils in Klammern in mm angegeben.

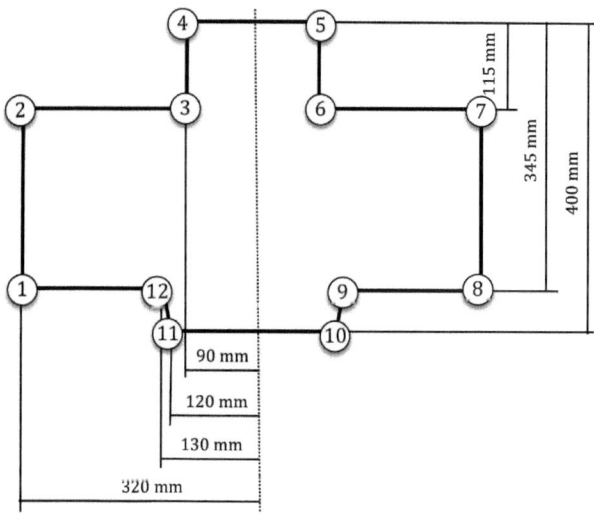

Abb. 3-5: Geometrische Beschreibung des Großflächendisplays. Die Eckpunkte des Displays sind für die Betrachtung der Erreichbarkeit des Touchscreens in Kap. 3.2.3.2 von 1 bis 12 durchnummeriert.

Durch die Größe des „Head Up Panels", der MFDs und deren Bedienelemente berechnet sich für die sichtbare Fläche des Großflächendisplays eine maximale Displayhöhe von 401 mm und eine maximale Displaybreite von 642 mm (vgl. Abb. 3-5). Die Abmessungen des kreuzförmigen Displays mit Angabe der für die weitere Untersuchung der Erreichbarkeit verwendeten Eckpunkte sind in Abb. 3-5 zusammengefasst.

3.2.2. Bedienelemente

In der aktuellen Cockpit-Konfiguration verfügt der Eurofighter über unterschiedliche Geräte, um Bedienhandlungen auf dem Hauptinstrumentenbrett durchführen zu können. Dies sind Druckschalter, Drehregler, Spracheingabe und ein indirektes CCE, welches im Cockpit des Eurofighters als XY-Controller bezeichnet wird. Drehregler und Druckschalter eigenen sich nur bedingt für die Interaktion mit Großflächendisplays (vgl. Kap. 2.2.3). Die Interaktionsvariante Spracheingabe stellt ein Eingabemittel dar, das einen Teil der Funktionen im Cockpit bedienen kann, sich jedoch ebenfalls nicht als CCE eignet. Die Spracheingabe wird daher in den weiteren Betrachtungen zur Auswahl eines CCE nicht weiter betrachtet. In Kap. 2.2.3 & 2.4 wurde als Bedienelement für Großflächendisplays in Flugzeugcockpits der Touchscreen und ein indirektes CCE vorgeschlagen. Im Folgenden werden die beiden Eingabealternativen anhand der Verwendung im Flugzeugmuster Eurofighter diskutiert.

3.2.2.1. XY-Controller

Der XY-Controller im Cockpit des Eurofighters wird als „force sensitive finger operated joystick" (EFA, 1993) bezeichnet und ist nach Bullinger et al. (2006) in die Gruppe der indirekt wirkenden kraftsensitiven bzw. isometrischen Bedienelemente einzuordnen. Er befindet sich am Schubhebel und wird mit dem Zeigefinger der linken Hand bedient (vgl. Abb. 3-6). Die Positionierung des Cursors auf der Displayfläche erfolgt durch das Aufbringen lateraler Kräfte auf den XY-Controller. Die Anwahl von Symbolen und Funktionen erfolgt durch vertikales Drücken des XY-Controllers. Der XY-Controller ist Bestandteil des HOTAS-Konzepts des Eurofighters (vgl. Kap. 2.1.2), da er das Durchführen von Eingabehandlungen auf den Multifunktionsdisplays ermöglicht, ohne dass der Pilot dabei die Hand vom Schubhebel nehmen muss.

Bei der Interaktion mit großflächigen Anzeigen muss durch die Auswahl eines Bediengeräts sichergestellt werden, dass der Cursor schnell über große Distanzen bewegt werden kann und gleichzeitig eine präzise Positionierung des Cursors möglich ist. Der im Eurofighter befindliche XY-Controller wurde für die Interaktion mit den standardmäßigen Anzeigen optimiert. Es ist nicht davon auszugehen, dass er sich in seiner ursprünglichen Ausführung für die Interaktion mit Großflächendisplays eignet. Im Rahmen der Usability-Untersuchung wurde daher ein indirekt wirkendes Bedienelement ausgewählt, das oben genannte Voraussetzungen erfüllt und sich dadurch als Bedienelement für Großflächendisplays anbietet. Boff & Lincoln (1983) untersuchten verschiedene Bedienelemente hinsichtlich ihrer Bediengeschwindigkeit und ihrer Positionsgenauigkeit. Der Trackball besitzt, verglichen mit anderen indirekt wirkenden Bedienelementen, die besten Werte für Bediengeschwindigkeit und Genauigkeit und wird daher im weiteren Verlauf als indirektes Bedienelement ausgewählt.

Kapitel 3 · Großflächendisplays in hochagilen Flugzeugen

Abb. 3-6: Schubhebel des Eurofighters. Auf der Seite, mit der das rechte Triebwerk geregelt wird befindet sich der XY-Controller, der zur Interaktion mit den MFD des Eurofighters verwendet wird (Reiser, 2009). Die Bedienung erfolgt mit dem Zeigefinger der linken Hand.

3.2.2.2. Touchscreen

In der aktuellen Version verfügt das Cockpit des Eurofighters über keinen Touchscreen. Orientiert man sich bei der Auswahl der Touchscreen-Technologie an vergleichbaren Anwendungen anderer Flugzeugmuster, so bietet sich als einzige Technologievariante die im Cockpit der F-35 verbaute IR-Touchscreen-Technologie an (vgl. Kap. 2.3.1). Die Interaktion erfolgt über Aktivierungsflächen, die dargestellten Symbolen zugeordnet werden (vgl. Kap. 2.3.3). Die Aktivierungsflächen sind quadratisch und verfügen über eine Seitenlänge von 17 mm. Der Abstand zwischen zwei Aktivierungsflächen muss für eine ausreichend sichere und schnelle Anwahl 2 mm betragen (vgl. Kap. 2.3.4). Die Anwahl der Aktivierungsflächen kann durch die Erst-Kontakt-Methode oder durch die Letzt-Kontakt-Methode erfolgen (vgl. Kap. 2.3.3). Die „Funktionsauslösung beim Abheben des Berührelements vom Touchscreen ermöglicht die vorherige Korrektur einer fehlerhaften Positionierung, und vermindert damit eine fehlerhafte oder ungewünschte Funktionsauslösung" (VDI/VDE 3850, 2004). Dementsprechend wurde die Letzt-Kontakt-Methode als Eingabefunktionsweise ausgewählt. Dieselbe Empfehlung findet sich ebenfalls bei Avery (1999).

3.2.3. Anthropometrie

Die Zugänglichkeit und Bedienbarkeit aller Funktionen, die der Pilot zum Erfüllen seiner Aufgaben benötigt, muss stets gewährleistet sein. Die anthropometrische Auslegung des Eurofighter Cockpits stellt die notwendige Sichtbarkeit von Anzeigegeräten und Bedienbarkeit von Bedienelementen sicher. Die Erreichbarkeit der Bedienelemente und die Sichtbarkeit der Anzeigen wirkt sich direkt auf die Usability einer Schnittstelle aus (Schmidtke & Groner, 1989). Für eine Untersuchung der Usability stellen daher die anthropometrischen Daten der betrachteten Schnittstelle in jedem Fall zu berücksichtigende Rahmenbedingungen dar. Diese setzen sich aus den Positionen und der räumlichen Ausrichtung von Benutzer, Eingabegeräten und Anzeigegeräten sowie aus den Größenunterschieden der betrachteten Nutzergruppe zusammen.

Kapitel 3 · Großflächendisplays in hochagilen Flugzeugen

Für die Bestimmung von Sichtbarkeit und Erreichbarkeit wird zunächst ein biometrisches Modell der Nutzergruppe unter Berücksichtigung der Sitzposition erstellt. Grundlage dieses Modells sind die diesbezüglichen Angaben in der „Cockpit Description" nach Spinoni et al. (1986). Das Cockpit wurde für das 5. bis 95. Perzentil der Bevölkerungsgruppen der beteiligten Nationen Großbritannien, Italien, Spanien und Deutschland entworfen. Als Referenzmaße wurden jeweils die Minimalbzw. Maximalwerte der vier Nationen für das 5. und das 95. Perzentil, basierend auf nationalen Normen ausgewählt und auf das Jahr 1995 akzelleriert (Spinoni et al., 1986). Die Auswahl dieser Werte entspricht den Angaben des 5. und 95. Perzentils der Altersgruppe der 26 bis 45 jährigen Männer nach DIN 33402-2 (2005) sowie den Angaben des 5. und 95. Perzentils der Männer nach NASA-STD-3000 (1995). Für die Erstellung eines biomechanischen Modells des Hand-Arm-Systems des sitzenden Piloten wurden, falls vorhanden, die Werte der Eurofighter Cockpit Auslegung nach Spinoni et al. (1986) übernommen. Fehlende Angaben wurden durch Werte der DIN 33402-2 (2005) sowie des NASA-STD-3000 (1995) ergänzt.

Sitzhaltung und Sitzposition des Piloten sind bei Spinoni et al. (1986) dokumentiert und in Abb. 3-2 dargestellt. Die Rückenlehne ist demnach um 18° nach hinten, die Sitzschale um 5° nach oben geneigt. Der Sitz ist in der Höhe verstellbar. Als Referenzpunkt der Sitzposition wird der NSRP verwendet. Von diesem Punkt aus kann der Sitz zum Anpassen des Augpunkts entlang der 18°-Achse der Rückenlehne um jeweils 75 mm nach oben und nach unten verschoben werden. Dieser Punkt dient zudem als Referenzpunkt für die Position der Sitzfläche und der Rückenlehne (vgl. Abb. 3-2, Abb. 3-3 & Abb. 3-4). Aus den oben genannten Werten kann ein mechanisches Modell für die Herleitung des Sichtfeldes sowie des Greifraums der Piloten und daraus eine Beurteilung der Sichtbarkeit und Erreichbarkeit der hier betrachteten Geräte erfolgen.

3.2.3.1. Sichtfeld

Displays lassen sich dann ohne Zwangshaltung einsehen, wenn die Sehachse zwischen 25° und 35° gegen die Horizontale nach unten geneigt ist. Dabei sollte der Blick möglichst senkrecht auf die Displayoberfläche fallen (Schmidtke & Groner, 1989). Durch die Displayneigung von 77,5° gegen die Horizontale und die in Abb. 3-3 dargestellte Einbauposition des Großflächendisplays sind die Anforderungen für die Positionierung eingehalten (Schmidtke & Groner, 1989). Die seitlichen Displayränder erscheinen vom DEP aus unter einem horizontalen Winkel von +/- 25,9° (vgl. Abb. 3-4). Die Oberkante des Großflächendisplays wird in einem Winkel von 16,7° unterhalb der xy-Ebene, die durch den DEP verläuft vom Piloten erblickt, die Unterkante in einem Winkel von 46,8° (vgl. Abb. 3-3). Die Sicht nach außen wird aufgrund der Position des Großflächendisplays nicht beeinträchtigt. Ebenso wird die Sicht auf das Großflächendisplay durch keine Gerätschaften behindert. Zusammenfassend sind keine schwerwiegenden Sichtbarkeitskonflikte des Großflächendisplays aus operationeller Sicht zu erwarten.

3.2.3.2. Greifraum

Die Erreichbarkeit der Bedienelemente wird durch den Greifraum der Nutzergruppe festgelegt und muss für die Untersuchung der Bedienbarkeit des Touchscreens berücksichtigt werden. Der Greifraum, der bei Spinoni et al. (1986) mit 731 mm bis 871 mm angegeben ist, wird durch die funktionale Reichweite nach vorn bestimmt (DIN 33402-2, 2005). Dieses Maß bezieht sich auf den horizontal nach vorne ausgestreckten Arm. Für die Erreichbarkeit von Bedienelementen ober- und unterhalb dieser Horizontalen ist die Position des Schulterdrehpunkts sowie die Position des Bedienfeldes entscheidend. Im Folgenden wird die Erreichbarkeit des Touchscreens auf dem Großflächendisplay stellvertretend für das 5. männliche Perziitil, also den kleinsten Piloten, bestimmt. Man kann davon ausgehen, dass für alle Piloten, die größer als das 5. Perzentil sind, eine mindestens gleich gute Erreichbarkeit des Touchscreens gegeben ist. Der Schulterdrehpunkt liegt, ausgehend von der Position des DEP 170 mm für das 5. Perzentil in positiver z-Richtung unterhalb des DEPs (DIN 33402-2, 2005; Spinoni et al., 1986). Liegt die Schulter an der Sitzlehne an, befindet sich der SDP für das 5. Perzentil 80 mm in negativer x-Richtung hinter dem DEP (Schmidtke & Groner, 1989). Nach DIN 33402-2 Beiblatt 1 (2006) variiert die Höhe des Schulterpunkts in z-Richtung mit der Position des zu betätigenden Bedienelements und kann sich um jeweils 30 mm nach oben und unten verschieben. Diese Werte gelten für eine angenehme Sitzposition ohne Zwangshaltungen des Piloten während des Fluges (Schmidtke & Groner, 1989). Der Helm ruht in dieser Position nicht an der Kopflehne. Der Oberkörper im Bereich des Brustkorbs ist annähernd aufrecht (Krähenbühl, 2008). In dieser Körperhaltung verändert sich durch den geänderten Schulterdrehpunkt die Reichweite nach vorn um 100 mm (DIN 33402-2 Beiblatt 1, 2006). Zusätzlich muss aufgrund der Ausrüstung des Piloten im Rückenbereich ein Bekleidungszuschlag von 50 mm einberechnet werden. Hieraus resultiert die in Abb. 3-3 und Abb. 3-4 angegebene Position des Schulterdrehpunkts. Der Abstand des Schulterdrehpunkts zur Rückenlehne beträgt für diese Körperhaltung 150 mm. Unter Berücksichtigung der biakromialen Schulterbreite von 375 mm des 5. Perzentils lässt sich für unterschiedliche Armhaltungen die Position des Schulterdrehpunkts bestimmen. Die Erreichbarkeit des Touchscreens wird im Folgenden anhand der Eckpunkte des kreuzförmigen Großflächendisplays, welche die maximalen Greifentfernungen darstellen, geprüft. Hierzu wurden zwölf Punkte festgelegt (vgl. Abb. 3-5). Das ausgestreckte Hand-Arm-System bestimmt die maximale funktionale Reichweite nach vorn zur Griffachse. Für das 5. Perzentil beträgt die Griffachse 731 mm. Die Koordinaten der Displayeckpunkte, die entsprechenden Schulterdrehpunkte und die Erreichbarkeit der Displayeckpunkte mit der linken und rechten Hand sind in Tab. 3-1 für das 5. Perzentil der betrachteten männlichen Piloten zusammengefasst.

Die mit *GW* (Griffweite) gekennzeichneten Schaltflächen befinden sich für das 5. Perzentil innerhalb der Reichweite zur Griffachse nach vorn und der Reichweite der Daumenkuppe. Sie können daher mit dem Daumen der linken Hand ohne eine Änderung der Sitzposition, z.B. Vorbeugen erreicht und, falls es sich um ein physikalisches Bedienelement handelt, umgriffen werden (DIN 33402-2, 2005). Die mit *FS* (Fingerspitze) gekennzeichneten Positionen sind bei einer Zeigefingerlänge von 68 mm (5. Perzentil), die sich zur Reichweite zur Griffachse nach vorn addieren, mit dem Zeigefinger der linken Hand erreichbar. Bedienelemente, die sich im Bereich der Positionen 7 und 8 befinden, können von Personen des 5. Perzentils mit der linken Hand in oben beschriebener Körperhaltung nicht erreicht werden. Hier ist die Zuhilfenahme der rechten Hand oder ein Vorbeugen des Oberkörpers notwendig. Die Erreichbarkeit der Positionen für die rechte Hand ist jeweils in Klammern den Werten der linken Hand hintangestellt. Eine Zusammenfassung der Reichweiten für das 5. und 95. Perzentil befindet sich in Anhang A.

Kapitel 3 · Großflächendisplays in hochagilen Flugzeugen

Tab. 3-1: Zusammenfassung der Erreichbarkeit unterschiedlicher Punkte auf dem Display (vgl. Abb. 3-5). Die Erreichbarkeit wird mit GW für Griffweite, FS für Fingerspitze und kE für keine Erreichbarkeit für die linke und die rechte Hand angegeben. Die Werte für die rechte Hand erfolgen in Klammer.

Position auf dem Display	Koordinaten der Positionen auf dem Display (x;y;z) in mm	Koordinaten des linken SDP (x;y;z) in mm	Entfernung für die Bedienung mit der linken (rechten) Hand zwischen SDP und Displayposition in mm	Erreichbarkeit mit linker (rechter) Hand
1	559,1; -320; 527,3	-80; -187,5; 190	734,7 (883,1)	GW (kE)
2	608,8; -320; 302,7	-80; -187,5; 180	712,1 (864,3)	GW (kE)
3	608,8; -90; 302,7	-80; -187,5; 180	706,4 (752,7)	GW (FS)
4	633,6; -90; 190,5	-80; -187,5; 175	720,4 (765,8)	GW (FS)
5	633,6; 90; 190,5	-80; -187,5; 175	765,8 (720,4)	FS (GW)
6	608,8; 90; 302,7	-80; -187,5; 180	752,7 (706,4)	FS (GW)
7	608,8; 320; 302,7	-80; -187,5; 180	864,3 (712,1)	kE (GW)
8	559,1; 320; 527,3	-80; -187,5; 190	883,1 (734,7)	kE (GW)
9	559,1; 130; 527,3	-80; -187,5; 190	789,3 (724,9)	FS (GW)
10	547,1; 120; 581,0	-80; -187,5; 200	795,6 (736,9)	FS (GW)
11	547,1; -120; 581,0	-80; -187,5; 200	736,9 (795,6)	GW (FS)
12	559,1; -130; 527,3	-80; -187,5; 190	724,9 (789,3)	GW (FS)

3.3. Analyse der Eingabehandlungen des Piloten

Für eine umfassende Untersuchung der Gebrauchstauglichkeit von Interaktionsgeräten muss die Berücksichtigung sämtlicher Eingabehandlungen sowie der Belastungskontext, in dem diese Eingaben durchgeführt werden, bekannt sein (vgl. Kap. 2.3). Beide Faktoren leiten sich aus dem Missionsspektrum des Flugzeugmusters und den damit verbundenen Aufgaben des Piloten während des Fluges ab. Im Folgenden werden die grundlegenden Aufgaben des Piloten zunächst dargestellt. Durch eine Aufgliederung der Aufgaben wird der Funktionsumfang der Schnittstelle ermittelt und alle relevanten Eingabehandlungen zusammengefasst. Anhand repräsentativer Anwendungsfälle wird dann die Struktur der Belastung erfasst, die auf den Piloten bei Eingaben auf dem Hauptinstrumentenbrett einwirkt.

3.3.1. Aufgabenspektrum

Die Aufgaben des Piloten in der zivilen Luftfahrt lassen sich nach Wickens (2003) in vier Kategorien zusammenfassen. Diese lauten nach ihrer Priorität von hoch nach niedrig geordnet „Aviate", „Navigate", „Communicate" und „Manage Systems". Der militärische Handlungskontext ist in dieser Aufgabenbeschreibung nicht berücksichtigt. Um den Anteil der militärischen Aufgaben des Piloten abzudecken, wurde als zusätzliche Kategorie „Manage Tactics" eingeführt und mittels Expertengesprächen validiert. Fügt man diese Kategorie in die nach Wickens (2003) erstellte Reihenfolge, so ist „Manage Tactics", abhängig von der jeweiligen Flugsituation, direkt vor bzw. nach „Navigation" einzuordnen. Anders als bei Wickens (2003), der die ersten beiden Kategorien als sehr eng miteinander verwoben, in ihrer Hierarchie der Priorität jedoch eindeutig beschreibt, beurteilten die Piloten die Priorität der ersten drei Kategorien „Aviation" „Navigation" und „Manage Tactics" als stark von Flugphase und Flugsituation abhängig, so dass temporäre Verschiebungen der Reihenfolge der ersten drei Kategorien in jeglicher Form auftreten können.

Erweiterte (*) Reihenfolge der Aufgabenkategorien nach der Priorität der Aufgaben von hoch nach niedrig (Wickens, 2003; Kellerer & Eichinger, 2008):

- Aviate
- Navigate
- Manage Tactics (*)
- Communicate
- Manage Systems

Die Aufgabenkategorien wurden in Analogie zu der bei Stanton et al. (2005) beschriebenen "Hierarchischen Task Analyse" (HTA) weiter in Funktionen, Eingabesequenzen und einzelne Eingabehandlungen untergliedert. Die dort aufgeführten Arbeitsschritte

- define task under analysis,
- data collection process,
- determine the overall goal of the task,
- determine task sub-goals,
- sub-goal decomposition &
- plans analysis

wurden in diesem Kontext wie folgt interpretiert. Der Begriff „Task" entspricht den oben genannten Aufgabenkategorien, der Begriff „Sub-goal" wird synonym durch den Begriff Funktion ersetzt. Die Aufgabenkategorien werden in „Determine task sub-goals" in Funktionen aufgeteilt. Die Aufgliederung der Funktionen in Eingabesequenzen und einzelne Eingabehandlungen findet in der „Sub-goal decompostition" statt. Diese Arbeitsschritte wurden in Zusammenarbeit mit Testpiloten der EADS durchgeführt. Dabei wurde für jede Eingabehandlung das jeweilige Eingabeelement und dessen Position im Cockpit dokumentiert. Die dabei entstandene hierarchische Funktionsbeschreibung umfasst alle grundlegenden Eingabehandlungen im Cockpit, durch die der Pilot Funktionen aktivieren, manipulieren und terminieren kann (vgl. Anhang B). Die Eingabehandlungen auf den Multifunktionsdisplays repräsentieren die in der Usability-Untersuchung zu berücksichtigenden Eingaben auf dem Großflächendisplay.

Eingabehandlungen, die derzeit auf den Multifunktionsdisplays durchzuführen sind, wie z.B. das Erstellen eines Wegpunktes oder das Anpassen des Sichtwinkels des Radars, lassen sich aufgrund der verwendeten Bediengeräte *Druckschalter* und *XY-Controller* stets auf einfache Tastendruck-Operationen zurückführen. Jede Funktion kann folglich durch entsprechende Sequenzen von *Button-Press*-Operationen abgebildet werden. Dies bildet die Grundlage für die Gestaltung der Zeigeaufgaben der Usability-Untersuchung in Kap. 4.2.1.

Im Rahmen der HTA wurden zusätzlich für alle Eingabehandlungen die Maximalwerte vertikaler Flugzeugbeschleunigungen erhoben. Basierend auf diesen Angaben werden Eingaben auf den Multifunktionsdisplays unabhängig von Missions- und Flugphase bis zu einem maximalen Lastvielfachen von 2 G durchgeführt. Bei größeren Beschleunigungen wird der Eingabevorgang für die Dauer dieser Beschleunigungen unterbrochen und danach fortgesetzt.

3.3.2. Belastungsstruktur

Die Leistungsfähigkeit des Mensch-Maschine-Systems wird erheblich von den verfügbaren Handlungsressourcen des Operateurs beeinflusst (Wickens, 2002; Goldstein, 2002). Anzahl und Schwierigkeit der zu bearbeitenden Aufgaben binden diese Ressourcen und belasten dadurch den Operateur in entsprechender Weise (vgl. Kap. 2.4.2). Die Belastung ist ein wichtiger Eingangsparameter für die Untersuchung der Gebrauchstauglichkeit. Es ist daher notwendig, die auf den Piloten einwirkende Belastung im Rahmen dieser Untersuchung zu berücksichtigen. Sie resultiert aus den zu erfüllenden Aufgaben des Piloten und ist zugleich vom taktischen Szenario sowie der jeweiligen Missionsphase abhängig. Zur Klassifizierung und Quantifizierung der Belastungsstruktur in Cockpits kann entsprechend dem Informationsverarbeitungsmodell nach Wickens et al. (2004) und der „Multiple Resource Theory" (Wickens, 2002; Wickens & McCarley, 2008) zwischen den Belastungsqualitäten visuell, auditiv, kognitiv, manuell und verbal unterschieden werden. Die visuelle und auditive Belastung wird dabei der Wahrnehmung, die kognitive Belastung der Informationsverarbeitung und die manuelle und verbale Belastung der Handlungsausführung zugeordnet (vgl. Kap. 2.4.2).

Weist man diese Belastungsqualitäten den Pilotenaufgaben in Abhängigkeit von Missionsphasen zu, so ergeben sich individuelle Belastungsprofile. Zur Erhebung der Belastung vergleicht Rubio et al. (2004) unterschiedliche Methoden wie z.b. den NASA TLX (Hart, 2006), einem Werkzeug zur subjektiven Erhebung von Beanspruchung, und empfiehlt die Verwendung der von Tsang & Velazquez (1996) veröffentlichten Methode der *Workload Profiles*. Eichinger (2010) hat diese Methode zur Erhebung von *Workload Profiles* an den hier vorliegenden Kontext angepasst und die Erhebung des Belastungsprofils der Piloten mit der Methode „Cockpit Workload Profile" (CWP) hergeleitet. Zur Erstellung der CWPs geben die Nutzer die Belastung einzelner Aufgaben an, abhängig von den dafür aufgewendeten Ressourcen. Die Bewertung der fünf Belastungsqualitäten erfolgt hier anhand einer Rating-Skala die von 0 % bis 100 % reicht (Bortz & Döring, 2006). Die Befragten werden angewiesen, der Höhe der Belastung eine entsprechende Zahl zuzuweisen. Je höher die Belastung, desto größer sollte die Zahl sein. Die Belastungshöhe kann unabhängig von den Werten der anderen Belastungsarten für jede Art zwischen 0 % und 100 % betragen, wobei 100 % der höchstmöglichen Belastung der jeweiligen Qualität bedeutet. Die Summe der fünf Einzelbewertungen beträgt daher maximal 500 %. Der Fragebogen zur Erhebung des CWP befindet sich in Anhang D.

Die Erhebung des Belastungsprofils erfordert möglichst realistische und für das Einsatzspektrum des Flugzeugmusters repräsentative Anwendungsfälle. Es wurden daher auf Grundlage des Missionsprofils des Eurofighters Anwendungsfälle erstellt, die sich aus den „Mission requirements" (Spinoni et al., 1986) zusammensetzen. Sie lauten:

1. „Supervise air situation, threat assessment and priorisation, defensive and offensive measures (...)",
2. „manually override automatic functions (...)",
3. „perform air-to-surface attacks (...)".

Diese Anforderungen wurden durch die drei Anwendungsfälle **Combat-Air-Patrol**, **Route-Management** und **Air-to-Surface-Attack** abgebildet. Eine detaillierte Beschreibung der drei Anwendungsfälle befindet sich in Anhang C.

Kapitel 3 · Großflächendisplays in hochagilen Flugzeugen

Zur Erstellung einer Beurteilungsbasis der Belastung im Cockpit wurde aufbauend auf den Anwendungsfällen ein repräsentatives Einsatzszenario erstellt. In Abb. 3-7 ist dieses Szenario schematisch dargestellt. Die Komponenten, welche die Anwendungsfälle im Missionsszenario abbilden, sind mit den Buchstaben *A* bis *E* gekennzeichnet und haben folgende Bedeutung:

A. Combat Air Patrol – Patrouillenflug zur Luftraumüberwachung
B. Alternativroute 2 mit Manipulation einer Wegpunktposition (gestrichelte Linie)
C. Taktischer Wegpunkt, repräsentiert durch das gleichseitige rote Dreieck
D. Navigationsflug und Rückkehr
E. „Forward Area of Own Responsibility" (FAOR), zu überwachender Luftraum mit zwei Flugzeugkontakten.

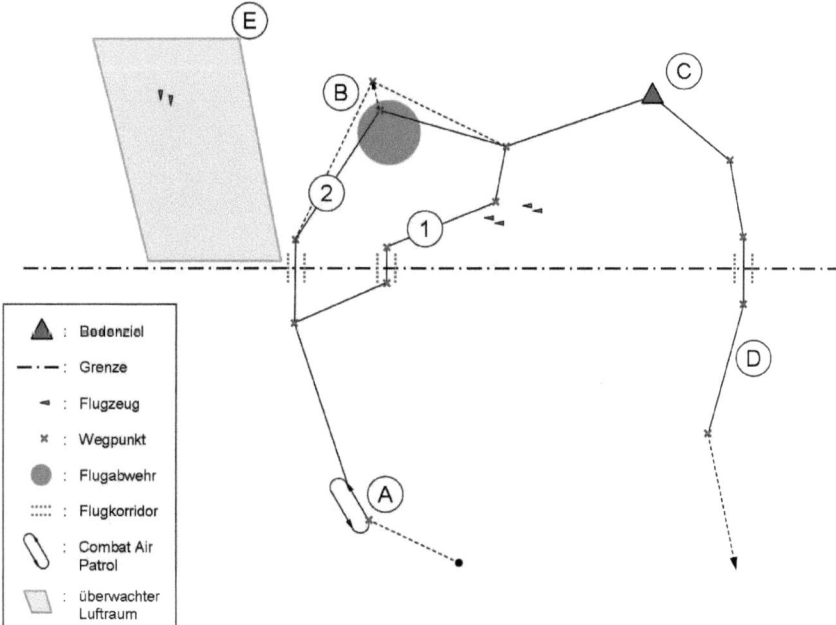

Abb. 3-7: Taktisches Missionsszenario für einen repräsentativen Flug. Der zeitliche und inhaltliche Ablauf der repräsentativen Anwendungsfälle Combat-Air-Patrol (A), Route-Management (B) und Air-to-Surface-Attack (C) ist skizzenhaft dargestellt.

Der betrachtete Flug beginnt bei A und endet bei D (vgl. Abb. 3-7). Die Punkte 1 und 2 markieren zwei Alternativrouten. Der Flug beginnt mit einer *Combat-Air-Patrol* (CAP) bei A. Die Aufgabe des Piloten hierbei ist die Überwachung des Luftraums bei E. Im Anschluss daran wird der Anflug eines taktischen Wegpunktes bei C durchgeführt. Der Flug auf der Route 1 ist durch die Präsenz weiterer Flugzeuge nicht möglich. Es wird daher auf der Alternativroute 2 das eigene Hoheitsgebiet durch einen Flugkorridor verlassen. Aufgrund einer Flugverbotszone bei B muss der Pilot die Alternativroute anpassen (*Route-Management*). Dies erfolgt durch die Änderung der Position des Wegpunkts bei B. Es folgt der Anflug des Wegpunktes bei C (*Air-to-Surface*). Im weiteren Verlauf wird wiederum im Navigationsflug (D) in das eigene Hoheitsgebiet eingeflogen und der Zielflughafen angesteuert.

Anhand dieses Szenarios wurde im Rahmen einer Befragung, an der acht Testpiloten der EADS teilnahmen, das Belastungsprofil für die fünf Aufgabenkategorien (vgl. Kap. 3.3.1) erhoben (Kellerer & Eichinger, 2008; Eichinger et al., 2009). Hierzu wurde den Piloten das Testszenario anhand einer verbalen Einsatzbeschreibung und der Abbildung des Missionsszenarios auf entsprechendem Kartenmaterial möglichst realitätsnah vorgestellt. Zusätzlich wurde die Relevanz der Aufgabenkategorien für die drei Anwendungsfälle mit Hilfe einer Einteilung von „niedrig" bis „hoch" erhoben, um eine Gewichtung zu ermöglichen. Dabei mussten die befragten Testpiloten die Relevanz mit einem Zahlenwert zwischen 0, für keine Relevanz, und 1, für sehr hohe Relevanz bewerten.

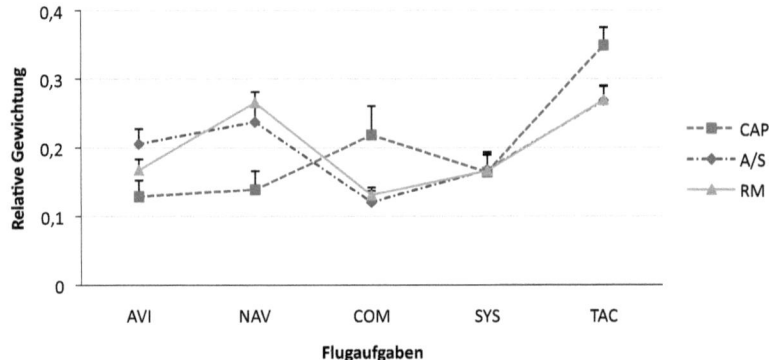

Abb. 3-8: Relevanz der Aufgabenkategorien des Piloten Aviation (AVI), Navigation (NAV), Communication (COM), Manage Systems (SYS) und Manage Tactics (TAC) für drei Anwendungsfälle Combat-Air-Patrol (CAP), Air-to-Surface-Attack (A/S) und Route Management (RM) mit Darstellung des Standardfehlers nach Eichinger (2010). Die angegebenen Werte entsprechen den jeweils berechneten Mittelwerten.

Abb. 3-8 zeigt die Relevanz der Flugaufgaben in Abhängigkeit vom jeweiligen Anwendungsfall. Die beiden Anwendungsfälle *Route-Management* (RM, grün) und *Air-to-Surface Attack* (A/S, rot) unterscheiden sich kaum in der Relevanz ihrer Flugaufgaben. Abweichungen treten hier vor allem bei den Flugaufgaben *Aviate* (AVI) und *Navigate* (NAV) auf. Dies ist auf einen intensiveren Einsatz der Autopilotenfunktion im *RM* zurückzuführen. Die Relevanz der Flugaufgaben für die *CAP* (blau) unterscheidet sich dagegen erheblich von den beiden anderen Anwendungsfällen. Die niedrige Relevanz der Flugaufgaben AVI und NAV ist dem Einsatz des Autopiloten und dem sich zyklisch wiederholenden Flugpfad zuzuschreiben. Die erhöhte Relevanz von *Communicate* (COM) und *Manage Tactics* (TAC) spiegelt die Überwachung des zugewiesenen Luftraums und die Weitergabe der gewonnenen Information wider.

Kapitel 3 · Großflächendisplays in hochagilen Flugzeugen

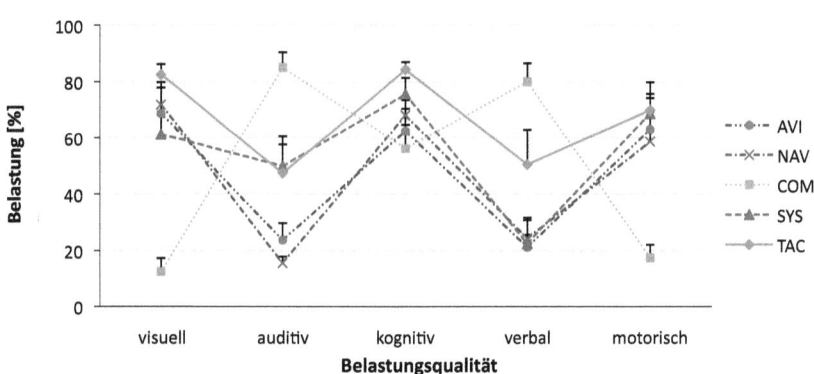

Abb. 3-9: *Belastung der Piloten durch die fünf Aufgabenkategorien (vgl. Kap. 3.3.1), aufgeteilt in die fünf Belastungsqualitäten mit Angabe des Standardfehlers (vgl. Kap. 2.4). Die angegebene Belastung entspricht den berechneten Mittelwerten der Belastung (vgl. Eichinger, 2010).*

In Abb. 3-9 ist die Belastung des Piloten, aufgeteilt in die verschiedenen Belastungsqualitäten, für die fünf Aufgabenkategorien angetragen. Mit Ausnahme der Aufgabenkategorie *Communicate* zeigt sich eine ähnliche Belastungsstruktur mit einer durchwegs hohen kognitiven Belastung und einer hohen visuellen und motorischen Belastung. Die Aufgaben im Bereich *Communicate* führen dagegen erwartungsgemäß zu einer hohen auditiven und verbalen Belastung. Auffällig ist das Belastungsprofil der Aufgabe *Manage Tactics*, das in allen Belastungsarten vergleichsweise hohe Werte aufweist. Es handelt sich hierbei um ein Aufgabenfeld, das zu einer besonders hohen Belastung in allen Bereichen der Informationsverarbeitung des Operateurs führt. Die Aufnahme dieser Aufgabenkategorie in Kap. 3.3.1. in die Aufgaben des Piloten ist dadurch im Nachhinein gerechtfertigt.

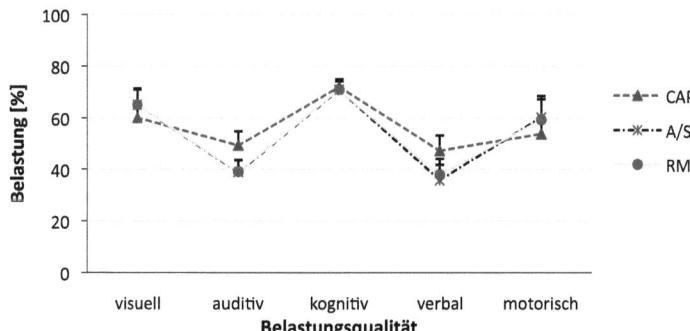

Abb. 3-10: *Belastung der Piloten mit Darstellung des Standardfehlers in den betrachteten Anwendungsfällen CAP, A/S und RM, aufgeteilt in die fünf Belastungsqualitäten. Die Belastungen in den Anwendungsfällen A/S und RM sind annähernd identisch. Die dargestellten Werte entsprechen den berechneten Mittelwerten der Belastung (Eichinger, 2010).*

Die Belastungsprofile der Eurofighter-Anwendungsfälle sind in Abb. 3-10 dargestellt. Sie ergeben sich durch Multiplikation der Relevanz der Aufgabenkategorien für die Anwendungsfälle (vgl. Abb. 3-8) mit dem Belastungsprofil der Aufgabenkategorien (vgl. Abb. 3-9). Besonders auffällig ist hier die ähnliche Verteilung der Belastung über die unterschiedlichen Belastungsarten (vgl. Eichinger, 2010). Die kognitive, visuelle und motorische Belastung ist deutlich stärker ausgeprägt als die auditive und verbale Belastung des Piloten. Aus Abb. 3-10 geht zudem hervor, dass die Belastungsstruktur nahezu unabhängig von dem jeweiligen Anwendungsfall ist. Der Kontext zur Untersuchung der Gebrauchstauglichkeit des Touchscreens kann folglich durch diese Struktur für das Missionsprofil des Eurofighters beschrieben werden. Durch die Gestaltung der Anwendungsfälle als repräsentative „Worst Case"- Anwendungsfälle spiegelt die Belastungsstruktur in Abb. 3-10 die Maximalwerte der Belastungsqualitäten wieder.

3.4. Flugdynamik hochagiler Flugzeuge

Die Positionierung des Fingers auf Touchscreenbedienelementen kann in beschleunigter Umgebung zu ungewollten Relativbewegungen zwischen Finger und Displayoberfläche führen. Dadurch besteht die Möglichkeit der Beeinträchtigung der Bedienleistung (Parks, 1963). Die Relativbewegungen sind dabei abhängig von:

- der Intensität und Art der Beschleunigungen des Trägersystems,
- dem Antwortverhalten des Hand-Arm-Systems auf diese Bewegungen und
- der Fähigkeit des Benutzers, diese Abweichungen zu kompensieren.

Im Folgenden wird daher zunächst eine Klassifizierung der in Flugzeugen auftretenden Beschleunigungen vorgenommen. Auf dieser Grundlage erfolgt die Analyse des Beschleunigungsspektrums des betrachteten Flugzeugmusters. Mit Hilfe der in Kap. 3.3 ermittelten Aufgliederung der Aufgaben des Piloten in einzelne Bedienhandlungen kann abhängig von Missions- und Flugphase den Bedienhandlungen ein differenziertes Beschleunigungsspektrum zugewiesen werden. Die Bestimmung des Antwortverhaltens des Hand-Arm-Systems auf diese Beschleunigungen ermöglicht eine Quantifizierung der nicht intendierten Relativbewegungen zwischen Finger und Display bzw. dem Touchscreenbedienelement. Daraus kann eine Abschätzung von Bedienleistung und Gebrauchstauglichkeit der Schnittstelle in Abhängigkeit von der Bedienfeldgröße der Touchscreenbedienelemente erfolgen.

3.4.1. Klassifizierung der Beschleunigungen im Cockpit

Beschleunigungen in Flugzeugcockpits resultieren aus unterschiedlichen Flugzeugbewegungen, die zum Großteil durch Änderungen der Anströmungsverhältnisse hervorgerufen werden. Diese Änderungen können gewollt zur Steuerung des Flugzeugs oder ungewollt, wie etwa bei sog. „Pilot Induced Oscillations" (Höhne, 2001), vom Piloten durch Eingaben an den Steuerungselementen Stick und Schubhebel herbeigeführt werden. Zudem können sie aus Böen und Turbulenzen der Luft resultieren. Dies führt je nach Intensität der Änderung der Anströmung zu einer Zu- oder Abnahme des aerodynamischen Auftriebs und dadurch zu Beschleunigungen des Flugzeugs. Die sich überlagernden Beschleunigungen unterschiedlicher Qualität werden durch mehrere Kenngrößen charakterisiert. Nach Griffin (1996) sind dies Frequenz, Amplitude, Richtung und Dauer der Einwirkung.

Flugzeugbewegungen, welche diese Beschleunigungen hervorrufen, können nach Harris (2002) deterministisch, zufällig oder beides sein. Deterministische Bewegungen werden als intendierte Beschleunigungen bezeichnet und können weiter in periodische und nicht-periodische Bewegungen unterteilt werden. Zufällige Bewegungen können quasi-stationär oder instationär sein und treten als Flugzeugvibrationen und Turbulenzen auf. Durch Superposition der unterschiedlichen Beschleunigungsarten wirken auf den Piloten Beschleunigungen, die sich aus intendierten Beschleunigungen, Flugzeugvibrationen und Turbulenzen zusammensetzen (Griffin, 1996; von Gierke et al., 1991). Es ist anzunehmen, dass zufällige Beschleunigungen die Eingabeleistung in größerem Maße beeinträchtigen als intendierte (Rühmann, 1983). Im hier betrachteten Kontext erscheint daher eine differenzierte Betrachtung der auftretenden Beschleunigungen notwendig.

3.4.1.1. Intendierte Beschleunigungen

Intendierte Beschleunigungen sind in der Regel deterministisch. Sie resultieren aus Steuereingaben des Piloten, die zu Ausschlägen der Ruderklappen und zu Schubänderungen führen. Zur Beschreibung dieser Beschleunigungen kann der Begriff *Vibration* nicht und *Schwingung* nur eingeschränkt verwendet werden (Harris, 2002). Die Beschleunigungen resultieren aus Piloteneingaben und entsprechen idealisiert einer Rechteckfunktion mit einer ansteigenden und einer absteigenden Flanke endlicher Steigung und einem dazwischen liegenden Intervall konstanter Auslenkung. Die Steigung der beiden Flanken ist abhängig von der Flugzeugdynamik und der Intensität der Eingaben des Piloten. Diese Rechteckfunktion lässt sich durch Überlagerung mehrerer Schwingungsanteile beschreiben. Intendierte Beschleunigungen sind daher meist quasi-statisch. Es kommt dann abhängig vom Dämpfungsverhalten des Flugzeugs und von den Piloteneingaben zu sinusförmigen vertikalen Flugzeugbewegungen (Höhne, 2001). Diese Antworten des Flugzeugs auf Steuereingaben des Piloten werden von Eigenbewegungen und -schwingungen des Flugzeuges in den verfügbaren Freiheitsgraden überlagert. Dabei handelt es sich um die Anstellwinkelschwingung, die Phygoidschwingung, die Roll-/Gierschwingung sowie die Roll- und Spiralbewegung (Brockhaus, 1994). Diese Schwingungen bewirken aufgrund der jeweiligen Ausprägung ihrer Dämpfung, Frequenz und Amplitude geringfügige Beschleunigungen im Cockpit und werden für die Betrachtungen von Auswirkungen der Flugdynamik auf die Stabilität des Hand-Arm-Systems bei Piloteneingaben nicht gesondert betrachtet (Hafer & Sachs, 2002).

3.4.1.2. Flugzeugvibrationen

Flugzeugvibrationen sind Vibrationen von Flugzeugteilen, die durch Anregung von Subsystemen des Flugzeugs wie z.B. Turbinen, Fahrwerk oder Flügelelemente in deren Eigenfrequenz hervorgerufen werden. Nach Harris (1988) besteht Vibration meist nicht aus einer sinusförmigen und harmonischen Schwingung, sondern besitzt ein weites Frequenzspektrum mit variablen Amplituden, in dem sich die Schwingungen überlagern. Hierbei wird zwischen deterministischer und zufälliger Vibration unterschieden. Ist Vibration deterministisch, folgt sie einem bestimmten Muster, so dass das Frequenzspektrum und die Amplituden für jeden zukünftigen Zeitpunkt ermittelt werden können. Handelt es sich um zufällige Vibration, so sind zukünftige Schwingungszustände nicht vorhersagbar und eine Charakterisierung der Vibration ist allein durch die Wahrscheinlichkeit des Auftretens von Frequenzen und deren Auslenkungen möglich.

3.4.1.3. Turbulenzen

Turbulenzen sind Beschleunigungen, die aus dem Antwortverhalten des Flugzeugs auf umweltbedingte Anströmungsänderungen wie Windböen oder andere inhomogene Luftschichten entstehen. Sie entsprechen einer schockartigen Systemauslenkung und zeichnen sich durch eine nichtperiodische Erregung aus, die durch die Einleitung eines kurzzeitigen und sprunghaften Impulses in das mechanische System hervorgerufen wird. Die Bezeichnung Schock impliziert hierbei eine plötzliche und heftige Erregung des Systems (Harris, 1988). Das Antwortverhalten des Flugzeugs auf Windböen und atmosphärische Turbulenzen wird durch den Anstellwinkel abhängigen Auftriebsbeiwert $C_{A\alpha}$ und durch die Flächenbelastung der Tragflügel (abhängig vom Verhältnis Flugzeuggewicht zu Flügelfläche) beeinflusst. Je größer $C_{A\alpha}$ und je kleiner die Flächenbelastung ist, desto größer sind die resultierenden Anstellwinkel bei Böeneinwirkung in der vertikalen Flugzeugachse (z-Achse, vgl. Abb. 3-2). Das Antwortverhalten des durch einen Schock erregten Systems wird durch die freie und gedämpfte Schwingung in der Eigenfrequenz des erregten Systems charakterisiert.

3.4.2. Beschleunigungsspektrum - Analyse von Flugdaten

Das Beschleunigungsspektrum hochagiler Flugzeuge besteht aus omnidirektionalen Schwingungen unterschiedlicher Frequenzen und Amplituden, besitzt nichtperiodische und schockartige Anteile und wird von temporär auftretenden Beschleunigungssprüngen einer endlichen Wirkungsdauer überlagert. Es kann sich dabei um intendierte Beschleunigungen, Flugzeugvibrationen oder Turbulenzen handeln (vgl. Kap. 3.4.1).

Die Beschleunigungen lassen sich durch die Parameter Frequenz, Amplitude, Wirkdauer und Richtung der Auslenkung klassifizieren. Die Richtung der Auslenkung wird in dem bereits eingeführten Koordinatensystem (vgl. Kap. 3.2.1) angegeben. Das Beschleunigungsspektrum ist in erheblichem Maße abhängig von den atmosphärischen Gegebenheiten wie Luftdichte, Windgeschwindigkeit, -richtung und der Homogenität der Luftschichten sowie von der situationsbedingten Dynamik des Flugzeugs.

Im Rahmen dieser Arbeit wurden Flugdaten eines mit entsprechender Messinstrumentierung ausgestatteten Versuchsträgers des Flugzeugmusters Eurofighter hinsichtlich der im Cockpit auftretenden vertikalen und lateralen Beschleunigungen repräsentativer Flugzustände analysiert. Der Verlauf des Versuchsflugs war so gewählt, dass die atmosphärischen Gegebenheiten und die Flugdynamik den drei Anwendungsfällen in Kap. 3.3.1 entsprechen. Die Beschleunigungsdaten wurden während des gesamten Fluges in allen Flugphasen von *Take Off* bis *Approach & Landing* aufgezeichnet (vgl. Kap. 3.1).

Das Beschleunigungsmessgerät wurde vom DEP (vgl. Abb. 3-3) aus gesehen in Flugrichtung hinter den Cockpitanzeigen im Bereich der Flugzeuglängsachse montiert. Die durch Drehungen um den Flugzeugschwerpunkt hervorgerufenen Beschleunigungsamplituden im Cockpit sind daher in jedem Fall etwas niedriger als die vom Gerät gemessenen Beschleunigungen. Es wurden vertikale und laterale Beschleunigungen aufgezeichnet. Beschleunigungen in Richtung der Flugzeuglängsachse werden an dieser Stelle nicht berücksichtigt. Sie sind für diese Betrachtung irrelevant, da sie größtenteils aus Schubänderungen des Piloten resultieren. Zu diesem Zeitpunkt finden keine Eingaben am Hauptinstrumentenbrett statt, da sich die Hände des Piloten an Schubhebel und Stick

Kapitel 3 · Großflächendisplays in hochagilen Flugzeugen

befinden. Darüber hinaus ist das Display nahezu senkrecht zur Flugzeuglängsachse montiert. Beschleunigungen in dieser Richtung führen daher zu keinen oder nur sehr geringen Positionsänderungen des Fingers auf dem Hauptinstrumentenbrett.

In Abb. 3-11 sind die vom Messgerät aufgezeichneten Beschleunigungsverläufe in y- und z-Richtung in Vielfachen der Erdbeschleunigung über die Dauer des gesamten Fluges dargestellt. Das Abtastintervall der aufgezeichneten Daten beträgt 0,001536 s. Die Daten wurden mit Hilfe des Programms „Origin©" analysiert und der Beschleunigungsverlauf mittels Fast-Fourier-Transform (FFT) in die einzelnen Frequenzanteile zerlegt. Da die Beschleunigungen im Cockpit während des gesamten Fluges größtenteils nichtperiodisch sind, lässt die FFT nur qualitative Aussagen über die Frequenzverteilung und die entsprechenden Amplituden zu. Die Beschleunigungsamplituden der Einzelfrequenzen werden daher normiert dargestellt (vgl. Abb. 3-12). Um quantitative Aussagen über die Amplituden und Frequenzen einzelner Schwingungsverläufe machen zu können, werden repräsentative und zeitlich diskrete Signalintervalle mit möglichst harmonischer Schwingungsverteilung gewählt. Zur Glättung der Sprünge der endlichen Signalstruktur der FFT wird die Rechteck-Fensterfunktion verwendet (Rapuano & Harris, 2007).

Vertikale Beschleunigungen

Die Beschleunigungen in z-Richtung betragen für diesen Flug maximal 5,5 G und minimal 0,0 G. Die Beschleunigungsamplituden liegen, ausgehend von der im Horizontalflug wirkenden einfachen Erdbeschleunigung von 1,0 G, zwischen +4,5 G und -1,0 G. Eine qualitative Analyse der Beschleunigungsdaten mit Hilfe einer FFT zwischen Start und Landung zeigt für Frequenzen unter 1,0 Hz vergleichsweise große Beschleunigungen. Frequenzen über 1,0 Hz treten dagegen mit sehr geringen Beschleunigungsamplituden auf, dies entspricht auch der Frequenzbeschreibung für Flugzeuge bei Griffin (1996).

Beschleunigungsanteile mit einer Frequenz $f > 1,0$ Hz

Lokale Maxima im Frequenzbereich über 1,0 Hz befinden sich bei 8 Hz und 13 Hz. Eine graphische Auswertung der Daten zeigt, dass diese Frequenzen mit Schwingungsamplituden von jeweils maximal 0,1 G auftreten. Dies entspricht Bewegungsamplituden des Flugzeugs von 0,4 mm bis 0,15 mm. Bei diesen Bewegungen ist von Schwingungen auszugehen, die von Flugzeugvibrationen und Turbulenzen hervorgerufen werden (vgl. Kap. 3.4.1.).

Die Beschleunigungen mit Frequenzen kleiner als 1 Hz lassen sich in zwei Gruppen über- und unterhalb von 0,5 Hz aufteilen.

$0,5 Hz < f < 1,0$ Hz

Die maximalen Beschleunigungsamplituden der Frequenzen zwischen 0,5 Hz und 1,0 Hz liegen nach einer graphischen Analyse der vorliegenden Daten bei 0,2 G. Dies entspricht Bewegungsamplituden des Flugzeugs zwischen 202,6 mm und 50,6 mm. Hierbei handelt es sich um Flugzeugbewegungen, die durch intendierte Schwingungen und Turbulenzen hervorgerufen werden.

$f < 0,5$ Hz

Für Frequenzen unterhalb von 0,5 Hz betragen die Beschleunigungsamplituden nach graphischer Analyse der Flugdaten bis zu 4,5 G. Dabei handelt es sich hauptsächlich um intendierte und länger andauernde Beschleunigungen (vgl. Kap. 3.4.1.).

Kapitel 3 · Großflächendisplays in hochagilen Flugzeugen

Laterale Beschleunigungen

In y-Richtung variieren die Beschleunigungen symmetrisch um den Nullpunkt. Maximalwerte der Beschleunigungen in y-Richtung reichen in wenigen Situationen bis zu +/- 0,4 G, betragen über die gesamte Flugdauer jedoch weniger als +/- 0,1 G. Die FFT-Analyse der Beschleunigungsdaten in y-Richtung zeigt für das gesamte Frequenzspektrum deutlich niedrigere Beschleunigungen als in z-Richtung. Die Frequenzen von Beschleunigungen in lateraler Richtung mit nennenswerten Amplituden liegen im gesamten Flugverlauf über 5 Hz. Die maximalen Schwingungsamplituden betragen daher weniger als 0,5 mm.

Zusammenfassung

Das Frequenzspektrum und die Verteilung der zugehörigen Amplituden entsprechen den Erwartungswerten des regelungstechnischen Modells eines modernen hochagilen Flugzeuges. Beschleunigungen mit Frequenzen unter 1,0 Hz resultieren größtenteils aus dem Antwortverhalten des Flugzeugs auf Steuereingaben des Piloten sowie der Antwort auf Turbulenzen. Die Frequenzanteile über 1,0 Hz lassen sich aufgrund ihrer verhältnismäßig geringen Beschleunigungsamplituden größtenteils unter dem Begriff Flugzeugvibrationen zusammenfassen (vgl. Kap. 3.4.1). Diese Aufteilung der Beschleunigungen in Frequenzbereiche über und unter 1,0 Hz sowie die Klassifizierung und Quantifizierung gilt durch Berücksichtigung der gesamten Flugdaten für alle Flugphasen und Anwendungsfälle.

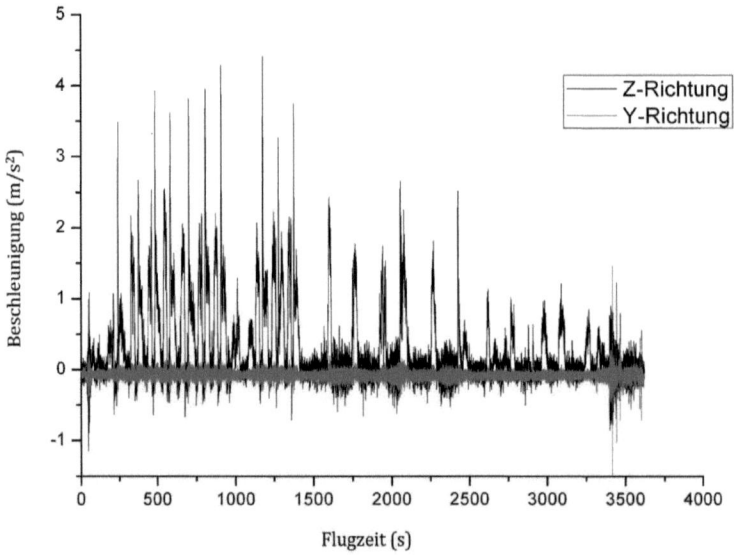

Abb. 3-11: *Beschleunigungen im Flugzeugcockpit eines hochagilen Flugzeuges. Die Beschleunigungen in z- (schwarz) und y-Richtung (rot) wurden während des gesamten Fluges dokumentiert und werden als Vielfache der Erdbeschleunigung G angegeben.*

Kapitel 3 · Großflächendisplays in hochagilen Flugzeugen

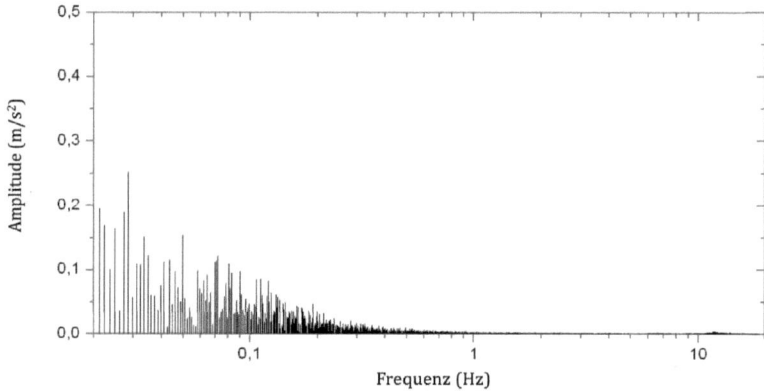

Abb. 3-12: Ergebnis einer FFT-Analyse der Beschleunigungen in z-Richtung für den in Abb. 3-11 dargestellten Flug. Es werden die jeweiligen Anteile der Frequenzen am Gesamtspektrum der Schwingungen des Cockpits während des Fluges angetragen.

3.5. Einfluss von Beschleunigungen auf die Bedienleistung des Piloten

Werden Handlungen in einem bewegten Arbeitsumfeld ausgeführt, so ist beim Auftreten einer erhöhten Schwingungsbelastung stets eine Beeinträchtigung der menschlichen Leistungsfähigkeit zu erwarten. Das Ausmaß der Beeinträchtigung ist abhängig von der Intensität der Beschleunigungen (Schmidtke, 1974; Kolich, 2006). Im Folgenden werden zunächst die unterschiedlichen Auswirkungen von Beschleunigung auf die menschliche Leistungsfähigkeit in Abhängigkeit von Frequenz und Amplitude zusammengefasst. Auf Grundlage des in Kap. 3.4.3. erarbeiteten Beschleunigungsspektrums des betrachteten Flugzeugmusters wird das Antwortverhalten des Hand-Arm-Systems auf mechanische Schwingungseinwirkung und die Kompensationsfähigkeit des Menschen im Kontext dieser Arbeit analysiert. Hieraus lässt sich die Beeinträchtigung des Operateurs bei Eingabehandlungen auf dem Großflächendisplay bestimmen und neben dem Aufgaben- und Belastungsspektrum auch die Flugdynamik bei den vorliegenden Betrachtungen der Gebrauchstauglichkeit berücksichtigen.

3.5.1. Leistungsfähigkeit des Menschen in bewegter Umgebung

Es treten nach von Gierke et al. (1991) drei Möglichkeiten der Beeinflussung der menschlichen Leistungsfähigkeit durch Beschleunigungen und Vibrationen auf. Diese setzen sich aus mechanischer, physiologischer und psychologischer Beeinflussung zusammen.

Mechanische Auswirkungen von Beschleunigungen beschreiben die Vergrößerung des Gewichts einzelner Körperteile oder des gesamten Körpers. Dies kann sich sowohl auf innere Organe als auch auf die Position der Extremitäten beziehen. Beschleunigungen und Schwingungen können zu

Kapitel 3 · Großflächendisplays in hochagilen Flugzeugen

Beeinträchtigungen innerer Körperfunktionen bis zur Schädigung von Organen führen. Erhöhte Beschleunigungen und deren Änderungen bedingen höhere Muskelkräfte, um Kopf, Torso und Extremitäten in der gewünschten Position zu halten (Henning, 1991). Hier können Ermüdungserscheinungen beanspruchter Muskelgruppen auftreten, die ohne das Einhalten entsprechender Erholzeiten die Handlungsausführung erschweren und nach dem Erreichen der Leistungsgrenze zum Handlungsabbruch führen (Rohmert, 1981). Nach Coermann (1963), NASA-STD-3000 (1995), Griffin (1996) und von Gierke et al. (1991) liegen für Personen in sitzender Haltung die Resonanzfrequenzen innerer Organe, des Oberkörpers und der Hals-Kopf-Region zwischen 2 Hz und 30 Hz. Die Auswirkungen der Flugzeugschwingungen auf innere Organe werden im Rahmen dieser Arbeit nicht betrachtet. Die Resonanzfrequenz des Hand-Arm-Systems ist abhängig von der Stellung der beteiligten Gelenke und der Kontraktion unterschiedlicher Muskelgruppen und daher nur im Kontext der Handlungsausführung und der jeweiligen Umweltbedingungen zu bestimmen. Wird das Hand-Arm-System bei den in dieser Arbeit betrachteten Touchscreen-Eingaben in der Resonanzfrequenz angeregt, so sind Relativbewegungen zwischen Finger und Display zu erwarten.

Die *physiologische Beeinflussung* der menschlichen Leistungsfähigkeit umfasst die Auswirkungen auf den menschlichen Organismus wie Sicht, Nervensystem, Herzschlagrate und Blutdruck. Nach Grether (1971) verändern sich die Reaktionszeiten bei einfachen Wahlreaktionsaufgaben unter Schwingungsbelastung nicht. Carver (1977) und Dudek & Clemens (1965) stellen gegenüber statischen Bedingungen eine Verkürzung der Reaktionszeiten unter Vibrationseinflüssen fest. Eine Beeinträchtigung der Reaktionszeit durch Schwingungseinwirkung ist also nicht zu erwarten.

Eingaben auf visuellen Anzeigegeräten im hier betrachteten Kontext finden unter ständiger visueller Kontrolle statt. Eine Verschlechterung der Sicht tritt nach Griffin (1996) bei einer Frequenz zwischen 8 Hz und 9 Hz und Vibrationsamplituden von 1,5 m/s^2 auf. Erhöhte Beschleunigungsexposition über 5,5 G in z-Richtung können zu einem Ausgrauen der Sicht, temporärem Sichtverlust bis zur Bewusstlosigkeit führen (Gauer & Zuidema, 1961). Die Ergebnisse der Analyse der Beschleunigungen im Cockpit zeigen klar, dass bei Eingaben auf den Multifunktionsdisplays die oben genannten Werte für Schwingungen und Beschleunigungen nicht erreicht werden (vgl. Kap. 3.4.2). Eine Beeinträchtigung der Sicht bei Eingaben auf dem Hauptinstrumentenbrett ist folglich nicht zu erwarten.

Änderungen von Gelenkstellungen, Bewegungen und aufgebrachten Kräften dieser Bewegungen werden durch kinästhetische Sinneszellen in Gelenken, Muskeln und Sehnen erfasst (Goldstein, 2002; Grunwald & Beyer, 2001) und lösen Korrekturbewegungen der Stützmotorik aus. Die Einwirkung erhöhter mechanischer Schwingungen und Beschleunigungen kann durch die Beeinträchtigung der kinästhetischen Wahrnehmung zu Störungen der menschlichen Motorik und zu einer Abnahme oben genannter Korrekturbewegungen führen (Rühmann, 1983). Eine Beeinträchtigung der kinästhetischen Sinneszellen durch Schwingungsbelastung ist für die in Kap. 3.4.2 ermittelten Frequenzen und Amplituden jedoch nicht zu erwarten (Hornick, 1963). Die Fähigkeit des Menschen die oben genannten mechanischen Auswirkungen auf das Hand-Arm-System zu kompensieren ist daher hauptsächlich vom Antwortverhalten des Menschen auf unwillkürliche Auslenkungen des Hand-Arm-Systems abhängig.

Psychologische Effekte können durch die Reduzierung verfügbarer kognitiver Ressourcen auftreten und führen zu einer Beeinträchtigung der visuellen Informationsaufnahme, mentaler Speicher- und Informationsverarbeitungskapazitäten und der Bedienhandlungen (von Gierke et al.,

Kapitel 3 · Großflächendisplays in hochagilen Flugzeugen

1991). Die mentale Informationsverarbeitung und Leistungsfähigkeit, wie etwa Additionsaufgaben, Mustererkennung und Navigationsverhalten, wird nach Hornick (1963) und Griffin (1996) bei Frequenzen bis 20 Hz nicht beeinträchtigt. Beeinträchtigungen mentaler Leistungsfähigkeit treten nach Albery, Ward & Gill (1985) bei Belastungen bis 6 G in z-Richtung nicht auf. Nach Hornick (1963) und Grether (1971) verändern sich die Reaktionszeiten bei einfachen Wahlreaktionsaufgaben unter Schwingungsbelastung nicht. Die mentale Leistung wird nach Schohan et al. (1965) nicht oder nur in geringem Maße durch Beschleunigungseinwirkung und frequenzunabhängig beeinträchtigt. Psychologische Effekte, die durch die hier betrachteten Beschleunigungen hervorgerufen werden und zu einer Reduzierung der Bedienleistung im Cockpit führen, sind demnach nicht zu erwarten.

Zusammenfassung

In NASA-Std-3000 (1995) ist der Einfluss von Schwingungen auf die menschliche Leistungsfähigkeit abhängig von der Frequenz für unterschiedliche Aufgabenarten zusammengefasst. Vergleicht man die Ergebnisse der Analyse der Beschleunigungen und Schwingungen in Kap. 3.4.2. mit den Frequenzbereichen in Tab. 3-2, sind aufgrund geringer Frequenzanteile und niedriger Amplituden in der Dynamik des Eurofighters keine Beeinträchtigungen der menschlichen Leistungsfähigkeit zu erwarten. Insbesondere im Frequenzintervall von 3 Hz bis 8 Hz, in dem nach NASA-STD-3000 (1995) eine Beeinträchtigung des manuellen Trackings auftritt, sind die Frequenzanteile und Amplituden im Frequenz- und Beschleunigungsspektrum des Eurofighters sehr gering.

Die Beeinträchtigung der menschlichen Leistungsfähigkeit bei Eingaben auf einem Touchscreen-Display durch Schwingungs- und Beschleunigungsbelastung in Kampfflugzeugen ist daher vor allem abhängig von mechanischen Auswirkungen auf das Hand-Arm-System, die zu einer ungewollten Disposition zwischen Hand und Display führen, und der physiologischen Beeinflussung des Regelverhaltens des Menschen bei Korrekturbewegungen.

Tab. 3-2: *Einflussbereich von Schwingungsbelastung auf unterschiedliche Aufgaben (NASA-STD-3000, 1995).*

Aufgabe	Frequenzbereich (Hz)
Gleichgewichtssinn	30 - 300
Taktiler Sinn	30 - 300
Sprache	1 - 20
Kopfbewegungen	6 - 8
Lesen (Text)	1 - 50
Tracking	1 - 30
Ablesefehler (Instrumente)	5.6 - 11.2
Manuelles Tracking	3 - 8
Tiefenempfindung	25 - 40, 60 - 40
Von Hand gehaltener Haltegriff	200 - 240
Visuelle Aufgaben	9 - 50

3.5.2. Antwortverhalten des Hand-Arm-Systems auf mechanische Schwingungen

Die vom Piloten intendierten Bewegungsabläufe des Hand-Arm-Systems werden durch die resultierenden Kräfte der auftretenden Beschleunigungen und Schwingungen überlagert. Dies kann je nach Frequenz und Amplitude der wirkenden Beschleunigung zu einer unbeabsichtigten Disposition des Hand-Arm-Systems bei freien, zielmotorischen Bewegungen führen, wie sie bei Eingaben auf berührempfindlichen Anzeigegeräten der Fall sind.

Im Folgenden wird mit Hilfe biomechanischer Grundlagen sowie dem Regelverhalten des Menschen das Antwortverhalten des Hand-Arm-Systems auf mechanische Schwingungen und Beschleunigungen hergeleitet. Dadurch lassen sich die Ablenkungen des Hand-Arm-Systems und Relativbewegungen zwischen Finger und Displayoberfläche infolge statischer Lastvielfache und dynamischer Flugzeugschwingungen des betrachteten Flugzeugmusters abhängig von den in den Missionsphasen auszuführenden Bedienhandlungen herleiten.

3.5.2.1. Richtung der Beschleunigungseinwirkung

Beschleunigungen in y-Richtung werden aufgrund der geringen Amplituden von weniger als 0,5 mm (vgl. Kap. 3.4.2.) nicht weiter betrachtet. Die Analyse des Antwortverhaltens beschränkt sich daher im Folgenden auf Beschleunigungen und Schwingungen in z-Richtung.

3.5.2.2. Statische Lastvielfache

Bei Änderungen der Beschleunigung auf Körperteile müssen zusätzliche Kräfte aufgebracht werden, um die gewünschte Körperhaltung beizubehalten (vgl. Kap. 3.5.1). Nach Henning (1991) wird ab einer Belastung von 2 G in der z-Achse das Aufstehen erheblich schwieriger, ab 3 bis 4 G nahezu unmöglich. Die Fähigkeit zu Sprechen wird mit steigender Belastung zunehmend eingeschränkt, bleibt jedoch bis zu einer Belastung von 9 G in der z-Achse erhalten (Henning, 1991). Treten erhöhte Schwingungsbelastungen über einen längeren Zeitraum auf, so kann dies in den vom Muskelapparat gestützten Körperteilen zu Ermüdungserscheinungen führen (Rohmert, 1981). Müssen Muskeln aufgrund statischer Belastung mehr als 15 % der maximalen Haltekraft aufbringen, so führt dies temporär zu einer Abnahme der maximalen Haltekraft und zu einer Begrenzung der Haltezeit (Rohmert, 1981). Kommt es im Navigationsflug z.B. zur Änderung des Kurses oder der Fluglage , können erhöhte Beschleunigungen mit Beschleunigungsmaxima von bis zu 4,5 G auftreten (vgl. Kap. 3.4.2). Bleibt die Hand des Piloten während dieser kurzzeitigen Beschleunigungsphase an den Eingabeelementen am Hauptinstrumentenbrett, so treten auch hier Ermüdungserscheinungen auf, welche zu Beeinträchtigungen der Leistungsfähigkeit des Piloten führen können. Für eine nähere Betrachtung dieser Ermüdungserscheinungen wird im Folgenden ein vereinfachtes biomechanisches Modell des Hand-Arm-Systems verwendet.

Es wird hier davon ausgegangen, dass aufgrund der hohen Belastung die Muskelgruppen, die zur Stabilisierung des Hand-Arm-Systems beitragen, maximal angespannt sind. Aus diesem Grund wird das Schultergelenk als feste Einspannung des Hand-Arm-Systems am Rumpf betrachtet. Das Schultergelenk kann daher Normal- und Querkräfte sowie Drehmomente um die y-Achse aufnehmen. Das Ellbogengelenk setzt sich aus den drei Gelenkteilen des Oberarm-Ellen-Gelenks (Articulatio humeroulnaris), des Oberarm-Speichen-Gelenks (Articulatio humeroradialis) und des proximalen Ellen-Speichen-Gelenks (Articulatio radioulnaris proximalis) zusammen und kann wegen der Haltung des Hand-Arm-Systems und der möglichen Gelenkwinkel des Ellbogengelenks als starres Gelenk betrachtet werden (Hermsdörfer, 2002).

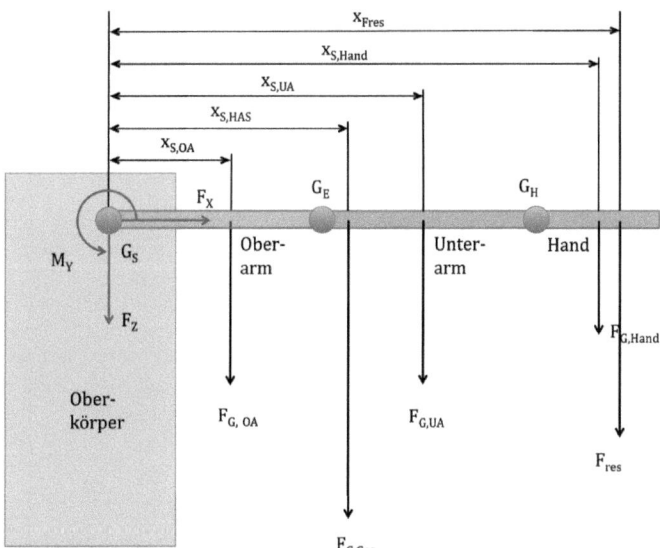

Abb. 3-13: Vereinfachte Skizze des biomechanischen Modells des Hand-Arm-Systems. Gelenke in Ellbogen und Hand (G_E und G_H) werden aufgrund der Krafteinwirkung als starr angenommen. Die Gewichtskräfte (F_G) von Oberarm, Unterarm und Hand, sowie das Gesamtgewicht des Hand-Arm-Systems werden mit dem Abstand des jeweiligen Schwerpunktes (x_S) vom Schultergelenk (G_S) aus angegeben (vgl. Anhang A). Aus dem Momentengleichgewicht im Schulterdrehpunkt lässt sich die aus der Schwerkraft des Hand-Arm-Systems resultierende Kraft im Kraftangriffspunkt des Umfassungsgriffes der Hand berechnen.

Wegen der geringen Belastung des Handgelenks durch das Gewicht der Hand wird dieses ebenfalls als starr angenommen. Die maximalen Haltekräfte des Hand-Arm-Systems sind in DIN 33411-4 (1987) für das 50. Perzentil von Männern zwischen 20 und 25 Jahren zusammengefasst. Angaben zu anderen Perzentilgruppen sind in der Literatur nicht zu finden. Für die Berechnungen der Haltezeiten der beiden extremen Perzentilgruppen, des 5. und 95. Perzentils, werden daher aus Mangel an entsprechenden Angaben die maximalen Haltekräfte aus der DIN 33411-4 (1987) übernommen. Werte zur Körpermasse, Körperhöhe und den Positionen der Schwerpunkte der Elemente des Hand-Arm-Systems der Stichprobe werden dort nicht angegeben. Sie werden daher der Sammlung aus Kap. 3.2.3 entnommen. In Anhang A sind die benötigten biomechanischen Kennwerte der Schwerpunkte und Massen der Einzelelemente des Hand-Arm-Systems angegeben. Daraus kann der Gesamtschwerpunkt des Hand-Arm-Systems für das 5. und 95. männliche Perzentil ermittelt werden. Dieses wird für die Berechnung der Haltekraft benötigt.

Bei dem Auftreten einer erhöhten Beschleunigungsbelastung wirkt eine zusätzliche Gewichtskraft im Gesamtschwerpunkt $F_{G,Ges}$ des Hand-Arm-Systems. Gewichtskräfte und Hebelarme dieser zusätzlichen Belastung sind in Abb. 3-13 in einem vereinfachten biomechanischen Modell des Hand-Arm-Systems zusammengefasst. Diese Kraft erzeugt aufgrund der Anspannung der Muskelgruppen der Schulter ein Drehmoment um die y-Achse in der Schulter des Piloten. Zur Stabilisierung des Hand-Arm-Systems müssen dabei entsprechend der Zunahme des Drehmoments Haltekräfte in der Schulter aufgebracht werden.

$$M_{SDP} = F_{G,OA} \cdot x_{S,OA} + F_{G,UA} \cdot x_{S,UA} + F_{G,Hand} \cdot x_{S,Hand}$$

M_{SDP}: Moment im Schulterdrehpunkt

$F_{G,OA}$: Gewichtskraft des Oberarms

$F_{G,UA}$: Gewichtskraft des Unterarms

$F_{G,Hand}$: Gewichtskraft der Hand

$x_{S,OA}$: Schwerpunkt des Oberarms, vom Schulterdrehpunkt gemessen

$x_{S,UA}$: Schwerpunkt des Unterarms, vom Schulterdrehpunkt gemessen

$x_{S,Hand}$: Schwerpunkt der Hand, vom Schulterdrehpunkt gemessen

Aus diesem Drehmoment im Schulterdrehpunkt und der Entfernung des Handangriffspunkts vom Schulterdrehpunkt kann die resultierende Kraft im Kraftangriffspunkt in der Hand entsprechend dem in DIN 33411-4 (1987) definierten Kraftangriffspunkt errechnet werden.

$$F_{res} = \frac{M_{SDP}}{x_{Fres}}$$

M_{SDP}: Moment im Schulterdrehpunkt

x_{Fres}: Kraftangriffspunkt des in diesem Punkt resultierenden Gesamtgewichts des Hand-Arm-Systems, vom Schulterdrehpunkt gemessen

F_{res}: Resultierendes Gesamtgewicht des Hand-Arm-Systems im Kraftangriffspunkt in der Hand (Umfassungsgriff) bei einfacher Erdbeschleunigung 1 G

Mit Hilfe der DIN 33411-4 (1987) kann die maximale Haltekraft für die hier vorliegende Armhaltung bestimmt werden. Aus aufgewendeter und maximaler Haltekraft kann nach Bubb (1981) und Schmidtke & Groner (1989) die maximale Haltezeit und die Erholzeit bei bekannter Haltedauer ermittelt werden.

$$t_{max} = -1{,}5 + 2{,}1 \cdot \left(\frac{F_{max}}{F_h}\right) - 0{,}6 \cdot \left(\frac{F_{max}}{F_h}\right)^2 + 0{,}1 \cdot \left(\frac{F_{max}}{F_h}\right)^3$$

$t_{,max}$: Maximale Haltezeit

F_h: tatsächliche zu haltende Gewichtskraft im Kraftangriffspunkt in der Hand

F_{max}: Maximal haltbare Gewichtskraft im Kraftangriffspunkt in der Hand

$$t_{EZ} = 18 \cdot t_a \cdot \left(\frac{t_a}{t_{max}}\right)^{1{,}4} \cdot \left(\frac{t_a}{t_{max}} - 0{,}15\right)^{0{,}5}$$

$t_{,EZ}$: Erholzeit bei zeitlich begrenzter statischer Haltearbeit

t_a: Dauer der statischen Haltearbeit

Kapitel 3 · Großflächendisplays in hochagilen Flugzeugen

t_max: Maximale Haltezeit

Aus Kap. 3.4.2. lassen sich aufgrund einer graphischen Analyse der Flugdaten längerfristige Beschleunigungsbelastungen im Bereich bis 2 G und kurzfristige Beschleunigungsspitzen bis zu 4,5 G feststellen. Die Interaktionsdauern können für einfache Eingabesequenzen im Bereich bis 2 G mit 15 s angegeben werden. Hierzu werden Interaktionssequenzen von bis zu zehn Eingabehandlungen angenommen. Diese reichen aus, um grundlegende Funktionen, wie etwa die Änderung von Wegpunkteigenschaften, durchzuführen (vgl. Anhang B). Für komplexere Eingaben auf dem Hauptinstrumentenbrett ist davon auszugehen, dass der Pilot einen Flugabschnitt mit einer geringeren Beschleunigungsbelastung auswählt. Rühmann (1983) stellt einen solchen Effekt bei der Durchführung seiner Evaluation in einem bewegten Simulator fest und spricht hier von einer Abwarte-Strategie der Versuchspersonen. Beschleunigungsspitzen im Bereich von 4 G treten nach graphischer Analyse der Flugdaten nur für wenige Sekunden auf. Hier wird deshalb ein Zeitintervall von maximal 6 s angenommen, in dem der Pilot zwei bis drei Eingabehandlungen durchführen kann. Es ist davon auszugehen, dass weitere Eingabesequenzen unter derartigen physischen und auch psychischen Belastungen vom Piloten nicht durchgeführt werden. In der folgenden Berechnung der maximalen Haltezeiten bzw. der jeweiligen Erholzeiten werden diese Werte als Anhaltspunkt bzw. als Beispielwerte für die Einschätzung der Belastung der Piloten im Cockpit bei Touchscreeneingaben verwendet. Für die beiden Belastungssituationen lassen sich zwei unterschiedliche Haltekräfte im Handangriffspunkt berechnen.

$F_{h,2G} = 2 \cdot F_{res}$; für Belastungsniveau = 2 G

$F_{h,4G} = 4 \cdot F_{res}$; für Belastungsniveau = 4 G

$F_{h,2G}$: Die im Kraftangriffspunkt resultierende Haltekraft bei einer Belastung von 2 G auf den Gesamtorganismus (Beschleunigungen im Flugzeug)

$F_{h,4G}$: Die im Kraftangriffspunkt resultierende Haltekraft bei einer Belastung von 4 G auf den Gesamtorganismus (Beschleunigungen im Flugzeug)

F_{res}: Resultierendes Gesamtgewicht des Hand-Arm-Systems im Kraftangriffspunkt in der Hand (Umfassungsgriff) bei einfacher Erdbeschleunigung 1 G

Tab. 3-3: Zusammenfassung der resultierenden Haltekräfte, maximalen Haltezeiten und Erholzeiten für die beiden Belastungsstufen von 2 G für einen Zeitraum von 15 s und 4 G für 6 s.

Belastung (a, t)	Parameter	5. Perzentil	95. Perzentil
2 G, 15 s	$F_{res, Hand}$	28,70 N	47,97 N
	t_{max}	2,27 min	1,37 min
	t_{EZ}	0,06 min (3,6 s)	0,16 min (9,6 s)
4 G, 6 s	$F_{res, Hand}$	57,40 N	95,95 N
	t_{max}	0,70 min	0,27 min
	t_{EZ}	0,22 min (13,2 s)	1,00 min (60 s)

Die daraus resultierenden Halte- und Erholzeiten sind in Tab. 3-3 zusammengefasst. Hieraus folgt, dass Eingaben mit einer Dauer von 6 s am Hauptinstrumentenbrett bis 4 G ausgeübt werden können, das Hand-Arm-System dann jedoch bis zu 60 s (95. Perzentil) benötigt, um sich von dieser Anstrengung wieder vollständig zu erholen. Anhand dieser Daten ist grundsätzlich von Touchscreen-Eingaben ohne weitere Hilfsmittel, wie etwa der in Kap. 2.3.5 vorgestellten haptischen Rahmenleiste, abzusehen. Bei Beschleunigungen bis zu 2 G, bei denen nach Kap. 3.3.1 Eingabehandlungen am Hauptinstrumentenbrett stattfinden, ist die maximale Haltezeit sehr viel größer mit gleichzeitig sehr geringen Erholzeiten. Bei einer Belastung von 2 G sind daher Eingabesequenzen von mehr als zehn Eingabehandlungen möglich, ohne zu größeren Ermüdungserscheinungen beim Operateur zu führen.

Werden also die Erholzeiten eingehalten tritt bei Touchscreen-Eingaben auf dem Hauptinstrumentenbrett und längeren Betätigungszeiten bei 2 G keine dauerhafte Ermüdung des Hand-Arm-Systems und dadurch keine Beeinträchtigung der Leistungsfähigkeit des Piloten auf.

3.5.2.3. Dynamische Flugzeugschwingung

Das Antwortverhalten des Menschen auf Schwingungsbelastung hängt neben der Körpermasse und deren Verteilung von der Körperhaltung und der Muskelspannung ab, die wiederum von der jeweiligen Situation und Handlungsabsicht des Menschen beeinflusst werden (ISO 5982, 2001). Die Eigenfrequenz des Körpers ist dabei direkt proportional zur Federsteifigkeit, die sich aus Muskelspannung und deren Beschaffenheit ergibt. Werden also die Muskeln im Körper angespannt, so führt dies zu einer höheren Eigenfrequenz verglichen mit einer entspannten Körperhaltung. Eine allgemeine Definition des Schwingungsverhaltens des Körpers, seiner Organe und der Extremitäten ist nicht möglich. Dies gilt, aufgrund der unterschiedlichen Gelenkstellungen und Muskelspannungen sowie unterschiedlicher Bewegungsvarianten, im Besonderen für das Hand-Arm-System (ISO 5982, 2001).

Nach ISO 5982 (2001) lassen sich nur qualitative Aussagen über ein typisches Schwingungsverhalten des Körpers treffen. Demnach verhält sich der menschliche Körper bei der Einleitung von Schwingungen unterhalb von 2 Hz wie ein einfacher Massepunkt. Die Auslenkungen der Anregung entsprechen somit den Auslenkungen des Körpers. Für Frequenzen über 2 Hz nähert sich das Verhalten des Körpers denen eines gedämpften Feder-Masse-Schwingers an. Für Sitzhaltungen im Automobil wurde der Bereich der Eigenfrequenz für Ganzkörperschwingungen nach Rakheja (2002) zwischen 6,5 und 8,6 Hz angegeben. Die Resonanzfrequenz des Rumpfes und der Schulter für Beschleunigungen in der z-Achse liegt nach ISO 5982 (2001) und NASA-3000 (1995) zwischen 4 Hz und 6 Hz. Für die Hand liegt der Bereich der Resonanzfrequenz zwischen 30 Hz und 40 Hz. Die Auslenkungen des Körpers bei einer Anregung in dieser Eigenfrequenz können dabei das 1,5 bis 2-fache der Anregungsamplitude betragen. Im Intervall zwischen 8 und 15 Hz tritt eine weitere Körperresonanz auf (ISO 5982, 2001). Nach Griffin (1996) werden Ganzkörperschwingungen mit Maximalbeschleunigungen unter 0,001 G kaum wahrgenommen. Unter 1 Hz bzw. über 20 Hz werden höhere Amplituden für die Wahrnehmung benötigt. Der Bereich erhöhter Schwingungswahrnehmung liegt zwischen 1 Hz und 30 Hz (NASA-STD-3000, 1995).

Die im Eurofighter auftretenden Schwingungen teilen sich im Navigationsflug in einen niederfrequenten Bereich unter 1 Hz mit Beschleunigungen von bis zu 4,5 G und einen Bereich mit geringen Beschleunigungsanteilen über 1 Hz auf. Dies entspricht den Angaben bei Griffin (1996). Die in der Nähe des Sitzes gemessene Vibration in z-Richtung beschreibt er für „modern military jet aircraft" folgendermaßen: „... the vibration is not particularly severe. It can be seen that the spectrum is dominated by motion at frequencies below 1 Hz." (Griffin, 1996). Dies entspricht auch den Untersuchungen von Rühmann (1983) und Paddan & Griffin (1995).

Kapitel 3 · Großflächendisplays in hochagilen Flugzeugen

Die Schwingungsamplituden im Bereich über 1 Hz liegen unterhalb von 1,0 mm und sind daher im Rahmen dieser Arbeit vernachlässigbar. Dies gilt für die in Kap. 3.4.2. analysierten Flugdaten. Schwingungen mit Frequenzen unter 1 Hz treten mit deutlich wahrnehmbaren Beschleunigungsamplituden über 100 mm auf. Für diesen Bereich kann der menschliche Körper bei gestrecktem Hand-Arm-System und ausreichender Muskelspannung als einfacher Massepunkt betrachtet werden. In diesem Fall gilt für Schwingungen im Flugzeug unter 1 Hz, dass keine Phasenverschiebung zwischen Finger und Touchscreen-Oberfläche zu erwarten ist. Änderungen der Muskelspannung können zu einem veränderten Dämpfungs- bzw. Schwingungsverhalten des Hand-Arm-Systems führen. Treten Beschleunigungen unerwartet und mit Amplituden bis zu 4 G auf, kann dies aufgrund einer zu geringen Vorspannung des Muskelapparates zu ungewollten Relativbewegungen zwischen Display und Finger führen.

An dieser Stelle hängt die Abweichung vom Regelverhalten des Piloten und der Qualität der ausgeführten Korrekturbewegungen ab.

3.5.2.4. Regelverhalten

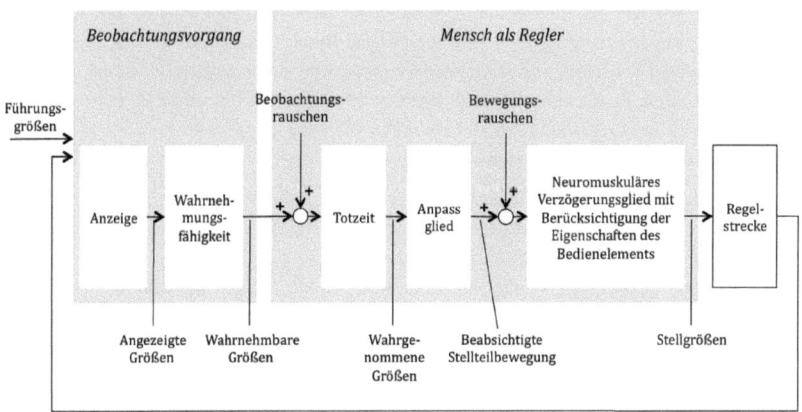

Abb. 3-14:   *Modell des Menschen als Regler nach Bubb (1981). Unterschiedliche Einflüsse beeinträchtigen Qualität und Geschwindigkeit von Reaktionen des Menschen auf wahrgenommene Reize aus der Umwelt und begrenzen dadurch die maximale Regelfrequenz des Menschen.*

In der Mensch-Maschine-Dynamik wird der vom Menschen regelbare Frequenzbereich von der Reaktions- bzw. Erkennungszeit des Operateurs festgelegt (vgl. Abb. 3-14). Die Obergrenze bildet die Reizschwelle des jeweiligen Informationsaufnahmekanals. Vorgänge, die schneller als 200 ms ablaufen, überschreiten diese Reizschwelle und werden vom Menschen als sprunghaft empfunden (Bubb, 1981). Die maximal regelbare Grenzfrequenz beträgt demnach 2,5 Hz. Bedingt durch die Trägheit der menschlichen Extremitäten liegt eine sinnvolle Grenze bei 1 Hz (Bubb, 1981). Nach Brockhaus (1994) und MIL-STD-1797 (1990) liegt der vom Pilot gewünschte Frequenzbereich der Anstellwinkelschwingung bei simulierten Zielverfolgungsaufgaben in hochagilen Flugzeugen zwischen 0.4 bis 0.6 Hz. Extrem langsam ablaufende Vorgänge unterschreiten dagegen die

Kapitel 3 · Großflächendisplays in hochagilen Flugzeugen

Schwelle der menschlichen Bewegungswahrnehmung und bilden die untere Grenzfrequenz des regelbaren Frequenzbereichs. Die Schwingungen in dem hier betrachteten Flugzeug liegen deutlich unter 1 Hz. Man kann also davon ausgehen, dass der Pilot bei Turbulenzen bzw. nicht intendierten Flugzeugbewegungen in der Lage ist, die resultierenden Relativbewegungen des Hand-Arm-Systems zwischen Displayoberfläche und Finger bei Touchscreen-Eingaben zu kompensieren. Dies entspricht den Ergebnissen bei Rühmann (1983), wonach „die mit einer praxisnahen Belastungssituation einhergehende Leistungsreduktion bei hoch geübten sensomotorischen Koordinationsleistungen (Touchscreen-Eingaben), anders als bei kontinuierlichen Regelaufgaben, vernachlässigbar klein ist" (Rühmann, 1983).

3.5.2.5. Zusammenfassung

Im horizontalen Navigationsflug sind keine Beeinträchtigungen des Hand-Arm-Systems bei Touchscreen-Eingaben auf dem Hauptinstrumentenbrett zu erwarten. Ablenkungen des Fingers bei Eingaben aufgrund von Flugzeugvibrationen und Turbulenzen, die nicht vom Piloten kompensiert werden können, betragen im betrachteten Anwendungsfall auch bei maximalen Beschleunigungsamplituden weniger als 1,0 mm und sind daher für Genauigkeitsbetrachtungen von Touchscreen-Eingaben zu vernachlässigen. Treten intendierte Beschleunigungen auf, so können diese aufgrund der niedrigen Schwingungsfrequenzen vom Piloten sensomotorisch kompensiert werden und führen in dem Beschleunigungsintervall von 0,0 G bis zu 2,0 G und den angenommenen Belastungszeiten zu keinen Ermüdungserscheinungen, die über längere Zeit hinweg eine Reduzierung der Bedienleistung erwarten lassen würden.

Eine Beeinträchtigung der Bedienleistung bei Touchscreen-Eingaben auf Großflächendisplays in hochagilen Flugzeugen ist daher im Allgemeinen nicht zu erwarten. Sollte während des Fluges die Notwendigkeit bestehen, auch in extremen Situationen über 4,0 G Eingaben auf dem Hauptinstrumentenbrett durchzuführen, verfügt der Pilot über die Möglichkeit auf redundante Eingabegeräte wie XY-Controller oder DVI auszuweichen.

4. Evaluation der Bedienelemente

Im Rahmen dieser Evaluation erfolgt der qualitative Vergleich der Bedienleistung von Touchscreen und Trackball sowie die Erhebung quantitativer Leistungsmaße in dem in Kap. 3 beschriebenen Verwendungskontext mit dem Ziel der Überprüfung der Hypothesen (vgl. Kap. 2.5). Die Bedienleistung wird dabei direkt über die Eingabeleistung der beiden Bedienelemente in Zeigeaufgaben und indirekt über unterschiedliche Leistungsmaße repräsentativer Zusatzaufgaben ermittelt. Die Ausprägungen der erhobenen Leistungsmaße bilden die Grundlage zur Auswahl des primären Bedienelements sowie der Formulierung weiterführender Gestaltungsvorschläge.

4.1. Experimentelles Vorgehen

Das experimentelle Vorgehen zur Überprüfung der Hypothesen muss durch die Auswahl geeigneter Versuche und Versuchsbedingungen die Erhebung von Bedienleistung und Benutzerakzeptanz der betrachteten Bedienelemente sowie einen repräsentativen Belastungskontext sicherstellen. Dazu werden aus den Hypothesen Konsequenzen für das Versuchsdesign abgeleitet, die Inhalte und Vorgehen festlegen (vgl. Abb. 4-1).

Die Erhebung der Bedienleistung der beiden Interaktionselemente erfolgt anhand von Zeigeaufgaben auf dem Großflächendisplay. Dabei werden durch unterschiedliche Konfigurationen der anzuwählenden Ziele repräsentative, standardisierte und realitätsnahe Eingaben in hochagilen Flugzeugen abgebildet (Kellerer et al., 2009). Eine detaillierte Beschreibung der Zeigeaufgaben *Single Targets* und *Multiple & Moving Targets* folgt in Kap. 4.2.1. Grundlage für die Gestaltung der Zielkonfigurationen bilden die in Kap. 3.3.1. ermittelten Eingabesequenzen (vgl. Anhang B). Die Benutzerakzeptanz von Touchscreen und Trackball wird über Fragebögen erfasst.

Der Belastungskontext wird durch die Verwendung von Zusatzaufgaben realisiert, die gleichzeitig mit den Zeigeaufgaben zu bearbeiten sind. Die Wahl der Zusatzaufgaben beruht auf der ermittelten Belastungsstruktur im Cockpit, die sich durch mäßige auditive und verbale und hohe visuelle, kognitive und manuelle Belastungsqualitäten auszeichnet. Eindimensionale visuelle, kognitive und manuelle Belastung wird durch die standardisierten Zusatzaufgaben *Sternberg Aufgabe (kognitiv)*, *Visuelle Suchaufgabe* und *Motorische Aufgabe* realisiert. Mehrdimensionale Belastung wird durch die Kombination mehrerer Einzelaufgaben in der Zusatzaufgabe *Komplexe Aufgabe* realisiert.

Belastung im Cockpit zeichnet sich neben den unterschiedlichen Arten und der Dimension der Belastung ebenfalls durch das Belastungsniveau aus. In Expertengesprächen mit Eurofighter Testpiloten der EADS in Manching wurde das Belastungsniveau im Cockpit und die Häufigkeit des Auftretens der verschiedenen Niveaus ermittelt (Eichinger, 2010). Es wird an dieser Stelle zwischen sehr niedriger, geringer, mittlerer, erhöhter und sehr hoher Belastung unterschieden. Dabei wechseln sich längere Zeitintervalle mit sehr niedriger bis mittlerer Belastung mit kurzen Intervallen mit erhöhter und sehr hoher Belastung ab. Diese Belastungsniveaus werden durch zwei

Kapitel 4 · Evaluation der Bedienelemente

Schwierigkeitsstufen der Zusatzaufgaben, die einer sehr niedrigen bis mittleren und einer erhöhten bis sehr hohen Belastung entsprechen, in den Versuchen abgebildet. Die Anpassung der Schwierigkeit der unterschiedlichen Zusatzaufgaben ermöglicht daher eine repräsentative Abbildung der in Kap. 3.3.2. erstellten Belastungsstruktur. Die Schwierigkeitsstufen der Zusatzaufgaben wurden in Vorversuchen so angepasst, dass sie den Belastungssituationen hinsichtlich Struktur und Niveau entsprechen (Eichinger, 2010). Eine Überprüfung der tatsächlichen Belastung der Versuchspersonen bei der Bearbeitung der unterschiedlichen Aufgabenvarianten findet nach jedem Experimentaldurchgang mittels einer Fragebogenerhebung statt.

Hypothesen	Vorgangsbeschreibung	Konsequenzen der Hypothesenprüfung für das Versuchsdesign
Hypothese H1	Erhebung der Bedienleistung von Touchscreen und Trackball in *Zeigeaufgaben*	Zeigeaufgaben
Hypothese H2	Erhebung der Bedienleistung von Touchscreen und Trackball in Zeigeaufgaben und *Berücksichtigung des Belastungskontextes durch das simultane Bearbeiten von Zusatzaufgaben*	Zusatzaufgaben
Hypothese H3a	Leistungsprüfung der Bedienelemente in einem standardisierten Handlungskontext	Definition der standardisierten Aufgaben: Zeigeaufgabe *Single Targets*; Zusatzaufgaben *Sternberg Aufgabe, Motorische Aufgabe & Visuelle Suchaufgabe*
Hypothese H3b	Leistungsprüfung der Bedienelemente in einem realitätsnahen Handlungskontext	Definition der realitätsnahen Aufgaben: Zeigeaufgabe *Mulitple & Moving Targets*; Zusatzaufgabe *Komplexe Aufgabe*
Hypothese H4	Berücksichtigung unterschiedlicher Belastungsstufen bei der Leistungsprüfung	Ausführung der Zusatzaufgaben in den Schwierigkeitsstufen niedrig und hoch
Hypothese H5	Die Wahl des Bedienelements wirkt sich auf die Leistung in Zeige- und Zusatzaufgabe aus	Erhebung der Bedienleistung in den Zeige- *und* Zusatzaufgaben
Hypothese H6	Die Verwendung des Touchscreens ist zufriedenstellender als die des Trackballs	Akzeptanzprüfung durch *Usability-Fragebögen*
Zentrale Hypothese ZH	Summe der Untersuchungsergebnisse	-

Abb. 4-1: *Übersicht über die Hypothesen mit einer Kurzbeschreibung und die Konsequenzen der Hypothesenprüfung auf das Versuchsdesign, die sich auf die Inhalte und die Art und Weise der Leistungserhebung erstrecken.*

Aufgrund begrenzter Handlungsressourcen der Versuchspersonen ist eine Variation der Bedienleistung in den Zeige- und Zusatzaufgaben, abhängig von dem Bedienelement der Zeigeaufgabe und von der Verteilung der Aufmerksamkeit auf Zeige- und Zusatzaufgabe, zu erwarten (vgl. Kap. 2.4.2). Aus diesem Grund wird die Verteilung der Aufmerksamkeit auf Zeige- und Zusatzaufgabe für die verschiedenen Versuchsdurchgänge vom Versuchsleiter vorgegeben. Dabei wird zwischen einer gleichmäßigen Verteilung der Aufmerksamkeit auf beide Aufgaben und einer Priorisierung der Zeige- bzw. Zusatzaufgabe unterschieden. Dies führt zu folgendem Vorgehen bei der Hypothesenprüfung (vgl. Abb. 4-1).

Kapitel 4 · Evaluation der Bedienelemente

Die Überprüfung der Hypothese H1 findet durch den direkten Vergleich der Eingabeleistung der beiden Bedienelemente ohne Zusatzaufgaben statt.

Die Hypothese H2 sieht die Berücksichtigung des Belastungskontextes im Cockpit vor und wird daher bei gleichzeitiger Bearbeitung von Zeige- und Zusatzaufgaben überprüft.

Die Hypothese H3 spezifiziert den Handlungskontext der Eingabehandlungen und sieht den Leistungstest der beiden Eingabemittel in einem standardisierten und einem realitätsnahen Kontext vor.

Die Überprüfung der Hypothese H4 bezieht sich auf Belastungsniveaus im Cockpit und sieht eine Variation der Belastungsintensität bei der Bearbeitung der Aufgaben durch eine niedrige und eine hohe Schwierigkeitsstufe der Zusatzaufgaben vor.

Zur Überprüfung der Hypothese H5 wird die Eingabeleistung der beiden Bedienelemente in der Zeigeaufgabe abhängig vom Erfüllungsgrad der Zusatzaufgabe und von der Belastungsstruktur interpretiert. Hierzu ist es notwendig, die Belastung der Versuchspersonen bei der Aufgabenbearbeitung festzuhalten.

Die Überprüfung der Hypothese H6 findet durch eine Erhebung der Nutzerzufriedenheit am Ende der jeweiligen Versuchsdurchläufe statt.

Tab. 4-1:   Unabhängige Variable des Versuchsdesigns mit deren Ausprägungen

Unabhängige Variable	operationalisiert durch die Ausprägungen
Eingabeelement	Touchscreen
	Trackball

Tab. 4-2:   Abhängige Variable des Versuchsdesigns mit deren Ausprägungen

Abhängige Variable	operationalisiert durch die Ausprägung(en)
Effizienz	Bedienzeit
Effektivität	Fehlerhäufigkeit
	Auslassungsfehlerrate
Nutzerzufriedenheit	Freiheit von Beeinträchtigungen und positive Einstellungen gegenüber der Nutzung des Produkts
Belastungsstruktur	visuell
	auditiv
	kognitiv
	motorisch
	verbal

Tab. 4-3:   Übersicht der Versuchsparameter und deren Variationsmöglichkeiten

Versuchsparameter	Variationen
Zeigeaufgabe	Single Targets
	Multiple & Moving Targets

Kapitel 4 · Evaluation der Bedienelemente

Versuchsparameter	Variationen
Zusatzaufgabe	Sternberg Aufgabe
	Visuelle Suchaufgabe
	Motorische Aufgabe
	Komplexe Aufgabe mit Tracking und Readback
Schwierigkeit der Zusatzaufgabe	niedrig
	hoch
Aufmerksamkeitsverteilung	Fokus auf der Zeigeaufgabe (80:20)
	Gleichverteilung (50:50)
	Fokus auf der Zusatzaufgabe (20:80)

Kernpunkt der experimentellen Untersuchung ist der Vergleich der beiden Bedienelemente Touchscreen und Trackball. Die statistische Prüfung der Hypothesen erfolgt durch Signifikanztests. Die Hypothesen können daher als Unterschiedshypothesen bezeichnet werden. Mit Hilfe des T-Tests für abhängige Stichproben wird anhand der Teststatistik die Irrtumswahrscheinlichkeit der Nullhypothesen ermittelt (Bortz & Döring, 2006).

Die Datenerhebung erfolgt anhand abhängiger und unabhängiger Variablen (vgl. Tab. 4-1, Tab. 4-2). Die abhängigen Variablen legen nach Bortz & Döring (2006) fest, wie die Wirkung einer Maßnahme erfasst werden soll. Die unabhängigen Variablen legen die Maßnahme selbst fest. Als Maßnahme wird im Folgenden das Bedienelement verstanden. Es kommt in den Ausprägungen Touchscreen und Trackball vor. Die Wirkung der Maßnahme ist darüber hinaus abhängig von der kontrollierten Versuchsumgebung. In diesem Fall wird die Versuchsumgebung durch die Variation des Belastungskontextes festgelegt. Der Belastungskontext setzt sich aus Zeigeaufgabe, Zusatzaufgabe, Schwierigkeit der Zusatzaufgabe und Aufmerksamkeitsverteilung zusammen (vgl. Tab. 4-3).

Die Wirkung der unabhängigen Variablen und der Versuchsvariation wird durch die Usability-Maße Effizienz, Effektivität und Nutzerzufriedenheit abgebildet. Diese werden wiederum von den abhängigen Variablen operationalisiert (vgl. Tab. 4-2). Sie werden im Laufe der Untersuchung aufgezeichnet und dienen als Datenbasis der Signifikanztests.

4.2. Versuchsbeschreibung

4.2.1. Zeigeaufgaben

Die Zeigeaufgabe wird durch die beiden Aufgaben Single Targets (ST) und Multiple & Moving Targets (MT) repräsentiert und bildet typische Eingabehandlungen auf dem Hauptinstrumentenbrett ab (vgl. Kap. 3.3.1). Sie werden bei der Versuchsdurchführung mit unterschiedlichen Zusatzaufgaben kombiniert und müssen von der Versuchsperson simultan bearbeitet werden. Die Dauer eines Versuchsdurchlaufs beträgt 90 sec. Es ist davon auszugehen, dass ein Großteil der Piloten rechtshändig ist, da dies kein Selektionsmerkmal von Piloten darstellt. Die Durchführung von Bedienhandlungen mit der linken Hand stellt daher diesbezüglich den schwierigsten anzunehmenden Fall der Einhandbedienung dar („Worst Case"-Bedingung). Eingaben mit dem Trackball werden

Kapitel 4 · Evaluation der Bedienelemente

analog zu der Einbauposition des vergleichbaren XY-Controllers am Schubhebel mit der linken Hand ausgeführt. Die Versuchsteilnehmer werden daher in allen Versuchen angewiesen, die Eingaben auf dem Touchscreen und dem Trackball mit der linken Hand durchzuführen. Der Trackball wird hierzu entsprechend der Position des Schubhebels im Eurofighter auf der linken Seite des Versuchsteilnehmers positioniert (vgl. Kap. 3.2.2). Die Bedienleistung wird in den Zeigeaufgaben in Abhängigkeit von Bedienelement, Belastungskontext und Position der Anwahlflächen auf dem Display erhoben.

In Kap. 3.2.3 wurde die Erreichbarkeit der Displayfläche bei Touchscreen-Eingaben ermittelt. Demzufolge verfügen unterschiedliche Displaybereiche über eine unterschiedliche Güte der Erreichbarkeit. Bei Eingaben auf dem Touchscreen, bei denen nur eine Hand zur Verfügung steht, ist daher eine Variabilität der Bedienleistung in Abhängigkeit der Zielflächenposition auf dem Display zu erwarten. Die Verteilung von Zielsymbolen in einem Versuchsdurchlauf erfolgt zufällig und wird vor den Versuchsdurchläufen durch Konfigurationsdateien festgelegt. Jedem Versuchsdurchlauf wird eine Konfigurationsdatei zugewiesen. Die Reihenfolge wird zufällig bestimmt und ist für jede Versuchsperson unterschiedlich. Die Anzahl der Konfigurationsdateien für die Zeigeaufgaben entspricht der Anzahl der Kombinationen aus Zeige- und Zusatzaufgaben. Die Variation der Symbolpositionen wurde so gewählt, dass die Auftrittswahrscheinlichkeit eines Symbols für jede Displayposition gleich ist.

Während eines Versuchsdurchlaufs wird die Cursorposition bei der Bedienung mit Trackball und Touchscreen durch ein weißes Kreuz repräsentiert. Die Rückmeldung bei Eingaben erfolgt haptisch und optisch. Die optische Rückmeldung findet für die beiden Bedienelemente in gleicher Weise statt (vgl. Kap. 2.3.5). Befindet sich der Cursor über einer der Aktivierungsflächen der dargestellten Symbole, so erfolgt eine sofortige optische Rückmeldung durch die Darstellung einer gelben Begrenzungslinie um die Aktivierungsfläche. Die Rückmeldung endet, sobald der Cursor wieder aus der Aktivierungsfläche heraus bewegt wird. Bei erfolgreicher Anwahl eines Symbols folgt eine Rückmeldung der Eingabe durch das Ausblenden des Symbols. Die Umrandungslinie der Aktivierungsfläche wird dann ebenfalls nicht mehr angezeigt.

Die haptische Rückmeldung erfolgt abhängig vom verwendeten Bedienelement. Bei der Touchscreenbedienung erhält die Versuchsperson eine haptische Rückmeldung, sobald der Finger bei Eingabehandlungen die Displayfläche berührt. Wird der Finger auf der Displayfläche bewegt, wird der Versuchsperson durch die Fingerbewegung und die gleichzeitige Berührung des Displays die Verschiebung des Cursors vermittelt. Endet die haptische Empfindung der Displayberührung, so wird an der entsprechenden Fingerposition eine Eingabehandlung an das System gemeldet. Die haptische Rückmeldung des Trackballs liefert durch die kinästhetische Wahrnehmung der Drehung der Kugel eine Bewegung des Cursors. Bei Drücken und Loslassen des Eingabeschalters mit dem linken Daumen wird eine Eingabehandlung an den Rechner gesendet. Dabei ist der Zeitpunkt der Übermittlung der Eingabehandlung an das System durch den Druckpunkt des Schalters fühlbar.

Die Aktivierungsflächen sind entsprechend den Empfehlungen von Rühmann (1984) und Eichinger et al. (2008) in allen Versuchen gleich gestaltet. Sie sind quadratisch und haben eine Seitenlänge von 17 mm (vgl. Kap. 2.3.4). Die dargestellten Zielsymbole und Distraktoren sind ebenfalls quadratisch und besitzen eine Kantenlänge von 7 mm. Die Symbolgröße orientiert sich an der Symboldarstellung auf Multifunktionsdisplays moderner Kampfflugzeuge (Spinoni et al., 1986).

Kapitel 4 · Evaluation der Bedienelemente

Die Gestaltung der Zeigeaufgaben orientiert sich zudem an den Vorgaben zur Gestaltung von Pilotenarbeitsplätzen in STANAG 3705 (1997).

4.2.1.1. Single Targets (ST)

Die Zeigeaufgabe *Single Targets* ist eine standardisierte Zeigeaufgabe zur Erhebung der Bedienleistung und Nutzerzufriedenheit für die Anwahl einfacher Ziele. Die Ziele erscheinen einzeln und statisch auf dem Display in einem zeitlichen Abstand von 6 sec. Die zeitliche Staffelung der Zieldarstellung legt die gleiche Abfolge der Zeigeaufgabe für alle Versuchspersonen, unabhängig von deren individueller Eingabeleistung und Beanspruchung durch den Belastungskontext, fest. Das Zeitintervall von 6 sec wurde in Vorversuchen festgelegt. Dies geschah mit dem Ziel, das Erreichen von Deckeneffekten der Eingabeleistung und des Erfüllungsgrades in Zeige- und Zusatzaufgabe durch eine zu hohe oder zu niedrige Belastung des Probanden ausschließen zu können und die Belastungsstruktur entsprechend der Belastung im Flugzeugcockpit anzupassen (vgl. Kap. 3.3.2). Die Dauer eines Versuchsdurchlaufs wurde mit 90 sec festgelegt. Es werden daher sequentiell 15 anzuwählende Ziele dargestellt (vgl. Abb. 4-2). Die Verteilung der Ziele erfolgt in jedem der Versuchsdurchläufe zufällig. Durch die Vielzahl von Messwiederholungen wird eine gleichmäßige Verteilung der Ziele über die gesamte Displayfläche erreicht. Die Versuchspersonen werden angewiesen, die dargestellten Ziele möglichst schnell und genau anzuwählen.

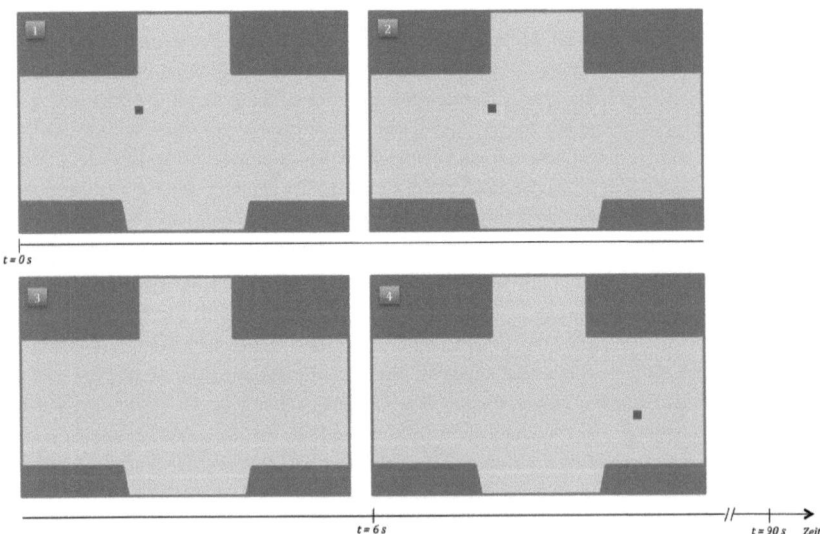

Abb. 4-2: Eingabesequenz der Aufgabe ST. Alle 6 s wird ein Ziel eingeblendet (1 und 4). Wird der Cursor auf dieses Ziel bewegt erhält die Versuchsperson eine visuelle Rückmeldung (2). Erfolgt dann eine Anwahleingabe auf dem Ziel, wird dieses ausgeblendet (3).

Die abhängigen Variablen in diesem Versuch sind Bedienzeit, Fehlerrate und Auslassungsfehlerrate. Sie werden operationalisiert durch die Zeit zwischen Erscheinen und richtiger Anwahl eines

Kapitel 4 · Evaluation der Bedienelemente

Ziels, die Anzahl der Fehleingaben bei denen kein Ziel angewählt wurde und die Anzahl nicht angewählter Ziele während eines Versuchsdurchlaufs.

4.2.1.2. Multiple & Moving Targets (MT)

Die Zeigeaufgabe *Multiple & Moving Targets* baut auf der Aufgabe *ST* auf und berücksichtigt darüber hinaus die Möglichkeit multipler Anwahlflächen. Dies entspricht typischen Aufgaben des Piloten bei der Interaktion mit den auf den MFD dargestellten Informationen. Im Rahmen dieser Aufgabe wird die Aufgabenstruktur der Anwendungsfälle (vgl. Kap. 3.3.1) für Eingabehandlungen auf dem Hauptinstrumentenbrett durch die Verwendung von Distraktorreizen (blau) und Zielelementen (rot) berücksichtigt (vgl. Abb. 4-3). Dem Piloten wird ein konkreter Handlungskontext vermittelt, der ihm eine repräsentative Situation im Cockpit vorgibt. Bei der Bearbeitung dieser Aufgabe werden Bedienleistung und Nutzerzufriedenheit der beiden Bedienelemente erhoben.

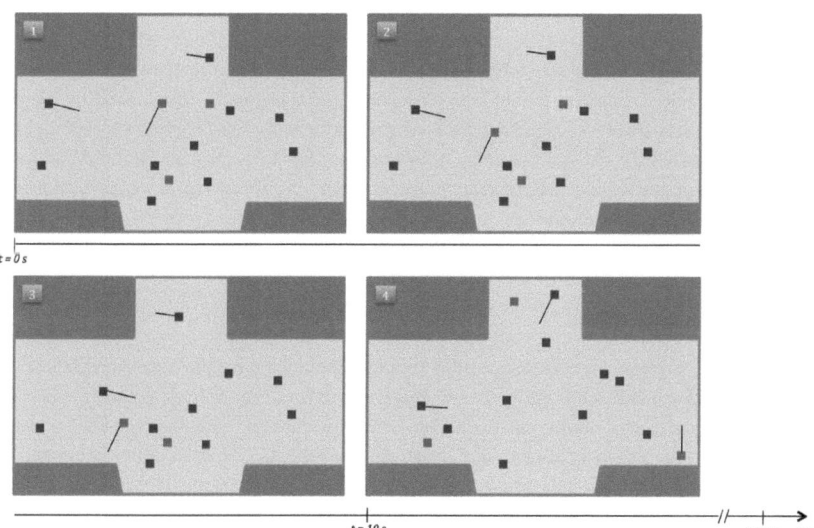

Abb. 4-3: Eingabesequenz der Aufgabe MT. Alle 10 s werden drei Ziele und zehn Distraktoren eingeblendet (1 und 4). Einige dieser Elemente bewegen sich (Bewegung wird in dieser Abbildung durch eine Linie indiziert). Wird der Cursor auf ein Ziel oder einen Distraktor bewegt, erhält die Versuchsperson eine visuelle Rückmeldung (2). Erfolgt dann eine Anwahleingabe auf dem Ziel oder dem Distraktor, wird es bzw. er ausgeblendet (3).

Während eines Versuchsdurchgangs werden gleichzeitig drei rote Zielsymbole und zehn blaue Distraktoren dargestellt, wovon sich ein Ziel und zwei Distraktoren bewegen (vgl. Abb. 4-3). Die Verteilung der Ziele erfolgt in jedem der Versuchsdurchläufe zufällig. Es wurde jedoch darauf geachtet, dass ein Mindestabstand der Aktivierungsflächen der dargestellten Elemente von 2 mm nicht unterschritten wird (vgl. Kap. 2.3.4). Die Bewegungsgeschwindigkeiten der Zielelemente und Distraktoren entsprechen Relativgeschwindigkeiten zwischen dem eigenen Flugzeug und anderen Flugobjekten zwischen 0,0 und 2,0 Mach und einem Kartenmaßstab von 1:500.000. Ähnlich der Aufgabe *Single Targets* wird die Konfiguration der Ziele und Distraktoren nach gleichen Zeitabständen geändert. Alle 10 sec werden die dargestellten Elemente aus-, und eine neue Elementkonfiguration eingeblendet. Dies geschieht unabhängig von der Anzahl der angewählten Ziele und Distraktoren. Der Zeitabstand wurde wie für die Zeigeaufgabe *Single Targets* in Vorversuchen ermittelt. Der Versuchsteilnehmer erhält die Aufgabe alle roten Ziele möglichst schnell und genau anzuwählen. Die Anwahl eines Distraktors wird als Eingabefehler bei der Fehlerrate gewertet.

Die abhängigen Variablen in diesem Versuch sind Bedienzeit, Fehlerrate und Auslassungsfehlerrate. Sie werden operationalisiert durch die Zeit zwischen Erscheinen und richtiger Anwahl eines Ziels, die Anzahl der Fehleingaben bei denen kein Ziel angewählt wurde und die Anzahl nicht angewählter Ziele während eines Versuchsdurchlaufs.

4.2.2. Zusatzaufgaben

Es muss davon ausgegangen werden, dass das gleichzeitige Auftreten von Zusatzbelastung im Cockpit die Bedienleistung des Piloten bei Zeigeaufgaben auf dem Großflächendisplay beeinträchtigt. Die standardisierten und realistischen Zusatzaufgaben wurden so gewählt, dass sie die im Informationsverarbeitungsprozess inhärenten Belastungsdimensionen visuell, auditiv, kognitiv, verbal und motorisch entsprechend der Belastungsstruktur im Cockpit abbilden (vgl. Kap. 2.4.2 & 3.3.2). Diese Aufteilung hat das Ziel, eine differenzierte Klassifizierung und Quantifizierung der Beeinträchtigung der Bedienleistung, abhängig von der Art der Belastungsdimension, zu ermöglichen und im Rahmen der Evaluation zu erfassen. Die Zusatzaufgaben wurden simultan mit den Zeigeaufgaben bearbeitet und hatten daher dieselbe Versuchsdauer.

4.2.2.1. Kognitive Aufgabe

Zur Abbildung kognitiver Belastung auf die Versuchspersonen wird die *Sternberg Aufgabe* verwendet. Sie ist eine klassische Methode zur experimentellen Untersuchung kognitiver Belastung und verwendet das Paradigma der Suche im Kurzzeitgedächtnis (Sternberg, 1966; Sternberg, 2004). Sie wird für Untersuchungen im Bereich der Luftfahrt häufig als kognitive Zusatzaufgabe eingesetzt (Wickens et al., 1986; Tsang, 2007). Dem Probanden werden in gleichen zeitlichen Abständen eine Reihe unterschiedlicher einstelliger Zahlen vorgelesen. Nach einem akustischen Signal wird eine weitere Zahl vorgelesen. Die Aufgabe des Probanden ist es zu entscheiden, ob sich diese Zahl in der Menge der zuvor vorgelesenen Zahlen befand. Der Proband wird angewiesen, dies dem Versuchsleiter verbal durch ein „ja/nein"-Urteil möglichst schnell und richtig mitzuteilen. Die Aufgabe beginnt daraufhin von neuem (vgl. Abb. 4-4). Die Schwierigkeit der Aufgabe kann durch die Menge der Elemente, die zu merken sind, manipuliert werden.

Tab. 4-4: Festlegung der Versuchsparameter der Zusatzaufgabe Sternberg Aufgabe in Vorversuchen.

Parameter	Werte
Vorlesegeschwindigkeit	1 Zahl/s
Zeit zwischen zwei Sequenzen (Ende bis Anfang)	3 s
Wartezeit zwischen Vorlesen und Antwort	3 s
Antwortzeitraum	5 s

Kapitel 4 · Evaluation der Bedienelemente

In Vorversuchen wurden diese Angaben hinsichtlich der kognitiven Ausprägung der Belastungsstruktur im Cockpit überprüft. Für eine leichte bis mittlere Schwierigkeit der *Sternberg Aufgabe* wurden daraufhin fünf Zahlen und für eine schwere bis sehr schwere Aufgabe acht Zahlen festgelegt. Die weiteren Versuchsparameter sind in Tab. 4-4 zusammengefasst. Die abhängigen Variablen in diesem Versuch sind Bedienzeit und Fehlerrate. Die Variable Bedienzeit wird operationalisiert durch das Zeitintervall zwischen der akustischen Aufforderung zur verbalen Wiedergabe des Ergebnisses und der erfolgten verbalen Eingabe. Die Bedienzeit wird jeweils als arithmetischer Mittelwert aller Eingaben eines Versuchsdurchgangs angegeben. Die Fehlerrate wird durch die Anzahl der falschen Antworten pro Versuchsdurchgang erfasst.

Schwierigkeitsstufe niedrig:
5 Ziffern

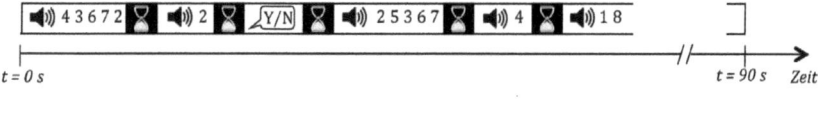

$t = 0\,s$ $t = 90\,s$ Zeit

Schwierigkeitsstufe hoch:
8 Ziffern

$t = 0\,s$ $t = 90\,s$ Zeit

Abb. 4-4: Sternberg Aufgabe in den beiden Schwierigkeitsstufen niedrig und hoch. Jeder Sequenz mit jeweils fünf bzw. 8 Ziffern, die vorgelesen werden folgt eine Kontrollzahl. Der Versuchsteilnehmer muss dann entscheiden, ob sich die Kontrollzahl in der vorgelesenen Sequenz befindet. Dies wird so lange wiederholt, bis die 90 s eines Versuchsdurchgangs abgelaufen sind.

4.2.2.2. Visuelle Suchaufgabe

Die sog. *Visuelle Suchaufgabe* ist eine klassische Methode zur Erzeugung visueller Belastung (Treisman & Gelade, 1980; Wilschut et al., 2008; VanRullen et al., 2004). Die Aufgabe des Probanden besteht darin, aus einer visuell dargebotenen Menge von gleichartigen Distraktor-Reizen einen Zielreiz zu identifizieren, der sich von den Distraktoren hinsichtlich Größe, Form oder Farbe unterscheidet.

Die Darstellung der *Visuellen Suchaufgabe* findet auf einem auf Augenhöhe der Probanden direkt oberhalb des Großflächendisplays positionierten Display statt. Diese Position entspricht der Position des HUD im Flugzeug (vgl. Abb. 4-10). Die Versuchspersonen werden angewiesen, den dargebotenen Zielreiz zu identifizieren und mit Hilfe der links/rechts Pfeiltasten einer Tastatur anzugeben, ob sich der Zielreiz in der rechten oder linken Displayhälfte befindet. Diese Eingabeform wird zur Minimierung der aus dieser Eingabe resultierenden motorischen Belastung gewählt. Die Tastatur wird mit der rechten Hand bedient. Die Position von Ziel- und Distraktorreizen auf der Anzeigefläche erfolgt zufällig. Der Proband kann die Bearbeitungsgeschwindigkeit selbst bestimmen. Wählt er eine der beiden Seiten aus, kann er in einem Zeitintervall von 2 s diese Eingabe durch erneutes Drücken der Tasten beliebig oft ändern. Die Eingabe wird erst dann vom System

Kapitel 4 · Evaluation der Bedienelemente

akzeptiert, wenn 2 s lang keine Eingabe des Probanden mehr erfolgt. Dann erst wird eine neue Ziel- und Distraktorkonfiguration eingeblendet (vgl. Abb. 4-5).

Die Schwierigkeit der *Visuellen Suchaufgabe* kann durch die Anzahl der Distraktoren sowie durch die Ähnlichkeit von Ziel und Distraktor hinsichtlich Größe und Farbe bestimmt werden. Die für diese Untersuchung zur Verfügung stehende Software variiert die Aufgabenschwierigkeit ausschließlich durch die Größe der Distraktoren (Daimler Chrysler AG, 2005). Die Größe des Zielreizes, die Farbe und die runde Form des Ziels und der 50 Distraktoren bleiben unverändert. In Vorversuchen wurden die Ausprägungen der Parameter dieser Aufgabe untersucht und auf die Anforderungen zur Verwendung als Zusatzaufgabe angepasst. Die Form der Ziel- und Distraktorreize ist rund. Der Außendurchmesser der Distraktoren beträgt in der Schwierigkeitsstufe niedrig 12 mm und in der Schwierigkeitsstufe hoch 14 mm. Die Ziele haben einen Außendurchmesser von 21 mm (niedrige Schwierigkeitsstufe) und 15 mm (hohe Schwierigkeitsstufe). Die Strichstärke von Zielen und Distraktoren beträgt 2 mm (niedrige Schwierigkeitsstufe) und 1 mm (hohe Schwierigkeitsstufe).

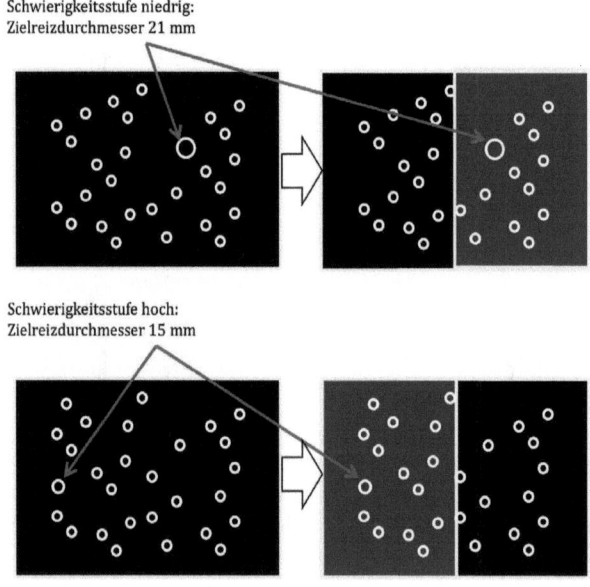

Abb. 4-5: *Visuelle Suchaufgabe. Es wird eine Schar von gleich großen Distraktoren und ein etwas größerer Zielreiz (indiziert durch grünen Pfeil) dargestellt. Die Versuchspersonen wählen nach dem Auffinden des Ziels die Seite aus, in der sich der Zielreiz befindet und erhält eine visuelle Rückmeldung der angewählten Seite (jeweils rechtes Bild).*

Die abhängigen Variablen in diesem Versuch sind Eingabezeit und Fehlerrate. Die Eingabezeit wird durch die Zeit zwischen Erscheinen einer Kreiskonfiguration und der Auswahl der richtigen

Seite, die Fehlerrate durch die Anzahl der Fehleingaben bei denen die falsche Seite ausgewählt wurde und die Anzahl der Durchgänge während eines Versuchsdurchlaufs operationalisiert.

4.2.2.3. Motorische Aufgabe

Die motorische Belastung wird durch eine Steckaufgabe abgebildet (Kuhn, 2005). Bei der *Motorischen Aufgabe* muss ein Holzgriffel in einer bestimmten Reihenfolge in Bohrungen eines Matrizenbretts positioniert werden. Die Probanden werden angewiesen, diese Aufgabe ohne visuelle Unterstützung durchzuführen. Dadurch soll sichergestellt werden, dass durch diese Aufgabe keine visuelle Belastung auf die Versuchsperson wirkt. Die Ausführung dieser Aufgabe findet mit der rechten Hand statt und ist ohne Einnehmen einer Zwangshaltung bedienbar (vgl. Abb. 4-6).

Die Schwierigkeit kann durch den Durchmesser von Griffel und Bohrung, der Form des Griffels und durch die Reihenfolge sowie die Position der Bohrungen vorgegeben werden. Die Anpassung wurde anhand dieser Parameter in Vorversuchen durchgeführt. In der Schwierigkeitsstufe niedrig beträgt der Bohrungsdurchmesser 25 mm, der Griffeldurchmesser 24 mm und der Radius der Griffelkante 7 mm. In der hohen Schwierigkeitsstufe ist der Durchmesser der Bohrung 8 mm breit, der Griffeldurchmesser beträgt 7 mm und der Radius der Griffelkante 0,5 mm.

Die abhängigen Variablen in diesem Versuch sind Eingabegeschwindigkeit und Fehlerrate. Sie werden operationalisiert durch die Anzahl der Eingaben pro Versuchsdurchlauf und die Anzahl der Fehleingaben bei denen der Griffel nicht in der richtigen Reihenfolge in die Bohrungen gesteckt wurde.

Schwierigkeitsstufe niedrig: Schwierigkeitsstufe hoch:

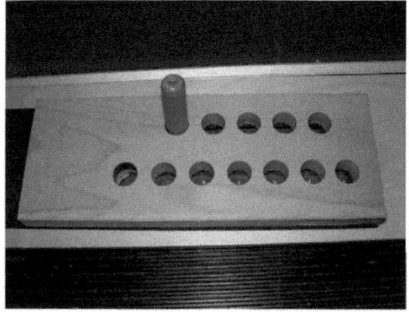
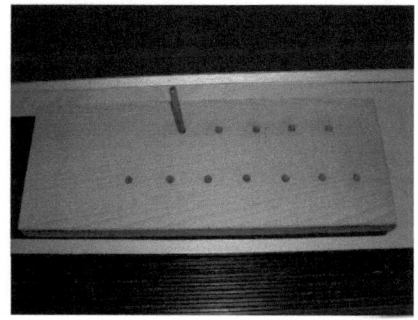

Abb. 4-6:   *Motorische Aufgabe. Aufgabe der Versuchspersonen ist es, den Griffel im Uhrzeigersinn ohne visuelle Unterstützung nacheinander in die Bohrungen im Matrizenbrett zu positionieren. Die Schwierigkeit der Aufgabe wird durch Größe von Bohrung und Griffel und dem Radius der Griffelober- bzw. -unterkante beeinflusst.*

4.2.2.4. Komplexe Zusatzaufgabe

Die Belastungsstruktur im Cockpit während des Fluges ist für alle betrachteten Anwendungsfälle annähernd identisch (vgl. Kap. 3.3.2). Sie zeichnet sich besonders durch hohe visuelle, kognitive und motorische Anteile aus. Auditive und verbale Belastung tritt in geringerem Maße und, wie

Kapitel 4 · Evaluation der Bedienelemente

auch visuelle und motorische Belastung, stets gepaart auf (vgl. Kap. 3.3.2). Diese gepaarten Belastungsarten werden in der realistischen Zusatzaufgabe durch die Aufgaben *Tracking* und *Readback*, die gleichzeitig bearbeitet werden müssen, abgebildet. Dabei handelt es sich um repräsentative Aufgaben, die vom Piloten während des Fluges erfüllt werden müssen. Die *Tracking-Aufgabe* simuliert die Steuerung des Flugzeugs mit dem Steuerknüppel. Die *Readback-Aufgabe* stellt die Kommunikation des Piloten mit anderen Teilnehmern des taktischen Szenarios dar. Auch hier werden zwischen den Beteiligten Informationen ausgetauscht, die oftmals aus Zahlenreihen bestehen, wie etwa Kursangaben oder Funkfeuer- und Kommunikationsfrequenzen. Die komplexe Zusatzaufgabe wird in den Schwierigkeitsstufen *leicht* und *schwer* verwendet. Hierzu werden die beiden Teilaufgaben jeweils in einer leichten und einer schweren Schwierigkeitsstufe miteinander kombiniert. Die Probanden werden angewiesen, während der Versuchsdurchläufe die beiden Teilaufgaben *Tracking* und *Readback* der komplexen Zusatzaufgabe gleichzeitig und mit gleicher Priorität zu bearbeiten.

Tracking

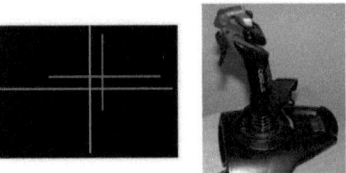

Schwierigkeitsstufe niedrig:
mittlere Auswanderungsgeschwindigkeit Ist-Kreuz: ca. 0,5 mm/s

Schwierigkeitsstufe hoch:
mittlere Auswanderungsgeschwindigkeit Ist-Kreuz: ca. 1,5 mm/s

Readback

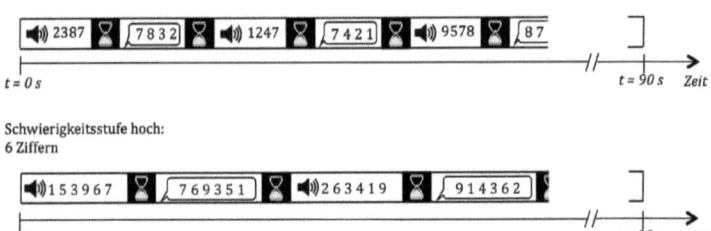

Abb. 4-7: *Tracking und Readback Aufgabe. Die Schwierigkeit der Tracking-Aufgabe wird durch die mittlere Auswanderungsgeschwindigkeit des Ist-Fadenkreuzes aus der Displaymitte beschrieben. Die Schwierigkeit der Readback-Aufgabe wird durch die Anzahl der Ziffern der Zahlenreihe bestimmt. Die beiden Aufgaben werden simultan bearbeitet.*

Tracking

Die Aufgabe *Tracking* kombiniert kontinuierliche visuelle und motorische Belastung (Wickens & Hollands, 2000) und ist als Kompensationsaufgabe gestaltet. Auf dem oberen Display (vgl. Abb. 4-10) werden zwei verschieden farbige Kreuze dargestellt, ein Ist- und ein Soll-Kreuz. Der Mittelpunkt des Soll-Kreuzes markiert die Mitte des Displays. Der Mittelpunkt des Ist-Kreuzes entfernt sich mit wechselnder Geschwindigkeit und Richtung vom Mittelpunkt des Soll-Kreuzes (vgl. Abb. 4-7). Der Proband wird angewiesen, mit Hilfe eines Joysticks, der mit der rechten Hand bedient wird, die Positionsdifferenz der beiden Mittelpunkte der Kreuze zu minimieren. Durch Wahl der Ablenkgeschwindigkeit und -richtung kann der Schwierigkeitsgrad der *Tracking-Aufgabe* manipuliert werden (Tsang & Velazquez, 1996). Die Schwierigkeitsstufen *niedrig* und *hoch* werden durch unterschiedliche Ablenkgeschwindigkeiten des Ist-Kreuzes realisiert.

Die abhängige Variable in diesem Versuch ist die Fehlerrate. Sie wird operationalisiert durch die mittlere Positionsdifferenz der beiden Mittelpunkte von Ist- und Soll-Kreuz während eines Versuchsdurchlaufs. Die Position des Ist-Kreuzes wurde mit einer Frequenz von 10 Hz aufgezeichnet.

Readback

Die Wiederholungsaufgabe *Readback* bildet typische Kommunikationsvorgänge im Cockpit ab und erzeugt kognitive, auditive und verbale Belastung. Der Proband wird angewiesen, sich eine vorgelesene Zahlenreihe zu merken, die Reihenfolge dieser Zahlen zu invertieren und nach einer akustischen Aufforderung die geänderte Zahlenreihe vorzusprechen. Die auditive Belastung wird durch das Hören der Zahlsequenz, die kognitive Belastung durch das Merken und eine Manipulation der gehörten Sequenz und die verbale Belastung durch das Vorsprechen der geänderten Sequenz erreicht.

Die Schwierigkeit der Aufgabe kann durch die Anzahl der Zahlen, die Vorlesegeschwindigkeit, den Beginn des Vorlesens der neuen Zahlenreihe nach dem Ende der Vorherigen, den Antwortzeitraum und den vorgegebenen frühesten Zeitpunkt des Wiederholens der umgekehrten Zahlenreihe beeinflusst werden (vgl. Abb. 4-7). Die beiden Schwierigkeitsstufen *niedrig* und *hoch* werden durch die Anzahl der vorgelesenen Zahlen dargestellt. In der leichten Variante sind dies vier, in der schweren sechs Ziffern. Die anderen Variationsmöglichkeiten bleiben unverändert und haben folgende Werte:

Tab. 4-5: Festlegung der Versuchsparameter der Zusatzaufgabe Readback-Aufgabe

Parameter	Werte
Vorlesegeschwindigkeit	1 Zahl/s
Zeit zwischen zwei Sequenzen (Ende bis Anfang)	2 s
Wartezeit zwischen Vorlesen und Antwort	0 s
Antwortzeitraum	8 s

Die abhängige Variable in diesem Versuch ist die Fehlerrate. Sie wird operationalisiert durch Anzahl und Reihenfolge richtig wiederholter Ziffern. Hieraus wird der Grad der Aufgabenerfüllung A ermittelt. Zur Bestimmung der Aufgabenerfüllung der niedrigen und hohen Schwierigkeitsstufe der *Readback-Aufgabe* wird die folgende Bewertungsformel verwendet (Eichinger, 2010):

$$A = \frac{j+k}{n + n \cdot 0{,}5 \cdot (n-1)};$$

j: Anzahl der richtig wiederholten Zahlen

k: Anzahl der richtig wiederholten Zahlen multipliziert mit einer gewichteten Wertung der richtigen Position richtiger Zahlen in der Zahlenreihe

n: Anzahl der Ziffern in der vorgelesenen Zahlenreihe

4.2.3. Ablauf

Die Usability-Untersuchung besteht aus den beiden Versuchsteilen *ST* und *MT*. Die Zeigeaufgaben werden in jedem Evaluationsteil simultan mit den Zusatzaufgaben in den unterschiedlichen Aufgabenkombinationen bearbeitet.

Abb. 4-8: *Übersicht der Versuchsvariationen, die aus den Kombinationen von Zeige- und Zusatzaufgaben und deren Ausprägungen resultieren. Werden Zeige- und Zusatzaufgaben exklusiv bearbeitet ergeben sich 12 Variationen (4+8). Werden die Aufgaben gleichzeitig bearbeitet, sind 96 Versuchsvariationen möglich. In Summe sind von jeder Versuchsperson 108 Versuchsdurchgänge zu absolvieren.*

Jede Kombination wird in der Zeigeaufgabe einmal mit dem Touchscreen und einmal mit dem Trackball bearbeitet. Die Versuchsteilnehmer erhalten vor jedem Versuchsdurchgang Anweisungen über das zu verwendende Eingabegerät, die Zeigeaufgabe sowie die Art und Schwierigkeit der Zusatzaufgabe und die beabsichtigte Verteilung der Aufmerksamkeit auf Zeige- und Zusatzaufgabe. Dies erfolgt mit dem Ziel, reproduzierbare und klassifizierbare Versuchsdurchläufe mit einer eindeutigen Zuweisung der Bedienleistung zu Eingabegerät und Belastungskontext zu generieren. Damit sich Trainingseffekte nicht in den Leistungsdaten niederschlagen, wurde die Reihenfolge der Kombinationen aus Zeige- und Zusatzaufgaben für jeden Versuchsteilnehmer randomisiert. Die Vorstellung der Aufgaben wurde in der Vorbereitung der Versuche schriftlich festgelegt und jedem Versuchsteilnehmer vorgelesen (vgl. Anhang E). Das Training der Probanden setzte sich aus Übungsdurchgängen zusammen, die aus den einzelnen Zeige- und Zusatzaufgaben sowie repräsentativen Kombinationen der beiden bestanden. Die Vorstellung der Aufgaben sowie die Trainingsphase sind für die zwei Evaluationsteile inhaltlich unterschiedlich, innerhalb dieser Teile jedoch für jeden Probanden gleich gestaltet. Dadurch wurde jedem Teilnehmer bei Versuchsstart das gleiche Wissen und die gleiche Übungsmöglichkeit zur Verfügung gestellt.

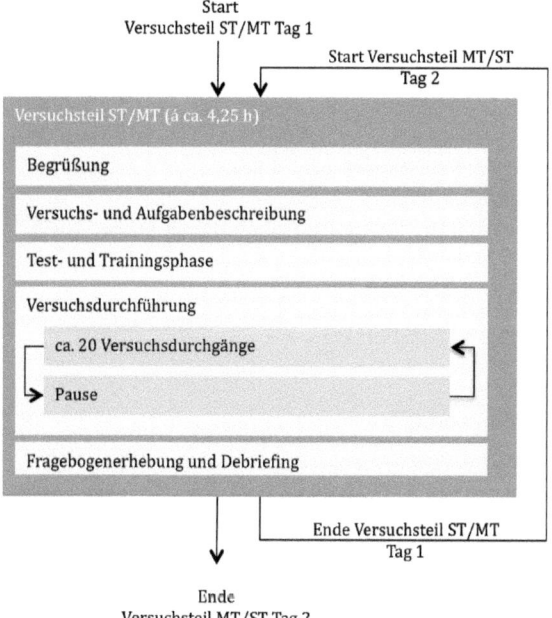

Abb. 4-9: Flussdiagramm zum Ablauf der beiden Versuchsteile ST und MT, die aufgrund ihrer Dauer von mehr als vier Stunden an unterschiedlichen Tagen durchgeführt wurden. Es wurde abwechselnd mit Versuchsteil ST und MT am ersten Versuchstermin begonnen, um die Auswirkungen von Lerneffekten auf die Versuchsergebnisse gering zu halten. Jeweils 20 Versuchsdurchgängen folgte eine Pause von 15 min. Dieses Vorgehen wurde wiederholt, bis alle Versuchsdurchgänge eines Versuchsteils absolviert waren.

Nach der Vorstellung der Aufgaben und der Trainingsphase wird mit der Durchführung der Versuchsläufe sowie mit der Datenaufzeichnung begonnen. Nach jedem Durchlauf wird mit Hilfe des CWP-Fragebogens die Belastungsstruktur des soeben durchgeführten Durchgangs erhoben (vgl. Anhang D). Die Dauer eines Durchlaufs beträgt jeweils 90 sec. Für die Durchführung eines Versuchsdurchgangs und der Beantwortung des Fragebogens muss für einen Versuchsdurchgang eine Dauer von ca. 3 min eingeplant werden. Die Versuchsteile ST und MT bestehen aus je 48 Durchgängen, die sich aus der Kombination von Eingabegerät und Versuchskontext ergeben (2x4x2x3). Hinzu kommen die Durchläufe, in denen die Eingabeleistung für Zeige- und Zusatzaufgaben separat erhoben wird. In den beiden Zeigeaufgaben sind vier Eingabevarianten mit den beiden Bedienelementen (2x2), in den Zusatzaufgaben acht Kombinationen aus Aufgabe und Schwierigkeitsstufe möglich (4x2) (vgl. Abb. 4-8).

Die Gesamtdauer beträgt alleine für die insgesamt 108 Versuchsdurchgänge ohne Pausen ca. 5,4 Stunden. Für Begrüßung, Vorstellung der Aufgaben und Training sind für jede Zeigeaufgabe ca. 0,5

Stunden einzuplanen. Die Beantwortung des Fragebogens zur Nutzerzufriedenheit sowie das abschließende Beurteilungsgespräch der Evaluation durch die Probanden dauert nochmals ca. 0,5 Stunden. Es ergibt sich daraus eine Gesamtdauer der Versuche ohne Pausen von knapp 7,5 Stunden. Die Durchführung der Evaluation an einem Stück ist aufgrund von Ermüdungserscheinungen und terminlicher Randbedingungen nicht möglich. Die Evaluation wird daher in zwei Teile aufgeteilt, die zeitlich getrennt bearbeitet werden. Die Aufteilung erfolgt anhand der Zeigeaufgabe in die beiden Versuchteile ST und MT. In den beiden Versuchsteilen wird nach jeder Stunde Versuchszeit, was etwa 20 Versuchsdurchgängen entspricht eine Pause von 15 min gemacht. Dieses Pausenintervall wird den Versuchspersonen zu Beginn der Versuche vom Versuchsleiter vorgeschlagen. Der Proband hat jederzeit die Möglichkeit den Versuchsdurchgang außerhalb dieser Intervalle zu unterbrechen oder abzubrechen. Die Gesamtdauer der beiden Versuchsteile beträgt etwa 8,5 Stunden (vgl. Abb. 4-9).

4.3. Instrumente und Messgeräte

4.3.1. Versuchsumgebung

Basierend auf den Ergebnissen der Analyse des Antwortverhaltens des Hand-Arm-Systems auf Schwingungen im Cockpit in Kap. 3.5 ist für Bedienhandlungen auf Großflächendisplays mit praktisch keiner Beeinträchtigung der Bedienleistung durch Beschleunigungen oder Vibrationen zu rechnen. Die experimentellen Untersuchungen dieser Evaluation finden daher unter Laborbedingungen auf einer nicht bewegten Plattform statt.

Die Versuche werden in einem aus Holz und Kunststoff gefertigten und variabel anpassbaren Mock-Up durchgeführt. Es verfügt über unterschiedliche Befestigungsvorrichtungen zur Integration der Gerätschaften für Anzeige und Bedienung. Eine korrekte, der Sitzhaltung des Piloten im Eurofighter entsprechende Sitzposition der Versuchsperson wird durch einen elektrisch verstellbaren Schleudersitz ohne Ausschussfunktion und durch eine, den Pedalen im Flugzeug nachempfundene, Fußauflage sichergestellt. Durch Verstellmöglichkeiten des Sitzes kann die Sitzposition der Versuchsperson so eingestellt werden, dass sich der Augpunkt der Versuchsperson im DEP befindet.

Die optischen Anzeigegeräte bestehen aus zwei LC-Displays, dem Großflächendisplay und einem Display, das sich direkt über dem Großflächendisplay befindet und daher im Folgenden als *Head-Up-Display* bezeichnet wird. Als Großflächendisplay wird ein 30" berührsensitives Display mit einer optischen Auflösung von 2560 px mal 1600 px und einem Seitenverhältnis von 16:10 verwendet. Für die Integration der Touchscreenfunktion wurde ein IR-Touchscreen aus der Baureihe SlimLine L-Series von der Firma IRTOUCH verwendet. Die Integration der beiden Geräte erfolgte bei EADS MAS. Das Touchscreen-Gerät besteht aus einer 6 mm hohen und 10 mm breiten Leiste, die am Displayrand befestigt ist. Das dadurch erzeugte und berührungssensitive Gitter aus IR-Strahlen befindet sich 2 mm bis 4 mm vor der Displayoberfläche. Die Kreuzform des Großflächendisplays wurde durch die Integration einer Rahmenleiste auf das Großflächendisplay erreicht (vgl. Abb. 4-10). Die Einbauposition des Großflächendisplays richtet sich nach den Vorgaben in Kap. 3.2 und wurde dementsprechend in das Mock-Up eingebaut.

Kapitel 4 · Evaluation der Bedienelemente

Das *Head Up Display* ist ein 19" LC-Display mit einer Auflösung von 1280 px mal 1024 px und einem Seitenverhältnis von 4:3. Die Breite des Displays beträgt 365 mm, die Höhe 316 mm. Es dient zur Darstellung der visuellen Anteile der Zusatzaufgaben und ist daher entsprechend der Position des *Head Up Displays* im Flugzeugcockpit mittig oberhalb des Großflächendisplays angebracht. Die Oberfläche des Displays ist zur optimalen Lesbarkeit der dargestellten Information senkrecht zur Sichtachse der Versuchsperson ausgerichtet (vgl. Abb. 4-10).

Neben dem direkten Eingabegerät IR-Touchscreen steht der seitensymmetrische Trackball Trackman® Marble® von Logitech als indirektes Bedienelement des Großflächendisplays zur Verfügung. Der Trackball ist auf der linken Seite der Versuchsperson montiert. Seine Position entspricht der Position des Schubhebels im Eurofighter (vgl. Kap. 3.2).

Abb. 4-10:   *Mock-Up mit den Anzeigegeräten Großflächendisplay und Head-Up-Display und den Bediengeräten Trackball, Touchscreen und Joystick. An der Position des Joysticks wurden je nach Zusatzaufgabe die Bedienelemente Lochbrett oder Tastatur befestigt. Touchscreen und Trackball wurden mit den im Eurofighter verwendeten Pilotenhandschuhen bedient. Touchscreen und Rahmenleiste sind in die Gerätestruktur des Großflächendisplays integriert.*

Für die Bedienung der Zusatzaufgaben sind die Interaktionsgeräte Joystick (*Komplexe Zusatzaufgabe*), Tastatur (*Visuelle Suchaufgabe*) und Lochbrett (*Motorische Aufgabe*) vorgesehen. Diese Geräte befinden sich auf der rechten Seite der Versuchsperson. Je nach Zusatzaufgabe wird eines dieser drei Geräte montiert. Es wird dieselbe Haltevorrichtung für Joystick, Tastatur und Loch-

Kapitel 4 · Evaluation der Bedienelemente

brett verwendet. Alle Eingabegeräte sind angenehm und ohne Zwangshaltung zu erreichen und zu bedienen. Die Position der Gerätschaften ist in Abb. 4-10 zu sehen.

Die Darstellung der Aufgaben und die Dokumentation der Versuchsdaten erfolgt mit drei Rechnern. Rechner Nr. 1 dient zur Darstellung und Bedienung der Zeigeaufgabe sowie zur Speicherung der Daten dieser Aufgabe. Er ist im Mock Up installiert. Die beiden weiteren Rechner werden zur Darstellung, Bedienung, Datenaufzeichnung und Steuerung der Zusatzaufgaben verwendet. Sie befinden sich in unmittelbarer Nähe der Anzeigen und Bediengeräte und werden vom Versuchsleiter bedient. Ein Überblick aller Geräte befindet sich in Anhang F.

4.3.2. Software

Die Darstellung und Datenerfassung der Zeige- und Zusatzaufgaben erfolgte bis auf die motorische Zusatzaufgabe mit speziellen Softwareprogrammen. Für die Zeigeaufgaben wurde die *Java*-Applikation *PANDIS-INTERACT* verwendet, die zusammen mit der Fachhochschule St. Pölten entwickelt wurde. Sie ermöglicht eine zeitgesteuerte Darstellung einer beliebigen Anzahl anwählbarer bewegter und statischer Symbole sowie die Aufzeichnung aller Parameter der Bedienhandlungen. Die Anwendungen dieser Software für die Zeigeaufgaben ST und MT sind in Kap. 4.2.1 zusammengefasst. Die Auswertung der Fingerposition und das Erzeugen von Eingabeereignissen auf dem Touchscreen erfolgte durch eine im Rahmen dieser Arbeit dafür entwickelte, multitouchfähige Software *PANDIS-MULTITOUCH*. Dadurch wurde die Eingabeform der Letzt-Kontakt-Methode (vgl. Kap. 2.3.3) realisiert und auf die Bedürfnisse der Untersuchung angepasst.

Zur auditiven Darstellung der *Sternberg* und der *Readback* Zusatzaufgabe wurde uns von der Daimler AG die Software *CoTa Version 1.1* zur Verfügung gestellt (Daimler Chrysler AG, 2004). Die Eingabe und Speicherung der Versuchsdaten dieser beiden Aufgaben fand ebenfalls mit *CoTa Version 1.1* statt. Die Darstellung der visuellen Zusatzaufgabe wie auch die Aufzeichnung der Versuchdaten erfolgte mit *Visual Task 2.2* (Kuhn, 2005). Für die Ansteuerung, Darstellung und Datenaufzeichnung der *Tracking-Aufgabe* wurde die Software *PANDIS-TRACKING 1.1* im Rahmen dieser Untersuchung erstellt. Eine Zusammenfassung der verwendeten Softwarepakete befindet sich in Anhang G.

4.3.3. Fragebögen

Die Maße Nutzerakzeptanz und Belastung werden durch Fragebögen erfasst. Zur Erhebung der Belastung wird der Fragebogen „Cockpit Workload Profile" (CWP) verwendet (Kellerer & Eichinger, 2008). Der CWP wurde bereits im Vorfeld zur Bestimmung der Belastungsstruktur in Cockpits hochagiler militärischer Flugzeuge herangezogen (vgl. Kap. 3.3.2) und dient im Rahmen dieser Evaluation der Überprüfung der Belastungsstruktur der kombinierten Zeige- und Zusatzaufgaben. Der Fragebogen wird von den Versuchspersonen im direkten Anschluss nach jedem Versuchsdurchgang ausgefüllt.

Die Nutzerzufriedenheit wurde durch die standardisierten Fragebögen „System Usability Scale" (SUS) (Brooke, 1996), „Post Study System Usability Questionnaire" (PSSUQ) (Lewis, 2002) und ISO 9241-9 (2002) jeweils am Ende der beiden Versuchstermine erfasst. Der PSSUQ wurde an einigen Stellen gekürzt, da sich verschiedene Fragen auf den Verwendungskontext *Software-*

Kapitel 4 · Evaluation der Bedienelemente

Evaluation beziehen und eine mögliche Verunsicherung der Versuchspersonen durch uneindeutige Fragen vermieden werden sollte. Es wurden darum die Fragen 1 bis 12 des Fragebogens der Norm ISO 9241-9 (2002), die Fragen 1 bis 6 und 13 bis 16 des Fragebogens PSSUQ und die Fragen 1 bis 10 des Fragebogens SUS übernommen.

Am Ende der Usability-Untersuchung wird von den Probanden der Fragebogen „Nutzerzufriedenheit - Evaluation eines Bedienelements für Großflächendisplays" zur abschließenden Erhebung der Nutzerzufriedenheit der beiden getesteten Bediengerätvarianten Touchscreen und Trackball vorgelegt. Der Fragebogen wurde für diese Evaluation angefertigt, da verschiedene Inhalte durch die standardisierten Fragebögen nicht erfasst werden. Er bezieht sich auf die Komponenten Anthropometrie, Rückmeldung, Realitätsnähe und Gestaltung der Zeige- und Zusatzaufgaben und enthält Fragen zur allgemeinen Zufriedenheit mit dem Versuchsaufbau wie auch zu speziellen Gestaltungsdetails. Eine Übersicht der verwendeten Fragebögen befindet sich im Anhang H.

4.4. Stichprobenkonstruktion

Bei der Auswahl von Piloten für den zivilen und militärischen Einsatz werden hohe physische und psychische Anforderungen an die Bewerber gestellt. Zur Sicherstellung der Erfüllung dieser Anforderungen finden umfangreiche Untersuchungen und Eignungstests der Bewerber statt. Diese Voraussetzungen gelten ebenfalls für die Teilnahme an dieser Evaluation, da Auswirkungen auf die Eingabeleistung zu erwarten sind. Die Versuchspersonen mussten daher als Nachweis dieser speziellen Qualifikation eine erfolgreiche Teilnahme an einem Auswahlverfahren für Piloten vorweisen können. Durch ihre besonderen Fähigkeiten und Kenntnisse als Experten im Bereich Flugzeugcockpit wurden Testpiloten für die Teilnahme an der Untersuchung bevorzugt. Mit dem Ziel möglichst alle Alters- und Erfahrungsgruppen der Nutzerpopulation zu berücksichtigen, wurden Piloten unabhängig von deren Alter und Erfahrung zur Teilnahme an den Versuchen eingeladen (Gruber, 1994; Hörmann & Lorenz, 2009).

Die in den Vorversuchen ermittelten Leistungsdaten in Zeige- und Zusatzaufgabe lassen einen deutlichen Performanzvorteil des Touchscreens gegenüber dem Trackball erwarten. Es kann deshalb im Rahmen der statistischen Analyse von einer sehr großen Effektgröße $\epsilon'=0,8$ ausgegangen werden. Aufgrund der erwarteten Effektgröße ist die optimale Anzahl an Versuchspersonen $n_{opt}=11$ (Bortz & Döring, 2006).

4.5. Untersuchungsdurchführung

Die Untersuchung fand wie in Kap. 4.2.3. beschrieben für jede Versuchsperson an zwei Terminen statt. Der Fragebogen CWP wurde direkt nach den einzelnen Versuchsdurchgängen, die Fragebögen zur Nutzerzufriedenheit am Ende eines jeden Versuchstermins ausgefüllt. Die Dauer dieser Versuchseinheiten betrug zwischen 4,5 und 5,5 Stunden. Die unterschiedliche Dauer der Versuchstermine ergab sich aus der individuellen Länge der benötigten Pausen und dem Versuchsfortschritt, der direkt aus der Geschwindigkeit resultierte, mit der die Probanden die Fragebögen ausfüllten. Aufgrund der hohen Flugaktivitäten der Versuchspersonen und der langen Dauer der drei Versuchseinheiten von bis zu 5,5 Stunden erstreckte sich die Durchführung der Versuche über einen Zeitraum von vier Monaten.

Kapitel 4 · Evaluation der Bedienelemente

Die Erhebungen wurden in den klimatisierten Laborräumen der Abteilung *Human Factors Engineering* der EADS MAS am Standort Manching durchgeführt. Akustische, visuelle und haptische Ablenkungen jeder Art konnten für die Dauer der Versuche vermieden werden. Die Räumlichkeiten konnten sowohl von den Versuchsleitern wie auch von den Versuchsteilnehmern zu Fuß erreicht werden. Die Versuchspersonen wurden in den Versuchspausen zur physischen Regeneration mit Getränken und Lebensmitteln versorgt.

Keine der Versuchspersonen hat die Teilnahme vor Beendigung der drei Versuchstermine abgebrochen. Die Piloten waren aufgrund der Inhalte und Ziele der Untersuchung sehr interessiert und nahmen, auch im Hinblick auf die relativ lange Dauer der Versuchseinheiten und oftmals gleichartigen Versuchsbedingungen mit sehr großem Eifer und Engagement an der Evaluation teil.

4.6. Datenerhebung und Analyse

Die Leistungsdaten für Zeige- und Zusatzaufgaben wurden mit der in Kap. 4.3.2 beschriebenen Software erhoben und dokumentiert (vgl. Tab. 4-6). Dabei wurden zunächst Rohdaten, wie z.B. Ort, Zeitpunkt und Abstand zur Zielfläche bei einer Touchscreeneingabe, abgespeichert. Die Rohdaten umfassen sämtliche Information zur Ermittlung von Effizienz- und Effektivitätsmaßen in Zeige- und Zusatzaufgabe. Die Auswertung der Rohdaten erfolgte mit Microsoft Excel. Die Leistung wurde hinsichtlich benötigter Zeit zur Zielanwahl, Fehlerrate und Auslassungsfehlerrate in der Zeigeaufgabe sowie hinsichtlich der Leistungsmaße in der Zusatzaufgabe ermittelt. Die Leistungsdaten gleicher Versuchsbedingungen wurden zunächst für jede Versuchsperson einzeln durch Bildung des arithmetischen Mittels zusammengefasst und im Anschluss daran über alle Versuchspersonen gemittelt. Diese Daten finden sich in Kap. 5 als Mittelwert und Standardfehler wieder und bildeten die Grundlage der T-Test-Analyse. Die Daten werden aufgrund der Genauigkeit der erhobenen Werte jeweils mit einer Genauigkeit von zwei Nachkommastellen, Prozentwerte mit einer Genauigkeit von drei Nachkommastellen angegeben.

Die Erhebung der Belastungsdaten erfolgte im Anschluss an jeden Versuchsdurchgang anhand des Fragebogens CWP (vgl. Kap. 4.3.3). Die Daten zur Nutzerzufriedenheit wurden mittels mehrerer standardisierter Fragebögen am Ende eines jeden Versuchstermins zusammenfassend für die jeweilige Zeigeaufgabe erhoben (vgl. Kap. 4.3.3).

Tab. 4-6: *Übersicht der Leistungsmaße der abhängigen Variablen zur Erhebung der Bedienleistung in Zeige- und Zusatzaufgaben mit Angabe der Einheit und der Beschreibung des Leistungsmaßes.*

Aufgabe	Leistungsmaß (Einheit)	Beschreibung
ST	Bedienzeit (ms)	Zeit zwischen Einblenden und Anwahl eines Ziels. Dieses Zeitintervall wird für jede richtige Eingabe dokumentiert.
	Fehlerrate (1/90 s)	Anzahl der Eingaben ohne Zielauswahl. Für jeden Fehler wird Eingabe- und Zielposition dokumentiert.
	Auslassungsfehlerrate (1/90 s)	Anzahl nicht ausgewählter Ziele pro Versuchsdurchgang.

Kapitel 4 · Evaluation der Bedienelemente

Aufgabe	Leistungsmaß (Einheit)	Beschreibung
MT	Bedienzeit (ms)	Zeitdauer für die Anwahl der Ziele. Diese wird pro Zielkonfiguration aus der Dauer zwischen Einblenden der Ziele (max. 10 s) und der letzten richtigen Zielanwahl und der Anzahl (max. 3) der richtigen Eingaben ermittelt und als arithmetischer Mittelwert angegeben.
	Fehlerrate (1/90 s)	Anzahl der Eingaben ohne Zielauswahl. Für jeden Fehler wird Eingabe- und Zielposition dokumentiert.
	Auslassungsfehlerrate (1/90 s)	Anzahl nicht ausgewählter Ziele pro Versuchsdurchgang.
Sternberg Aufgabe	Eingabezeit (ms)	Zeit zwischen dem Hören der Kontroll-Zahl und der verbalen Antwort.
	Fehlerrate (1/90 s)	Anzahl falscher Urteile der Zugehörigkeit der Kontroll-Zahl pro Versuchsdurchgang.
Visuelle Suchaufgabe	Auswahlrate (1/90 s)	Anzahl der richtigen Seitenwahlen pro Versuchsdurchgang.
	Fehlerrate (1/90 s)	Anzahl falsch ausgewählter Seiten pro Versuchsdurchgang.
Motorische Aufgabe	Eingaberate (1/90 s)	Anzahl der Steckvorgänge für die Zeit eines Versuchsdurchgangs.
	Fehlerrate (1/90 s)	Anzahl der Steckvorgänge in der falschen Reihenfolge.
Tracking	Fehlerrate (mm)	Durchschnittliche Abweichung des bewegten Kreuzes von der Sollposition.
Readback	Erfüllungsgrad (-)	Anzahl richtig wiederholter Zahlen und die richtige Reihenfolge der Zahlen der verbalen Antwort.

5. Ergebnisse und Diskussion

In Kapitel 4 wurde das experimentelle Vorgehen zur Evaluation der Bedienelemente Touchscreen und Trackball im Verwendungskontext militärischer Flugzeugcockpits betrachtet.

Im Folgenden werden die zur Hypothesenprüfung notwendigen Ergebnisse der beiden Versuchsteile, aufgeteilt in die Leistung in Zeige- und Zusatzaufgabe, Belastungsstruktur und Nutzerzufriedenheit zusammengefasst und interpretiert. Die Auswertung der Leistungsdaten erfolgt durch Signifikanztests, welche die Eingabeleistung des Touchscreens und des Trackballs in den Zeigeaufgaben sowie die Leistung in den Zusatzaufgaben miteinander vergleichen.

Der kritische T-Wert der Signifikanzanalyse beträgt für elf Testpersonen $t_{(krit)}=1.812$.

5.1. Stichprobenbeschreibung

An den Tests nahmen 11 männliche Personen im Alter von 28 bis 53 (Mittelwert = 42,5 a, Standardabweichung = 9,1 a) Jahren teil. Die Flugerfahrung der Stichprobe mit modernen hochagilen Flugzeugen beträgt durchschnittlich 3100 Stunden (Standardabweichung = 1800 h). Eine der elf Testpersonen war Linkshänder. Die Versuchsteilnehmer wiesen normale oder auf normal korrigierte Sehfähigkeit auf.

5.2. Versuch 1: Single Targets

Der Versuchsteil *Single Targets* betrachtet die Unterschiede der Usability der Bedienelemente Touchscreen und Trackball für die Anwahl einzelner, auf der gesamten Displayfläche verteilter Ziele unter Zusatzbelastung.

5.2.1. Leistung in der Zeigeaufgabe

In der Zeigeaufgabe ST hatten die Versuchpersonen die Aufgabe, einzelne, sequentiell dargestellte Zielsymbole möglichst schnell und genau anzuwählen. Die Ziele waren gleichmäßig über die gesamte Displayfläche verteilt. Diese Aufgabe musste mit und ohne gleichzeitiger Zusatzbelastung bearbeitet werden (vgl. Kap. 4.2.1.1 & Kap. 4.2.2). Die Leistung in der Zeigeaufgabe ST setzt sich aus Bedienzeit, Fehlerrate und Auslassungen zusammen (vgl. Tab. 5-1).

Die Darstellung der Leistungsdaten in der Zeigeaufgabe erfolgt für jede Kombination der Zeigeaufgabe mit den vier Zusatzaufgaben in einem Diagramm, das die Leistung in den Aufgaben anhand der Mittelwerte (MV) und Standardfehler (SE) der abhängigen Variablen zeigt. Zu den Leistungsdaten der Zeigeaufgabe mit Zusatzaufgabe werden als Referenz die Leistungsdaten ohne Zusatzaufgabe in den Diagrammen dargestellt. Dadurch soll der Einfluss der Zusatzaufgabe auf die Grundleistung in der Zeigeaufgabe verdeutlicht werden.

Kapitel 5 · Ergebnisse und Diskussion

Die Leistungsdaten in der Zeigeaufgabe werden zusammen mit den Ergebnissen der Signifikanzanalyse zur besseren Übersichtlichkeit und Vergleichsmöglichkeit in jeweils einer Tabelle dargestellt.

Tab. 5-1: Überblick der abhängigen Variablen der Zeigeaufgabe Single Targets zur Bestimmung der Bedienleistung mit Angabe der Einheit und Beschreibung.

Aufgabe	Abhängige Variable	Beschreibung
ST	Bedienzeit (ms)	Zeit zwischen Einblenden und Anwahl eines Ziels. Dieses Zeitintervall wird für jede richtige Eingabe dokumentiert.
	Fehlerrate (1/90 s)	Anzahl der Eingaben ohne Zielauswahl. Für jeden Fehler wird Eingabe- und Zielposition dokumentiert.
	Auslassungsfehlerrate (1/90 s)	Anzahl nicht ausgewählter Ziele pro Versuchsdurchgang.

5.2.1.1. Bedienleistung ohne Zusatzaufgabe

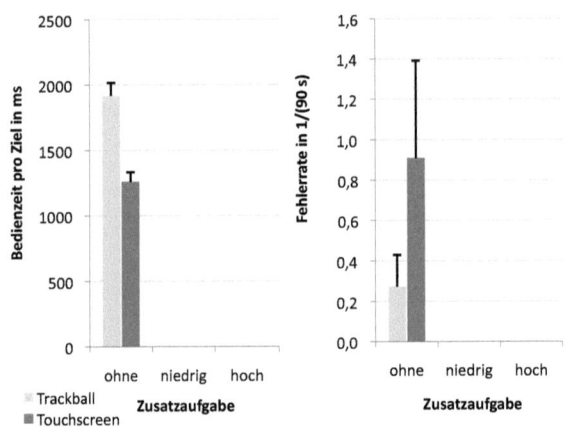

Abb. 5-1: Darstellung der Mittelwerte und Standardfehler der Leistungsmaße Bedienzeit und Fehlerrate in der Zeigeaufgabe ST (vgl. Tab. 5-2) für die Bedienelemente Trackball und Touchscreen ohne die gleichzeitige Bearbeitung einer Zusatzaufgabe.

In den Versuchsdurchgängen ohne gleichzeitige Zusatzbelastung konnten hochsignifikante Unterschiede der Bedienzeiten für Touchscreen und Trackball in der Zeigeaufgabe nachgewiesen werden (vgl. Tab. 5-2). Der quantitative Unterschied der durchschnittlichen Eingabezeit bei Trackball und Touchscreen beträgt 658,94 ms. Für die abhängigen Variablen Fehlerrate und Auslassungsfehlerrate der Zeigeaufgabe konnte kein signifikanter Unterschied zwischen der Bedienung mit Trackball und Touchscreen nachgewiesen werden (vgl. Tab. 5-2). Es wurden bei der Anwahl von insgesamt je 165 Zielen mit dem Trackball drei und mit dem Touchscreen zehn Fehleingaben gemacht. Dabei wurde unabhängig vom Bedienelement keines der Ziele ausgelassen. Die Mittelwer-

Kapitel 5 · Ergebnisse und Diskussion

te der abhängigen Variablen sind in Abb. 5-1 zusammen mit der Angabe des Standardfehlers dargestellt.

Tab. 5-2: Zusammenfassung der Mittelwerte (MV) und Standardfehler (SE) der abhängigen Variablen sowie der Ergebnisse der T-Test-Analyse für den Vergleich der Bedienleistung von Touchscreen und Trackball im Versuch ST ohne Zusatzbelastung. Die Aufgabe wurde vollständig und ohne Auslassungsfehler bearbeitet, es entfällt daher die Signifikanzanalyse für die abhängige Variable Auslassungsfehlerrate.

Abhängige Variable	Touchscreen		Trackball		Ergebnis der T-Test-Analyse		
	MV	SE	MV	SE	$t_{(10)}$	p	ε'
Bedienzeit (ms)	1261,00	67,43	1919,94	88,26	7.76	< .001	3.31
Fehlerrate (1/90 s)	0,91	0,44	0,27	0,16	-1.30	.112	0.55
Auslassungsfehlerrate (1/90 s)	0,00	0,00	0,00	0,00	-	-	-

5.2.1.2. Bedienleistung mit Sternberg Aufgabe

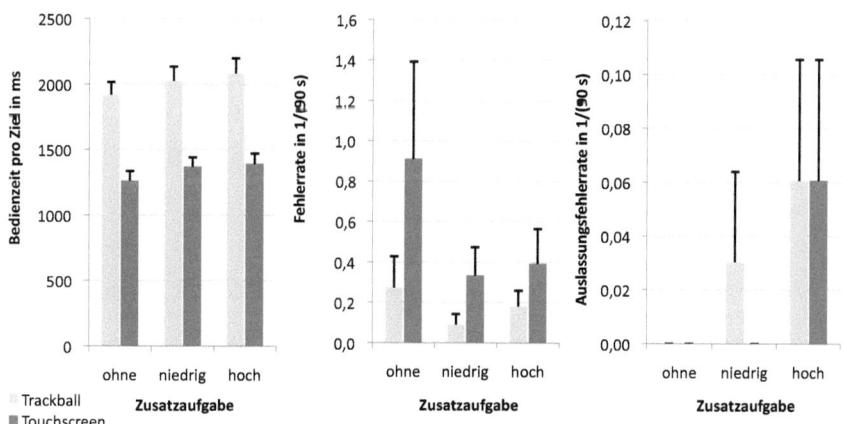

Abb. 5-2 Vergleich der Bedienleistung der Bedienelemente Trackball und Touchscreen anhand der Leistungsmaße Bedienzeit, Fehlerrate und Auslassungsfehlerrate in der Zeigeaufgabe ST bei gleichzeitiger Bearbeitung der Zusatzaufgabe Sternberg Aufgabe in den Schwierigkeitsstufen niedrig und hoch.

In den Versuchsdurchgängen mit gleichzeitiger Bearbeitung der *Sternberg Aufgabe* konnten sowohl bei niedriger als auch bei hoher Schwierigkeit der Zusatzaufgabe hochsignifikante Unterschiede der Bedienzeiten für Touchscreen und Trackball nachgewiesen werden (vgl. Tab. 5-3). Der quantitative Unterschied in der durchschnittlichen Bedienzeit von Trackball und Touchscreen beträgt 656,85 ms bei niedriger und 694,74 ms bei hoher Schwierigkeit der *Sternberg Aufgabe* (vgl. Abb. 5-2). Die Anzahl der Fehleingaben pro Versuchsdurchgang ist für die Trackballbedienung bei niedriger und hoher Schwierigkeit der Zusatzaufgabe quantitativ geringer als für die Bedienung mit dem Touchscreen. In beiden Fällen ist der Unterschied jedoch nicht signifikant. Unabhängig von der Wahl des Bedienelements wurden wenige Auslassungsfehler in der Zeigeaufgabe gemacht. Es konnte in beiden Schwierigkeitsstufen kein signifikanter Unterschied in der Anzahl der Auslassungsfehler zwischen Trackball und Touchscreen nachgewiesen werden (vgl. Tab. 5-3).

Tab. 5-3: Leistung in der Zeigeaufgabe ST und Ergebnisse des T-Tests für den Vergleich der Bedienleistung von Touchscreen und Trackball in Kombination mit der Sternberg Aufgabe in den Schwierigkeitsstufen niedrig und hoch.

Schwierigkeit der Zusatzaufgabe	Abhängige Variable	Touchscreen		Trackball		Ergebnis der T-Test-Analyse		
		MV	SE	MV	SE	$t_{(10)}$	p	ε'
niedrig	Bedienzeit (ms)	1368,53	65,57	2025,38	99,30	11.20	< .001	4.77
	Fehlerrate (1/90 s)	0,33	0,13	0,09	0,05	1.90	.043	0.81
	Auslassungsfehlerrate (1/90 s)	0,00	0,00	0,03	0,03	1.00	.170	0.43
hoch	Bedienzeit (ms)	1391,55	70,67	2086,29	102,08	11.73	< .001	5.00
	Fehlerrate (1/90 s)	0,39	0,15	0,18	0,07	1.47	.086	0.63
	Auslassungsfehlerrate (1/90 s)	0,06	0,04	0,06	0,04	0.00	.500	0.00

5.2.1.3. Bedienleistung mit Motorischer Aufgabe

In der Kombination der Zeigeaufgabe ST und der Zusatzaufgabe *Motorische Aufgabe* wurden für die leichte und die schwierige Zusatzaufgabe hochsignifikante Unterschiede in den Bedienzeiten mit Touchscreen und Trackball nachgewiesen (vgl. Tab. 5-4). Die Differenz der Bedienzeit beträgt in der niedrigen Schwierigkeitsstufe der Zusatzaufgabe 1187,34 ms und 1415,77 ms in der hohen (vgl. Abb. 5-3). Es kann kein signifikanter Unterschied in der Anzahl der Fehleingaben pro Versuchsdurchgang abhängig von dem verwendeten Bedienelement festgestellt werden (vgl. Tab. 5-4). Vergleicht man die Auslassungsfehlerrate in der Zeigeaufgabe bei Trackball- und Touchscreenbedienung, ergibt sich für die beiden Schwierigkeitsstufen der *Motorischen Aufgabe* ein signifikanter Unterschied zugunsten des Touchscreens.

Kapitel 5 · Ergebnisse und Diskussion

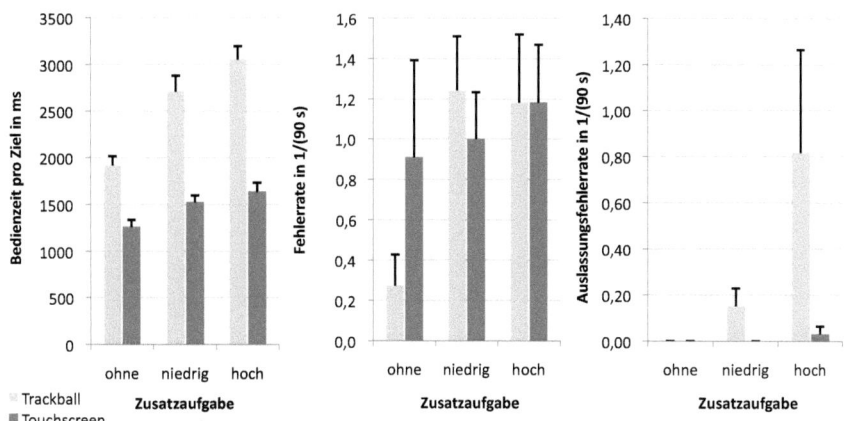

Abb. 5-3: Vergleich der Bedienleistung der Eingabeelemente Trackball und Touchscreen anhand der Leistungsmaße Bedienzeit, Fehlerrate und Auslassungsfehlerrate in der Zeigeaufgabe ST bei gleichzeitiger Bearbeitung der Zusatzaufgabe Motorische Aufgabe in den Schwierigkeitsstufen niedrig und hoch.

Tab. 5-4: Leistung in der Zeigeaufgabe ST und Ergebnisse des T-Tests für den Vergleich der Bedienleistung bei Touchscreen und Trackball in Kombination mit der Motorischen Aufgabe in der Schwierigkeitsstufe niedrig und hoch.

Schwierigkeit der Zusatzaufgabe	Abhängige Variable	Touchscreen		Trackball		Ergebnis der T-Test-Analyse		
		MV	SE	MV	SE	$t_{(10)}$	p	ε'
niedrig	Bedienzeit (ms)	1524,14	67,08	2711,48	152,49	9.81	< .001	4.19
	Fehlerrate (1/90 s)	1,00	0,21	1,24	0,24	1.30	.111	0.56
	Auslassungsfehlerrate (1/90 s)	0,00	0,00	0,15	0,07	2.19	.027	0.93
hoch	Bedienzeit (ms)	1638,76	87,01	3054,52	127,86	14.90	< .001	6.35
	Fehlerrate (1/90 s)	1,18	0,26	1,18	0,31	0.00	.500	0.00
	Auslassungsfehlerrate (1/90 s)	0,03	0,03	0,82	0,40	1.94	.040	0.83

5.2.1.4. Bedienleistung mit Visueller Suchaufgabe

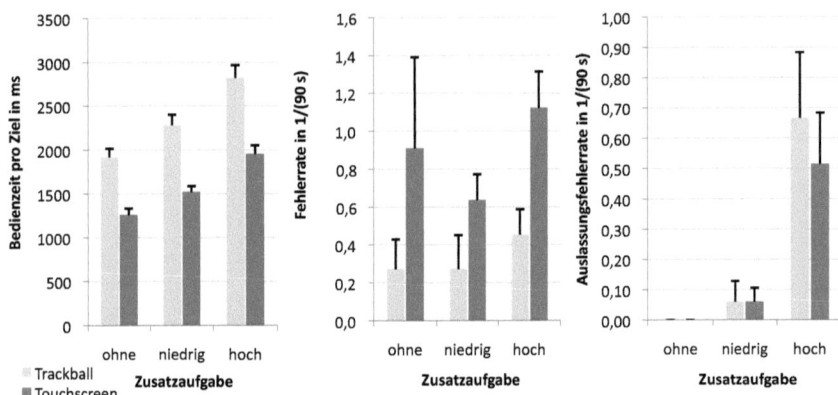

Abb. 5-4: Vergleich der Bedienleistung der Bedienelemente Trackball und Touchscreen anhand der Leistungsmaße Bedienzeit, Fehlerrate und Auslassungsfehlerrate in der Zeigeaufgabe ST bei gleichzeitiger Bearbeitung der Zusatzaufgabe Visuelle Suchaufgabe in den Schwierigkeitsstufen niedrig und hoch.

In den Versuchsdurchgängen mit gleichzeitiger Zusatzbelastung durch die *Visuelle Suchaufgabe* konnten hochsignifikante Unterschiede der Bedienzeiten von Touchscreen und Trackball nachgewiesen werden (vgl. Tab. 5-5). Der quantitative Unterschied der durchschnittlichen Bedienzeit von Trackball und Touchscreen beträgt bei leichter Zusatzaufgabe 761,41 ms und bei schwerer 871,31 ms (vgl. Abb. 5-4). Vergleicht man die Fehleingaben pro Versuchsdurchgang für Trackball und Touchscreen, werden in beiden Schwierigkeitsstufen der Zusatzaufgabe weniger Fehler mit dem Trackball als mit dem Touchscreen gemacht (vgl. Tab. 5-5). Ein signifikanter Unterschied konnte hierbei für den Belastungskontext durch die schwierige Zusatzaufgabe festgestellt werden. Für die leichte Zusatzaufgabe ergibt sich nur eine Tendenz zugunsten der Trackballbedienung. Ein signifikanter Unterschied in der Anzahl der Auslassungsfehler konnte abhängig vom Bedienelement nicht festgestellt werden.

Tab. 5-5: Leistung in der Zeigeaufgabe ST und Ergebnisse des T-Tests für den Vergleich der Bedienleistung von Touchscreen und Trackball in Kombination mit der Visuellen Suchaufgabe der Schwierigkeitsstufe niedrig und hoch.

Schwierigkeit der Zusatzaufgabe	Abhängige Variable	Touchscreen		Trackball		Ergebnis der T-Test-Analyse		
		MV	SE	MV	SE	$t_{(10)}$	p	ε'
niedrig	Bedienzeit (ms)	1521,76	59,06	2283,17	104,91	8.37	<.001	3.57
	Fehlerrate (1/90 s)	0,64	0,12	0,27	0,16	-2.13	.030	0.91
	Auslassungsfehlerrate (1/90 s)	0,06	0,04	0,06	0,06	0.00	.500	0.00

Kapitel 5 · Ergebnisse und Diskussion

Schwierigkeit der Zusatzaufgabe	Abhängige Variable	Touchscreen		Trackball		Ergebnis der T-Test-Analyse		
		MV	SE	MV	SE	$t_{(10)}$	p	ϵ'
hoch	Bedienzeit (ms)	1955,32	89,27	2826,63	126,66	7.49	<.001	3.19
	Fehlerrate (1/90 s)	1,12	0,18	0,45	0,12	-3.16	.005	1.35
	Auslassungsfehlerrate (1/90 s)	0,52	0,15	0,67	0,20	1.05	.160	0.45

5.2.1.5. Bedienleistung mit Komplexer Aufgabe

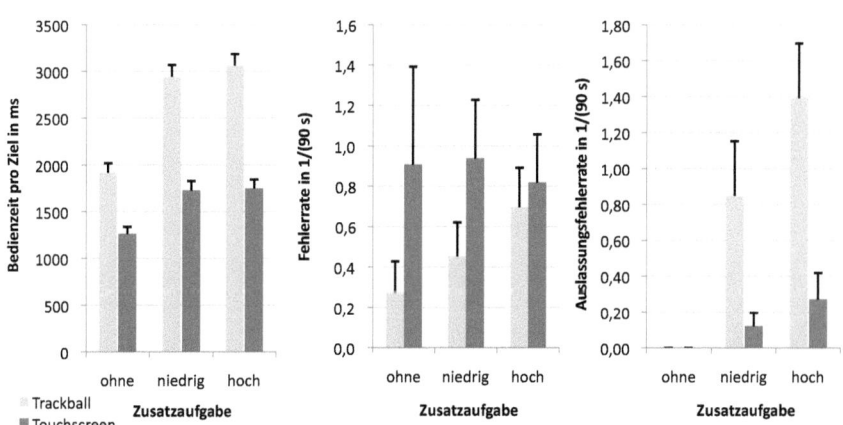

Abb. 5-5: Vergleich der Bedienleistung der Bedienelemente Trackball und Touchscreen anhand der Leistungsmaße Bedienzeit, Fehlerrate und Auslassungsfehlerrate in der Zeigeaufgabe ST bei gleichzeitiger Bearbeitung der Zusatzaufgabe Komplexe Aufgabe in den Schwierigkeitsstufen niedrig und hoch.

Die Kombination der Zeigeaufgabe ST mit der *Komplexen Zusatzaufgabe* zeigt einen hochsignifikanten Leistungsvorteil in der Bedienzeit bei Touchscreenbedienung (vgl. Tab. 5-6). Die Bedienzeit mit dem Touchscreen ist in Kombination mit der leichten komplexen Zusatzaufgabe durchschnittlich um 1216.96 ms kürzer (vgl. Abb. 5-5). Mit der schwierigen Zusatzaufgabe beträgt der Unterschied im Durchschnitt 1318.58 ms. Der Unterschied in der Fehlerrate der beiden Bedienelemente ist für beide Schwierigkeitsstufen der Zusatzaufgabe nicht signifikant. Der Unterschied der Anzahl der nicht ausgewählten Ziele zeigt dagegen für die Belastung durch die leichte Zusatzaufgabe einen deutlich signifikanten Unterschied zwischen den beiden Eingabegeräten zugunsten des Touchscreens. Der Unterschied ist in Kombination mit der schwierigen komplexen Zusatzaufgabe hochsignifikant (vgl. Tab. 5-6).

Kapitel 5 · Ergebnisse und Diskussion

Tab. 5-6: Leistung in der Zeigeaufgabe ST und Ergebnisse des T-Tests für den Vergleich der Bedienleistung der Eingabeelemente in Kombination mit der Komplexen Aufgabe in den Schwierigkeitsstufen niedrig und hoch.

Schwierigkeit der Zusatzaufgabe	Abhängige Variable	Touchscreen		Trackball		Ergebnis der T-Test-Analyse		
		MV	SE	MV	SE	$t_{(10)}$	p	ε'
niedrig	Bedienzeit (ms)	1723,31	89,88	2943,27	112,07	9.18	<.001	3.92
	Fehlerrate (1/90 s)	0,94	0,26	0,45	0,17	-1.62	.068	0.69
	Auslassungsfehlerrate (1/90 s)	0,12	0,07	0,85	0,27	2.87	.008	1.22
hoch	Bedienzeit (ms)	1744,06	86,37	3062,64	108,25	11.88	<.001	5.06
	Fehlerrate (1/90 s)	0,82	0,22	0,70	0,18	-0,56	.294	0.24
	Auslassungsfehlerrate (1/90 s)	0,27	0,13	1,39	0,27	4.78	<.001	2.04

5.2.2. Leistung in den Zusatzaufgaben

Die erbrachte Leistung in den Zusatzaufgaben wurde anhand der Usability-Parameter Effizienz und Effektivität erfasst. Im Versuchsteil ST wurde die Leistung in den Zusatzaufgaben mit und ohne gleichzeitiger Bearbeitung der Zeigeaufgabe erhoben.

Die Darstellung der Leistungsdaten in der Zusatzaufgabe erfolgt für jede Kombination der Zeigeaufgabe mit den vier Zusatzaufgaben in einem Diagramm, das die Entwicklung der Leistung in der Zusatzaufgabe anhand der Mittelwerte (MV) und Standardfehler (SE) der abhängigen Variablen aufzeigt. Zusätzlich zu den Leistungsdaten der Zusatzaufgabe mit gleichzeitiger Bearbeitung der Zeigeaufgabe werden als Referenzangabe die Leistungsdaten der Zusatzaufgabe ohne gleichzeitige Zeigeaufgabe angetragen. Dadurch soll der Einfluss der Wahl des Bedienelements in der Zeigeaufgabe auf die Leistung in der Zusatzaufgabe verdeutlicht werden (vgl. Abb. 5-6). Die Leistungsdaten in der Zeigeaufgabe werden zusammen mit den Ergebnissen der Signifikanzanalyse zur besseren Übersichtlichkeit und Vergleichsmöglichkeit in jeweils einer Tab. dargestellt (vgl. Tab. 5-8). Da Effizienz und Effektivität in den Zusatzaufgaben durch unterschiedliche Variable operationalisiert werden, sind diese aus Übersichtsgründen jeder der folgenden Leistungsbetrachtungen in einer Tabelle vorangestellt (vgl. Tab. 5-7).

5.2.2.1. Sternberg Aufgabe

Tab. 5-7: Die Leistung in der Zusatzaufgabe Sternberg Aufgabe wird durch die abhängigen Variablen Eingabezeit und Fehlerrate operationalisiert.

Aufgabe	Abhängige Variable	Beschreibung
Sternberg Aufgabe	Eingabezeit (ms)	Zeit zwischen dem Hören der Kontroll-Zahl und der verbalen Antwort
	Fehlerrate (1/90 s)	Anzahl falscher Urteile der Zugehörigkeit der Kontroll-Zahl pro Versuchsdurchgang

Die Eingabezeit in der Zusatzaufgabe ohne gleichzeitige Bearbeitung der Zeigeaufgabe ist in der leichten Ausprägung der Zusatzaufgabe im Durchschnitt deutlich kürzer (MV = 1442,00 ms, SE = 50,00 ms) als in der schwierigen (MV = 1719,05 ms, SE = 133,26 ms). Die durchschnittliche Anzahl der Fehler beträgt in der leichten Aufgabe 0,0 (SE = 0,0) und 0,45 (SE = 0,25) in der schwierigen (vgl. Abb. 5-6). Vergleicht man die Eingabezeit in der *Sternberg Aufgabe* bei gleichzeitiger Bedienung der Zeigeaufgabe mit dem Trackball bzw. dem Touchscreen, so ist ein signifikanter Unterschied in der Eingabezeit der leichten *Sternberg Aufgabe* zugunsten des Trackballs festzustellen. Wird die schwierige *Sternberg Aufgabe* bearbeitet, ist die Bedienzeit bei gleichzeitiger Touchscreenbedienung kürzer als mit dem Trackball. Dieser Unterschied ist nicht signifikant (vgl. Tab. 5-8). Ein signifikanter Unterschied in der Fehlerrate der leichten und schwierigen *Sternberg Aufgabe* bei gleichzeitiger Trackball- oder Touchscreenbedienung in der Zeigeaufgabe konnte nicht festgestellt werden.

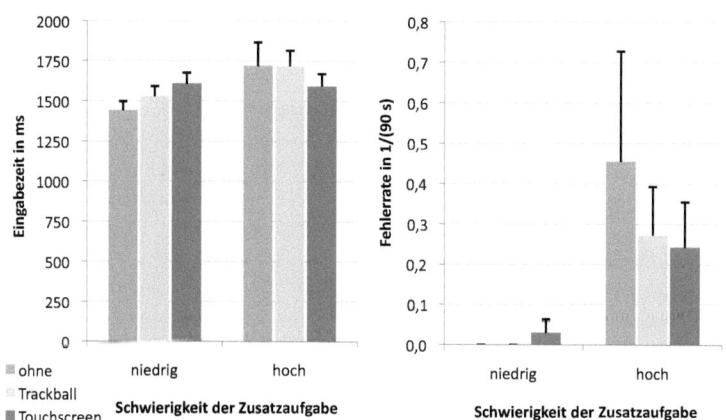

Abb. 5-6: Leistung in der Sternberg Aufgabe in der niedrigen und hohen Schwierigkeitsstufe abhängig von dem in der Zeigeaufgabe verwendeten Dedienelement. Die Leistung wird anhand der Leistungsmaße Eingabezeit und Fehlrate in der Zusatzaufgabe bestimmt.

Kapitel 5 · Ergebnisse und Diskussion

Tab. 5-8: Ergebnisse der T-Test-Analyse für den Vergleich der Bedienleistung in der Zusatzaufgabe Sternberg Aufgabe in Abhängigkeit von dem in der Zeigeaufgabe verwendeten Bedienelement. Es wird die Bedienleistung der Zusatzaufgabe in den Schwierigkeitsstufen niedrig und hoch betrachtet.

Schwierigkeit der Zusatzaufgabe	Abhängige Variable	Touchscreen		Trackball		Ergebnis der T-Test-Analyse		
		MV	SE	MV	SE	$t_{(10)}$	p	ϵ'
niedrig	Eingabezeit (ms)	1607,75	60,92	1529,62	56,46	-1.86	.046	0.79
	Fehlerrate (1/90 s)	0,03	0,03	0,00	0,00	1.00	.170	0.43
hoch	Eingabezeit (ms)	1592,92	70,02	1718,59	85,29	1.25	.119	0.54
	Fehlerrate (1/90 s)	0,24	0,10	0,27	0,11	0.23	.411	0.10

5.2.2.2. Motorische Aufgabe

Tab. 5-9: *Die Leistung in der Zusatzaufgabe Motorische Aufgabe wird durch die abhängigen Variablen Eingabegeschwindigkeit und Fehlerrate operationalisiert.*

Aufgabe	Abhängige Variable	Beschreibung
Motorische Aufgabe	Eingaberate (1/90 s)	Anzahl der Steckvorgänge für die Zeit (90 s) eines Versuchsdurchgangs.
	Fehlerrate (1/90 s)	Anzahl der Steckvorgänge in der falschen Reihenfolge.

Bei der Bearbeitung der Zusatzaufgabe ohne Zeigeaufgabe wurden in der leichten Zusatzaufgabe 101,7 (SE = 6,69) und in der schwierigen 41,7 (SE = 4,48) Steckvorgänge pro Versuchsdurchgang erreicht. Die Fehlerrate liegt in der leichten Zusatzaufgabe bei 1,18 (SE = 0,60) und in der schwierigen bei 1,36 (SE = 0,36) Fehlern in der Reihenfolge der Steckvorgänge pro Versuchsdurchgang (vgl. Abb. 5-7). In der leichten und in der schweren *Motorischen Aufgabe* wirkt sich die Wahl des Bedienelements in der Zeigeaufgabe signifikant auf die Eingaberate aus. Wird die Zeigeaufgabe mit dem Touchscreen bedient, werden in der leichten und der schwierigen *Motorischen Aufgabe* deutlich mehr Eingaben pro Versuchsdurchgang getätigt als bei der Verwendung des Trackballs. Der Einfluss des Bedienelements wirkt sich in der Fehlerrate der leichten und schweren *Motorischen Aufgabe* signifikant aus. Es ist daher bei einer Touchscreenbedienung in der Zeigeaufgabe eine signifikant niedrigere Fehlerzahl in der leichten wie auch in der schweren Zusatzaufgabe zu erwarten als bei der Trackballbedienung.

Kapitel 5 · Ergebnisse und Diskussion

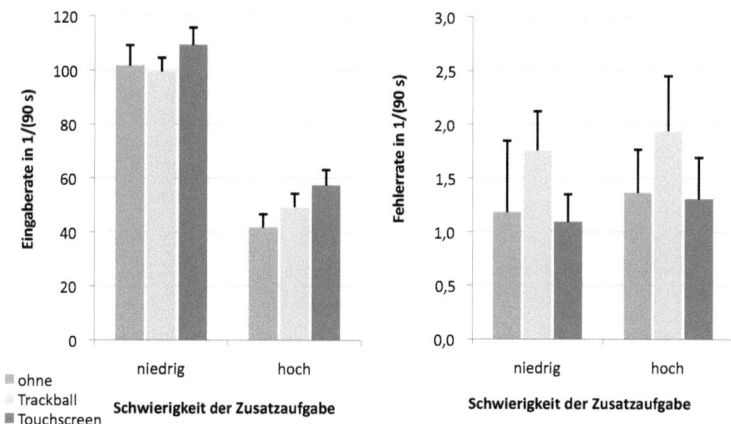

Abb. 5-7: Vergleich der Leistung in der Motorischen Aufgabe in der niedrigen und hohen Schwierigkeitsstufe abhängig von dem in der Zeigeaufgabe verwendeten Bedienelement. Die Leistung wird anhand der Leistungsmaße Eingaberate und Fehlerrate in der Zusatzaufgabe bestimmt.

Tab. 5-10: Ergebnisse der T-Test-Analyse für den Vergleich der Bedienleistung in der Zusatzaufgabe Motorische Aufgabe in Abhängigkeit von dem in der Zeigeaufgabe verwendeten Bedienelement. Die Bedienleistung der Zusatzaufgabe wird in den Schwierigkeitsstufen niedrig und hoch betrachtet.

Schwierigkeit der Zusatzaufgabe	Abhängige Variable	Touchscreen		Trackball		Ergebnis der T-Test-Analyse		
		MV	SE	MV	SE	$t_{(10)}$	p	ε'
niedrig	Eingaberate (1/90 s)	109,33	5,75	99,58	4,50	2.63	.013	1.12
	Fehlerrate (1/90 s)	1,09	0,23	1,76	0,33	3.70	.002	1.53
hoch	Eingaberate (1/90 s)	57,39	5,15	49,39	4,36	2.41	.018	1.03
	Fehlerrate (1/90 s)	1,30	0,39	1,94	0,46	2.28	.023	0.97

5.2.2.3. Visuelle Suchaufgabe

Tab. 5-11: Die Leistung in der Zusatzaufgabe Visuelle Suchaufgabe wird durch die abhängigen Variablen Auswahlzeit und Fehlerrate operationalisiert.

Aufgabe	Abhängige Variable	Beschreibung
Visuelle Such aufgabe	Auswahlrate (1/90 s)	Anzahl der richtigen Seitenwahlen pro Versuchsdurchgang.
	Fehlerrate (1/90 s)	Anzahl falsch ausgewählter Seiten pro Versuchsdurchgang.

Ohne zusätzliche Bearbeitung der Zeigeaufgabe wurden pro Versuchsdurchlauf 27,64 (SE = 0,74) richtige Seitenwahlen in der leichten bzw. 13,73 (SE = 0,85) in der schweren Zusatzaufgabe *Visuelle Suchaufgabe* erreicht. Die Anzahl der Fehleingaben pro Versuchsdurchlauf in der niedrigen Schwierigkeitsstufe der Zusatzaufgabe war 0,00 (SE = 0,00) und 0,64 (SE = 0,24) in der hohen (vgl. Abb. 5-8).

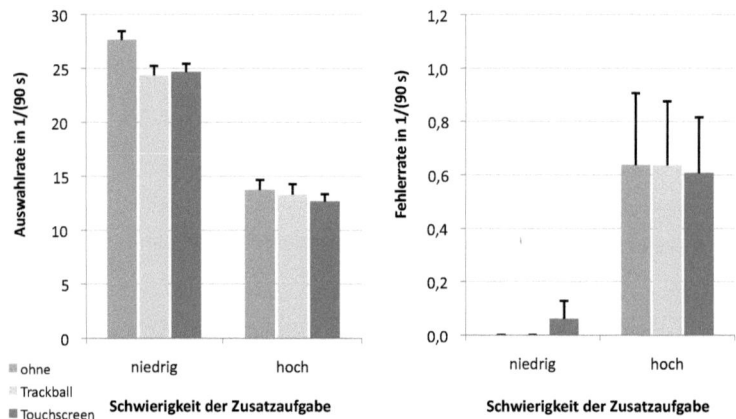

Abb. 5-8: Vergleich der Leistung in der Visuellen Suchaufgabe in der niedrigen und hohen Schwierigkeitsstufe, abhängig von dem in der Zeigeaufgabe verwendeten Bedienelement. Die Leistung wird anhand der Leistungsmaße Auswahlrate und Fehlerrate in der Zusatzaufgabe bestimmt.

Tab. 5-12: Ergebnisse der T-Test-Analyse für den Vergleich der Bedienleistung in der Zusatzaufgabe Visuelle Suchaufgabe in Abhängigkeit von dem in der Zeigeaufgabe verwendeten Bedienelement. Es wird die Bedienleistung der Zusatzaufgabe in der Schwierigkeitsstufe niedrig und hoch betrachtet.

Schwierigkeit der Zusatzaufgabe	Abhängige Variable	Touchscreen		Trackball		Ergebnis der T-Test-Analyse		
		MV	SE	MV	SE	$t_{(10)}$	p	ε'
niedrig	Auswahlrate (1/90 s)	24,67	0,70	24,36	0,79	0.85	.209	0.36
	Fehlerrate (1/90 s)	0,06	0,06	0,00	0,00	1.00	.170	0.43
hoch	Auswahlrate (1/90 s)	12,67	0,62	13,33	0,85	1.28	.115	0.54
	Fehlerrate (1/90 s)	0,61	0,19	0,64	0,22	0.23	.411	0.10

Die Wahl des Bedienelements in der Zeigeaufgabe wirkt sich bei gleichzeitiger Bearbeitung von Zeige- und Zusatzaufgabe nicht signifikant auf die Auswahlrate in der Zusatzaufgabe aus. Dies gilt sowohl für die niedrige als auch für die hohe Schwierigkeitsstufe der Zusatzaufgabe. Gleichzeitig kann für die Fehlerrate in der leichten und schwierigen Zusatzaufgabe kein signifikanter Unter-

Kapitel 5 · Ergebnisse und Diskussion

schied in Abhängigkeit des Eingabegeräts in der Zeigeaufgabe nachgewiesen werden (vgl. Tab. 5-12).

5.2.2.4. Komplexe Aufgabe

Tab. 5-13: Die Leistung in der Zusatzaufgabe Komplexe Aufgabe wird durch die abhängigen Variablen Abweichung und Erfüllungsgrad operationalisiert.

Aufgabe	Abhängige Variable	Beschreibung
Tracking	Abweichung (mm)	Durchschnittliche Abweichung (RMSE) des bewegten Kreuzes von der Soll-Position.
Readback	Erfüllungsgrad (-)	Anzahl richtiger Antworten hinsichtlich der vorgelesenen Zahlen und deren Reihenfolge in der verbalen Antwort.

Wird die *Komplexe Aufgabe* ohne gleichzeitige Zeigeaufgabe bearbeitet, beträgt die Abweichung in der leichten und schweren *Tracking-Aufgabe* 24,60 mm (SE = 2,00 mm) und 29,18 mm (SE = 3,92 mm). Der Erfüllungsgrad in der leichten *Readback-Aufgabe* ist im Durchschnitt 0,993 (SE = 0,004) und in der schweren 0,851 (SE = 0,028).

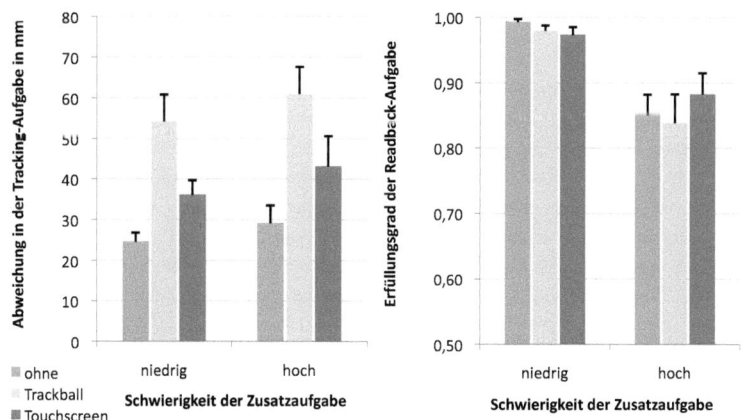

Abb. 5-9: Vergleich der Leistung in der Komplexen Aufgabe in der niedrigen und hohen Schwierigkeitsstufe abhängig von dem in der Zeigeaufgabe verwendeten Bedienelement. Die Leistung wird anhand der Leistungsmaße Abweichung und Erfüllungsgrad in der Zusatzaufgabe bestimmt.

Der Einfluss des Bedienelements ist in der *Tracking-Aufgabe* deutlich bemerkbar (vgl. Abb. 5-9). Die mittlere Abweichung von Soll- und Ist-Zustand der Kompensationsaufgabe ist bei gleichzeitigen Touchscreeneingaben auf dem Großflächendisplay signifikant niedriger als bei Trackballeingaben. Dies gilt für den niedrigen wie für den hohen Belastungskontext. Für den Erfüllungsgrad der *Readback-Aufgabe* wurde in der niedrigen Schwierigkeitsstufe kein signifikanter Unterschied in Abhängigkeit vom Bediengerät in der Zeigeaufgabe festgestellt. Für die schwierige *Readback-*

Kapitel 5 · Ergebnisse und Diskussion

Aufgabe lässt sich ein signifikanter Einfluss des Touchscreens auf den Erfüllungsgrad der *Readback-Aufgabe* feststellen (vgl. Tab. 5-14).

Tab. 5-14: *Ergebnisse der T-Test-Analyse für den Vergleich der Bedienleistung in der Zusatzaufgabe Komplexe Aufgabe in Abhängigkeit von dem in der Zeigeaufgabe verwendeten Bedienelement. Es wird die Bedienleistung der Zusatzaufgabe in der Schwierigkeitsstufe niedrig und hoch betrachtet.*

Schwierigkeit der Zusatzaufgabe	Abhängige Variable	Touchscreen		Trackball		Ergebnis der T-Test-Analyse		
		MV	SE	MV	SE	$t_{(10)}$	p	ε'
niedrig	Abweichung (mm)	36,14	3,22	54,29	5,93	3.88	.002	1.65
	Erfüllungsgrad (-)	0,973	0,011	0,979	0,007	0.44	.335	0.19
hoch	Abweichung (mm)	43,15	6,77	60,95	6,05	5.02	<.001	2.14
	Erfüllungsgrad (-)	0,882	0,029	0,839	0,039	1.82	.049	0.78

5.2.3. Diskussion

Im Versuchsteil ST wurde der Einfluss der beiden Bediengeräte Trackball und Touchscreen auf die Leistung in der Zeigeaufgabe und in den Zusatzaufgaben untersucht. Wie erwartet zeichnet sich ein klarer Vorteil der Bedienung der Zeigeaufgabe mit dem Touchscreen gegenüber dem Trackball ab. Gleichzeitig können Auswirkungen auf die Bedienleistung einiger Zusatzaufgaben in Abhängigkeit des Bedienelements in der Zeigeaufgabe festgestellt werden (vgl. Tab. 5-15, Tab. 5-16). Die Ergebnisse der T-Test Analyse sind qualitativ für Zeige- in Tab. 5-15 und für Zusatzaufgaben in Tab. 5-16 zusammengefasst. Treten in Abhängigkeit des Bedienelements signifikante Leistungsdifferenzen in den unterschiedlichen Aufgabenkombinationen auf, werden sie mit einem „TS" bei Vorteilen des Touchscreens und mit einem „TB" bei Vorteilen durch den Trackball gekennzeichnet.

Tab. 5-15: *Zusammenfassung der Ergebnisse der T-Test Analyse der Leistung bei Trackball- und Touchscreenbedienung in den **Zeigeaufgaben**.*

Zusatzaufgabe (Schwierigkeitsstufe: niedrig: -, hoch: +)	Keine	Sternberg		Motorisch		Visuell		Komplex	
	/	-	+	-	+	-	+	-	+
Bedienzeit (ms)	TS	TS	TS	TS	TS	TS	TS	TS	TS
Fehlerrate (1/90 s)						TB			
Auslassungsfehlerrate (1/90s)		TS	TS					TS	TS

*Tab. 5-16: Zusammenfassung der Ergebnisse der T-Test-Analyse der Leistung in den **Zusatzaufgaben**. Signifikante Ergebnisse sind entsprechend dem Bedienelement mit Leistungsvorteil mit „TS" und „TB" gekennzeichnet.*

Zusatzaufgabe (Schwierigkeitsstufe: niedrig: -, hoch: +)	Sternberg		Motorisch		Visuell		Komplex	
	-	+	-	+	-	+	-	+
Eingabezeit (ms)								
Fehlerrate (1/90 s)								
Eingaberate (1/90 s)			TS	TS				
Fehlerrate (1/90 s)			TS	TS				
Auswahlrate (1/90 s)								
Fehlerrate (1/90 s)								
Abweichung (mm)							TS	TS
Erfüllungsgrad (-)								TS

Die Unterschiede in den **Bedienzeiten** zwischen Touchscreen und Trackball sind für alle Kombinationen mit Zusatzaufgaben wie auch ohne gleichzeitige Zusatzaufgabe hochsignifikant, wobei der quantitative Unterschied der Bedienzeiten in Abhängigkeit von der Zusatzaufgabe variiert.

Bei gleichzeitiger Bearbeitung von Zeigeaufgabe und der Zusatzaufgaben *Motorische* und *Komplexe Aufgabe* wurden in der Zeigeaufgabe ST vergleichsweise hohe Bedienzeiten und Bedienzeitdifferenzen zwischen Touchscreen und Trackball gemessen (vgl. Kap. 5.2.1.3 & 5.2.1.5). Dies lässt auf Interferenzeffekte, also der gleichzeitigen Belegung der motorischen Ressource, in der Zeige- und der Zusatzaufgabe schließen, die bei der Trackballbedienung deutlich stärker ausgeprägt sind als beim Touchscreen (vgl. Kap. 2.4.2). Betrachtet man hierzu die Leistungsunterschiede in den beiden kombinierten Teilaufgaben der komplexen Aufgabe *Tracking* und *Readback*, wird die *Tracking-Aufgabe* offensichtlich bei Touchscreenbedienung besser bearbeitet als bei Trackballbedienung (vgl. Tab. 5-14). Die Interferenzeffekte zwischen der Verwendung des Trackballs und der Bearbeitung der Zusatzaufgabe führen also ebenfalls in der Zusatzaufgabe zu erkennbaren Leistungseinbußen, verglichen mit der Verwendung des Touchscreens (Wickens et al., 2004). Betrachtet man die Leistung in der schwierigen *Readback-Aufgabe*, zeigen sich auch hier Leistungsvorteile durch die Touchscreenbedienung. Diese Effekte deuten jedoch weniger auf motorische als vielmehr auf auditive und kognitive Interferenzen hin, die aus der Belastung der zentralen Exekutive bzw. der begrenzten kognitiven Ressource resultieren (Baddeley, 2003). Vergleicht man die Leistungsentwicklung im leichten und schweren *Tracking* und *Readback*, so ist eine starke Zunahme des Leistungsvorteils des Touchscreens zu erkennen. Es sind folglich neben den motorischen ebenfalls kognitive Interferenzen zwischen der Zusatzaufgabe und der Zeigeaufgabe in Abhängigkeit des Bedienelements bei steigender Schwierigkeit der *Readback-Aufgabe* zu erwarten. Die Touchscreenbedienung benötigt anscheinend geringere Anteile des Ressourcenpools und

Kapitel 5 · Ergebnisse und Diskussion

führt demnach zu einem Leistungsvorteil in Zeige- und Zusatzaufgabe (Rasmussen et al., 1994; Baddeley, 2003).

In der *Motorischen Aufgabe* ist die Leistung für beide Schwierigkeitsstufen der Zusatzaufgabe bei Touchscreenbedienung signifikant höher (vgl. 5.2.2.2). Dies deutet wiederum auf starke Interferenzen der motorischen Ressource in der Zeige- und der Zusatzaufgabe bei Trackballbedienung hin.

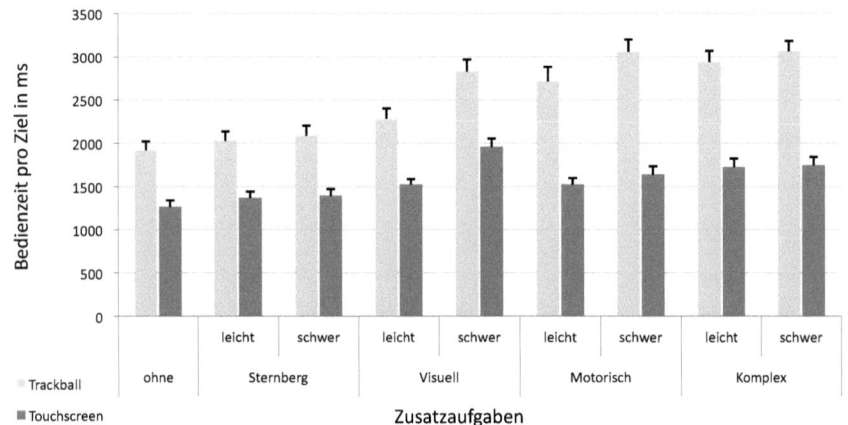

Abb. 5-10: *Darstellung der mittleren Bedienzeit mit Angabe des Standardfehlers für Trackball- und Touchscreenbedienung in der Zeigeaufgabe ST ohne und in Kombination mit den Zusatzaufgaben in den Schwierigkeitsstufen niedrig und hoch.*

Die Bedienzeiten bei simultaner Bearbeitung der *Sternberg Aufgabe* steigen verglichen mit den Bedienzeiten ohne Zusatzaufgabe für beide Eingabeelemente kaum an (vgl. Kap. 5.2.1.2). Ein eindeutiger Einfluss der kognitiven Belastung der Versuchpersonen durch die Zusatzaufgabe ist in der Bedienzeit der Zeigeaufgabe nicht festzustellen. Die Leistung in der Zusatzaufgabe zeigt in gleicher Weise keine Abhängigkeit vom verwendeten Bediengerät (Tab. 5-8). Betrachtet man an dieser Stelle die Leistung in der kognitiven Komponente der komplexen Zusatzaufgabe, der *Readback Aufgabe*, kann dagegen in der hohen Schwierigkeitsstufe ein deutlicher Unterschied in der Leistung der Zusatzaufgabe zwischen Touchscreen und Trackball festgestellt werden (vgl. Tab. 5-14). Es ist daher zu vermuten, dass die kognitive Belastung der Piloten durch die leichte und schwere *Sternberg Aufgabe* zu gering war, um Auswirkungen auf die Leistung in Zeige- und Zusatzaufgabe feststellen zu können. Für die durch die *Sternberg Aufgabe* erzeugte kognitive Belastung sind daher keine Leistungseinbußen in Zeige- und Zusatzaufgabe durch die Zusatzaufgabe zu erwarten. Es ist daher ein Einfluss des Bedienelements der Zeigeaufgabe auf die Leistung in der Zusatzaufgabe bei erhöhter kognitiver Belastung zu vermuten. Dies ist im Rahmen dieser Untersuchung für die Zeigeaufgabe ST und die Zusatzaufgabe *Sternberg Aufgabe* jedoch nicht nachzuweisen.

Für die *Visuelle Suchaufgabe* kann eine vergleichsweise starke Zunahme der Bedienzeit mit steigender Schwierigkeit der Zusatzaufgabe festgestellt werden (vgl. Kap. 5.2.1.4). Ein Einfluss des Bedienelements auf die Leistung in der *Visuellen Suchaufgabe* ist nicht festzustellen. Die geringe

Kapitel 5 · Ergebnisse und Diskussion

Fehlerzahl in der Zeigeaufgabe bei der leichten Zusatzaufgabe und die vergleichsweise hohe Fehleranzahl bei der schwierigen Zusatzaufgabe können nicht eindeutig dem Bediengerät Touchscreen oder Trackball zugeordnet werden. Es ist daher möglich, dass die Schwierigkeit der leichten *Visuellen Suchaufgabe* aufgrund der niedrigen Fehlerzahlen und geringen Leistungsunterschiede zu gering war. Gleiches gilt in ähnlicher Weise für die schwierige *Visuelle Suchaufgabe*. Die Leistungsunterschiede in Zeige- und Zusatzaufgabe zwischen Touchscreen- und Trackballbedienung sind gering und unterscheiden sich kaum von der Leistung der Versuchsdurchgänge, in denen Zeige- und Zusatzaufgabe exklusiv bearbeitet wurden. Der Unterschied der Leistung zwischen niedriger und hoher Schwierigkeitsstufe ist dagegen vergleichsweise hoch, was darauf schließen lässt, dass die Schwierigkeit in der leichten Zusatzaufgabe zu niedrig und in der schwierigen zu hoch gewählt war (vgl. Tab. 5-12). Ein Einfluss des Bediengeräts auf die Leistung in Zeige- und Zusatzaufgabe bei gleichzeitiger visueller Belastung durch die Zusatzaufgabe konnte im Versuchsteil ST nicht bestätigt werden. Es treten daher an dieser Stelle keine Interaktionseffekte durch die Wahl des Bediengeräts in der visuellen Ressource in Zeige- und Zusatzaufgabe auf.

Für alle Zusatzaufgaben gilt, dass eine Steigerung der Schwierigkeit der Zusatzaufgabe zu einer Erhöhung der Bedienzeit bei Touchscreen- und Trackballeingaben sowie zu einer Erhöhung der Differenz in den Bedienzeiten von Touchscreen und Trackball führt (vgl. Abb. 5-10).

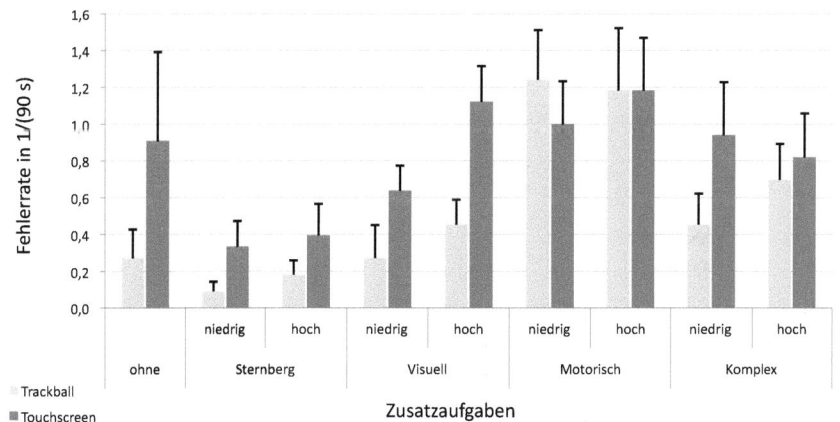

Abb. 5-11: Darstellung der Fehlerrate mit Angabe des Standardfehlers für Trackball- und Touchscreenbedienung in der Zeigeaufgabe ST ohne und in Kombination mit den Zusatzaufgaben in den Schwierigkeitsstufen niedrig und hoch.

Grundsätzlich ist bei der Trackballbedienung aufgrund des „Speed-Accuracy-Trade-Offs" (Schmidt et al., 2001) mit längeren Bedienzeiten und geringeren **Fehlerraten** als bei Touchscreenbedienung zu rechnen (Boff & Lincoln, 1983). Durch die Anpassung der Größe der Aktivierungsflächen ist eine Reduzierung der Fehlerrate der beiden Bedienelemente zu erwarten. In Abb. 5-11 sind die Fehleingaben pro Versuchsdurchgang in der Zeigeaufgabe für die unterschiedlichen Zusatzaufgaben darstellt. In den meisten Fällen bis auf die leichte *Motorische Aufgabe* ist erwartungsgemäß eine quantitativ höhere Fehlerrate in der Zeigeaufgabe bei Touchscreenbedienung festzustellen. Der signifikante Unterschied in der Fehlerrate in der Kombination mit der schweren *Visuellen*

Kapitel 5 · Ergebnisse und Diskussion

Suchaufgabe ist darauf zurückzuführen, dass die Zusatzaufgabe deutlich schwieriger war als die Zeigeaufgabe. Es wurde daher ein Großteil der Aufmerksamkeitsressourcen auf die Bearbeitung der Zusatzaufgabe gelenkt. Dies führte zu einer Abnahme der Konzentration auf die Zeigeaufgabe und dadurch bei Touchscreenbedienung zu einer erhöhten Anzahl an Flüchtigkeitsfehlern.

Die Zeigeaufgabe wurde dennoch deutlich schneller und mit weniger Auslassungsfehlern mit dem Touchscreen als mit dem Trackball bedient. Die geringere Genauigkeit bei Touchscreenbedienung wirkt sich in dieser Aufgabenkombination daher nicht negativ auf die Bearbeitungsqualität der Zeigeaufgabe aus. Auch in der Zusatzaufgabe sind an dieser Stelle keine Leistungsunterschiede feststellbar. Die Größe der Aktivierungsfläche war folglich für die Zeigeaufgabe ST ausreichend groß dimensioniert, so dass an dieser Stelle keine höheren Fehlerraten bei Touchscreen- als bei Trackballeingaben zu erwarten sind. Darüber hinaus sind einige der Touchscreenfehler auf Fehlhaltungen der Hand während den Eingaben zurückzuführen. Dabei wurde der Zeigefinger der linken Hand zwar richtig auf dem Bedienfeld positioniert, jedoch kurz vor dem Abheben des Fingers aus der Aktivierungsfläche herausbewegt. Dieser Fehler fand zumeist dadurch statt, dass der kleine Finger der linken Hand in das Lichtraster des IR-Touchscreens ragte und erst nach dem Zeigefinger wieder herausbewegt wurde. Die Eingabe fand dann an der letzten Position des kleinen Fingers statt. Solche Fehleingaben konnten bei den Trackballeingaben nicht festgestellt werden. Hier wurde der Cursor auf die Aktivierungsfläche bewegt und nach erfolgter optischer Rückmeldung der korrekten Position die Auswahl durch die Betätigung der entsprechenden Schaltfläche mit dem Daumen durchgeführt.

Der Großteil der Fehleingaben resultierte aus Flüchtigkeitsfehlern und ungenauen Eingaben, die aufgrund hoher Belastung und zeitlichem Druck gemacht wurden.

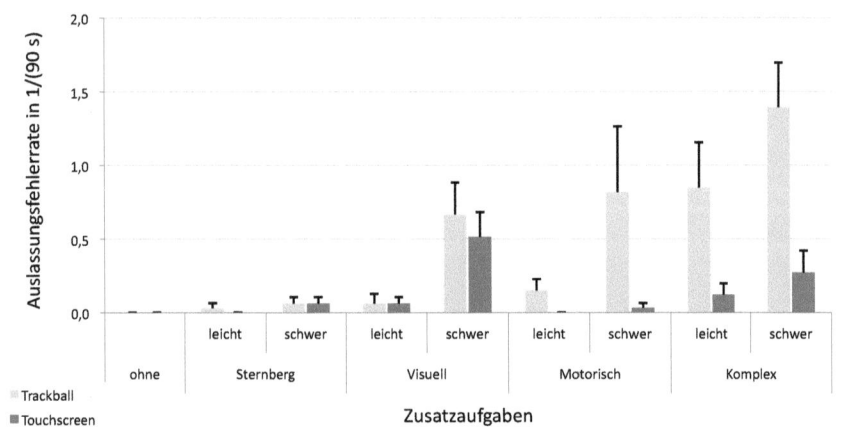

Abb. 5-12: Darstellung der mittleren Auslassungsfehlerrate mit Angabe des Standardfehlers für Trackball- und Touchscreenbedienung in der Zeigeaufgabe ST ohne und in Kombination mit den Zusatzaufgaben in den Schwierigkeitsstufen niedrig und hoch.

Im Versuchsteil ST wurden insgesamt wenige **Auslassungsfehler** gemacht (vgl. Abb. 5-12). Die verfügbare Zeit für die Bearbeitung der Zeigeaufgabe bei gleichzeitiger Belastung durch die Zusatzaufgabe war in den meisten Versuchsdurchgängen ausreichend. Eine erhöhte Anzahl von Aus-

Kapitel 5 · Ergebnisse und Diskussion

lassungsfehlern in der Zeigeaufgabe ist in Versuchsdurchgängen mit der schweren *Visuellen Suchaufgabe* und in beiden Schwierigkeitsstufen der Motorischen und Komplexen Aufgabe festzustellen. Für die schwere *Visuelle Suchaufgabe* ist die Anzahl der Auslassungsfehler für beide Bediengeräte gering und der Unterschied nicht signifikant. Der Unterschied des Auslassungsfehlers bei Trackball- und Touchscreen in der Motorischen und Komplexen Aufgabe ist dagegen signifikant. Die Wahl des Bediengeräts wirkt sich folglich bei gleichzeitiger Bearbeitung von Zusatzaufgaben mit motorischen Belastungskomponenten deutlich auf den Erfüllungsgrad der Zeigeaufgabe aus.

5.3. Versuch 2: Multiple & Moving Targets

Der Versuchsteil *Multiple & Moving Targets* betrachtet die Unterschiede der Usability der Bedienelemente Touchscreen und Trackball für die Anwahl mehrerer Ziele aus einer Grundgesamtheit von Zielen und Distraktoren auf Großflächendisplays unter Zusatzbelastung.

5.3.1. Leistung in der Zeigeaufgabe

Tab. 5-17: Übersicht der abhängigen Variablen zur Bestimmung der Bedienleistung in der Zeigeaufgabe Multiple & Moving Targets mit entsprechender Beschreibung.

Aufgabe	Abhängige Variable	Beschreibung
MT	Bedienzeit (ms)	Zeitdauer für die Anwahl der Ziele. Diese wird pro Zielkonfiguration aus der Dauer zwischen Einblenden der Ziele (max. 10 sec) und der letzten richtigen Zielanwahl und der Anzahl (max. 3) der richtigen Eingaben ermittelt und als arithmetischer Mittelwert angegeben.
	Fehlerrate (1/90 s)	Anzahl der Eingaben ohne Zielauswahl. Für jeden Fehler wird Eingabe- und Zielposition dokumentiert.
	Auslassungsfehlerrate (1/90 s)	Anzahl nicht ausgewählter Ziele pro Versuchsdurchgang.

Die Aufgabe der Versuchspersonen in der Zeigeaufgabe war die Anwahl einzelner, sequentiell und über die gesamte Displayfläche verteilter Zielsymbole mit und ohne gleichzeitiger Zusatzbelastung (vgl. Kap. 4.2.1.2 & 4.2.3). Es wird im Folgenden anhand von Signifikanztests die Eingabeleistung des Touchscreens und des Trackballs miteinander verglichen. Dies geschieht jeweils in Abhängigkeit der Art und Schwierigkeit der Zusatzaufgabe.

5.3.1.1. Bedienleistung ohne Zusatzaufgabe

Im Versuchsteil MT konnten hochsignifikante Unterschiede der Bedienzeiten für Touchscreen und Trackball ohne gleichzeitige Zusatzbelastung nachgewiesen werden. Der quantitative Unterschied der durchschnittlichen Bedienzeit von Touchscreen und Trackball beträgt 800,59 ms. Der Vergleich der durchschnittlichen Anzahl an Fehleingaben pro Versuchsdurchgang mit dem Trackball und mit dem Touchscreen ist nicht signifikant. Es wurden in dieser Versuchsbedingung keine Auslassungsfehler in der Zeigeaufgabe gemacht.

Der Unterschied der Bedienleistung für Touchscreen- und Trackballbedienung in der Zeigeaufgabe ist anhand der Mittelwerte der abhängigen Variablen in Abb. 5-13 zusammen mit der Angabe des Standardfehlers für die getesteten Belastungssituationen dargestellt. In Tab. 5-18 sind die Leistungsdaten sowie die Ergebnisse der T-Test-Analyse zusammengefasst.

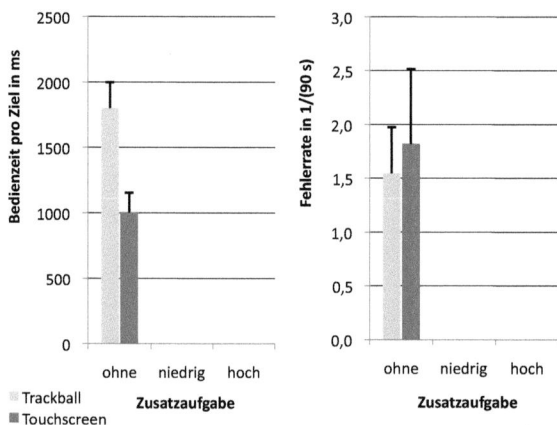

Abb. 5-13: Vergleich der Bedienleistung der Bedienelemente Trackball und Touchscreen anhand der Leistungsmaße Bedienzeit und Fehlerrate in der Zeigeaufgabe ST ohne die gleichzeitige Bearbeitung einer Zusatzaufgabe.

Tab. 5-18: Leistung in der Zeigeaufgabe ST und Ergebnisse des T-Tests für den Vergleich der Bedienleistung von Touchscreen und Trackball ohne Zusatzbelastung. Die Aufgabe wurde vollständig und ohne Auslassungsfehler bearbeitet, es entfällt daher die Signifikanzanalyse für die abhängige Variable Auslassungsfehlerrate.

Abhängige Variable	Touchscreen		Trackball		Ergebnis der T-Test-Analyse		
	MV	SE	MV	SE	$t_{(10)}$	p	ε'
Bedienzeit (ms)	1002,36	135,39	1802,95	176,09	17.98	< .001	7.67
Fehlerrate (1/90 s)	1,82	0,63	1,55	0,39	0.45	.331	0.19
Auslassungsfehlerrate (1/90 s)	0,00	0,00	0,00	0,00	-	-	-

5.3.1.2. Bedienleistung mit Sternberg Aufgabe

In den Versuchsdurchgängen mit gleichzeitiger Bearbeitung der *Sternberg Aufgabe* konnten sowohl bei niedriger als auch bei hoher Schwierigkeit der Zusatzaufgabe hochsignifikante Unterschiede der Bedienzeiten für Touchscreen und Trackball nachgewiesen werden (vgl. Tab. 5-19). Der quantitative Unterschied der durchschnittlichen Bedienzeit von Trackball und Touchscreen beträgt 837,32 ms bei der niedrigen und 855,03 ms bei der hohen Schwierigkeit der *Sternberg Aufgabe*.

Kapitel 5 · Ergebnisse und Diskussion

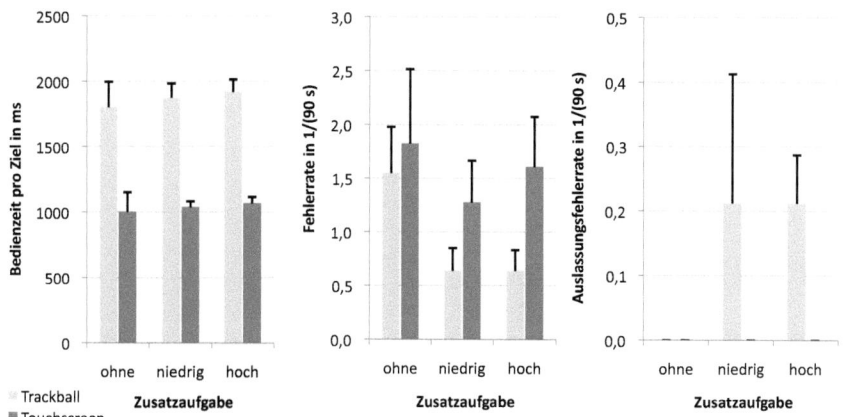

Abb. 5-14: Vergleich der Bedienleistung der Eingabeelemente Trackball und Touchscreen anhand der Leistungsmaße Bedienzeit, Fehlerrate und Auslassungsfehlerrate in der Zeigeaufgabe MT bei gleichzeitiger Bearbeitung der Zusatzaufgabe Sternberg Aufgabe in den Schwierigkeitsstufen niedrig und hoch.

Tab. 5-19: Ergebnisse der Zeigeaufgabe MT und des T-Tests für den Vergleich der Bedienleistung von Touchscreen und Trackball in Kombination mit der Sternberg Aufgabe in den Schwierigkeitsstufen niedrig und hoch.

Schwierigkeit der Zusatzaufgabe	Abhängige Variable	Touchscreen		Trackball		Ergebnis der T-Test-Analyse		
		MV	SE	MV	SE	$t_{(10)}$	p	ε'
niedrig	Bedienzeit (ms)	1039,11	40,49	1068,67	97,95	9.05	<.001	3.86
	Fehlerrate (1/90 s)	1,27	0,35	0,64	0,19	1.87	.046	0.80
	Auslassungsfehlerrate (1/90 s)	0,00	0,00	0,21	0,18	1.17	.135	0.50
hoch	Bedienzeit (ms)	1876,42	43,71	1876,42	84,45	12.74	<.001	5.43
	Fehlerrate (1/90 s)	1,61	0,42	0,64	0,18	2.41	.018	1.03
	Auslassungsfehlerrate (1/90 s)	0,00	0,00	0,21	0,07	3.13	.005	1.33

Die Anzahl der Fehleingaben pro Versuchsdurchgang ist für die Trackballbedienung bei niedriger und hoher Schwierigkeit der Zusatzaufgabe geringer als für die Bedienung mit dem Touchscreen. In beiden Fällen ist der Unterschied jedoch nicht signifikant. In Kombination mit der leichten und der schwierigen Zusatzaufgabe traten durchschnittlich 0,21 Auslassungsfehler pro Versuchsdurchgang mit dem Trackball und 0,00 Fehler mit dem Touchscreen auf. Dieser Unterschied in der Häufigkeit des Auslassungsfehlers der beiden Interaktionsgeräte ist bei gleichzeitiger schwieriger

Zusatzaufgabe signifikant. Der Unterschied der Bedienleistung für Touchscreen- und Trackballbedienung in der Zeigeaufgabe ist anhand der Mittelwerte der abhängigen Variablen in Abb. 5-14 zusammen mit der Angabe des Standardfehlers für die getesteten Belastungssituationen dargestellt.

5.3.1.3. Bedienleistung mit Motorischer Aufgabe

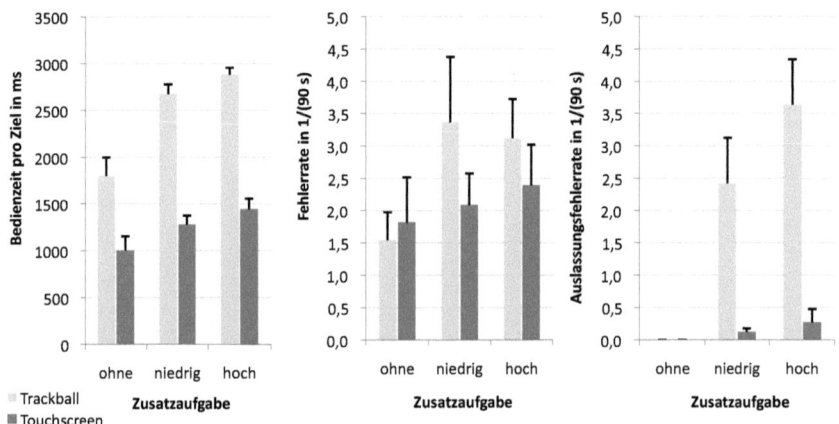

Abb. 5-15: Vergleich der Bedienleistung der Eingabeelemente Trackball und Touchscreen anhand der Leistungsmaße Bedienzeit, Fehlerrate und Auslassungsfehler in der Zeigeaufgabe MT bei gleichzeitiger Bearbeitung der Zusatzaufgabe Motorische Aufgabe in den Schwierigkeitsstufen niedrig und hoch.

Für die Kombination der Zeigeaufgabe MT und der Zusatzaufgabe *Motorische Aufgabe* wurden für die leichte und die schwierige Zusatzaufgabe hochsignifikante Unterschiede in den Bedienzeiten mit Touchscreen und Trackball nachgewiesen (vgl. Tab. 5-20). Die Differenz der durchschnittlichen Bedienzeit beträgt für den niedrigen Belastungskontext durch die Zusatzaufgabe 1395,71 ms und 1440,02 ms für den hohen. Ein signifikanter Unterschied in der Anzahl der Fehleingaben pro Versuchsdurchgang in Abhängigkeit von dem verwendeten Bedienelement konnte nicht nachgewiesen werden (vgl. Tab. 5-20). Vergleicht man die Auslassungsfehler in der Zeigeaufgabe für die beiden Bedienelemente, ergibt sich für die beiden Schwierigkeitsstufen der *Motorischen Aufgabe* ein signifikanter Unterschied. Der Unterschied der Bedienleistung für Touchscreen und Trackball in der Zeigeaufgabe ist anhand der Mittelwerte der abhängigen Variablen in Abb. 5-15 zusammen mit der Angabe des Standardfehlers für die getesteten Belastungssituationen dargestellt. In Tab. 5-20 sind die Leistungsdaten sowie die Ergebnisse der T-Test-Analyse zusammengefasst.

Kapitel 5 · Ergebnisse und Diskussion

Tab. 5-20: Ergebnisse der Zeigeaufgabe MT und des T-Tests für den Vergleich der Bedienleistung von Touchscreen und Trackball in Kombination mit der Motorischen Aufgabe in den Schwierigkeitsstufen niedrig und hoch.

Schwierigkeit der Zusatzaufgabe	Abhängige Variable	Touchscreen		Trackball		Ergebnis der T-Test-Analyse		
		MV	SE	MV	SE	$t_{(10)}$	p	ε'
niedrig	Bedienzeit (ms)	1277,74	87,40	2673.45	91,66	11.14	<.001	4.75
	Fehlerrate (1/90 s)	2,09	0,44	3,36	0,92	1.82	.049	0.79
	Auslassungsfehlerrate (1/90 s)	0,12	0,05	2,42	0,63	3.67	.002	1.57
hoch	Bedienzeit (ms)	1440,52	104,97	2880,54	67,73	12.94	<.001	5.52
	Fehlerrate (1/90 s)	2,39	0,56	3,12	0,54	1.52	.080	0.65
	Auslassungsfehlerrate (1/90 s)	0,27	0,18	3,64	0,64	5.30	<.001	2.26

5.3.1.4. Bedienleistung mit Visueller Suchaufgabe

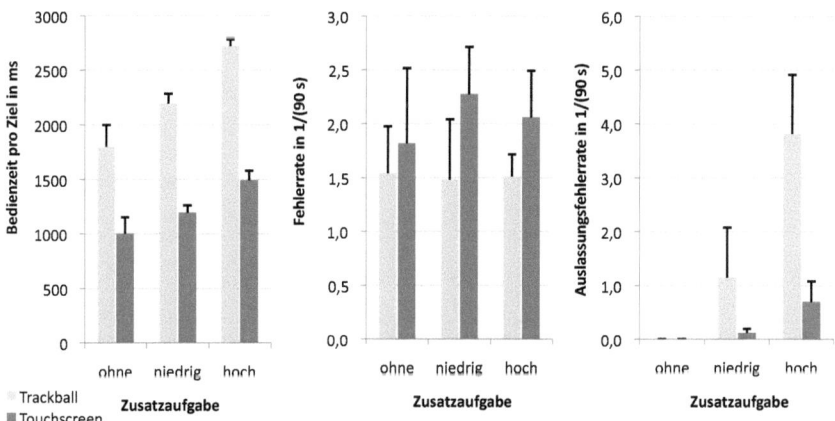

Abb. 5-16: Vergleich der Bedienleistung der Eingabeelemente Trackball und Touchscreen anhand der Leistungsmaße Bedienzeit, Fehlerrate und Auslassungsfehlerrate in der Zeigeaufgabe MT bei gleichzeitiger Bearbeitung der Zusatzaufgabe Visuelle Suchaufgabe in den Schwierigkeitsstufen niedrig und hoch.

In den Versuchsdurchgängen mit gleichzeitiger Zusatzbelastung durch die *Visuelle Suchaufgabe* konnten für die beiden Schwierigkeitsstufen der Zusatzaufgabe hochsignifikante Unterschiede in den Bedienzeiten mit Touchscreen und Trackball nachgewiesen werden (vgl. Tab. 5-21). Der quantitative Unterschied der durchschnittlichen Bedienzeit von Trackball und Touchscreen beträgt bei leichter Zusatzaufgabe 1000,77 ms und bei schwerer 1229,59 ms (vgl. Abb. 5-16).

Vergleicht man die Fehleingaben pro Versuchsdurchgang für Trackball und Touchscreen, so ist in beiden Schwierigkeitsstufen der Zusatzaufgabe kein signifikanter Unterschied in der Anzahl der Fehler mit dem Trackball und mit dem Touchscreen nachzuweisen (vgl. Tab. 5-21).

Ein signifikanter Unterschied in der Anzahl der Auslassungsfehler pro Versuchsdurchgang konnte in Abhängigkeit vom Bedienelement bei gleichzeitig ausgeführter schwieriger Zusatzaufgabe festgestellt werden. In der Kombination mit der leichten Zusatzaufgabe ist der Unterschied in der Anzahl der Auslassungsfehler abhängig vom verwendeten Bedienelement dagegen nicht signifikant.

Tab. 5-21: *Ergebnisse der Zeigeaufgabe MT und des T-Tests für den Vergleich der Bedienleistung von Touchscreen und Trackball in Kombination mit der Visuellen Suchaufgabe in den Schwierigkeitsstufen niedrig und hoch.*

Schwierigkeit der Zusatzaufgabe	Abhängige Variable	Touchscreen		Trackball		Ergebnis der T-Test-Analyse		
		MV	SE	MV	SE	$t_{(10)}$	p	ϵ'
niedrig	Bedienzeit (ms)	1194,09	59,92	2194,86	75,56	10.36	<.001	4.42
	Fehlerrate (1/90 s)	2,27	0,40	1,48	0,50	1.09	.150	0.47
	Auslassungsfehlerrate (1/90 s)	0,12	0,07	1,15	0,84	1.21	.128	0.51
hoch	Bedienzeit (ms)	1494,25	91,43	2723,85	54,47	11.78	<.001	5.02
	Fehlerrate (1/90 s)	2,06	0,39	1,52	0,18	1.37	.100	0.58
	Auslassungsfehlerrate (1/90 s)	0,70	0,34	3,82	0,99	3.59	.002	1.53

5.3.1.5. Bedienleistung mit Komplexer Aufgabe

Die Kombination der Zeigeaufgabe MT mit der *Komplexen Aufgabe* zeigt einen hochsignifikanten Leistungsvorteil in der Bedienzeit durch den Touchscreeneinsatz (vgl. Tab. 5-22). Der quantitative Unterschied in der Bedienzeit beträgt 1527,08 ms für die leichte und 1621,32 ms für die schwere Zusatzaufgabe (vgl. Abb. 5-17). Bei niedriger und hoher Schwierigkeit der Zusatzaufgabe konnte kein signifikanter Unterschied in der Fehlerrate in Abhängigkeit des Bedienelements ermittelt werden. Vergleicht man die Anzahl der nicht ausgewählten Ziele pro Versuchsdurchgang bei Touchscreen- und Trackballbedienung, so zeigt sich bei leichter und schwerer Zusatzbelastung ein signifikanter Unterschied (vgl. Tab. 5-22).

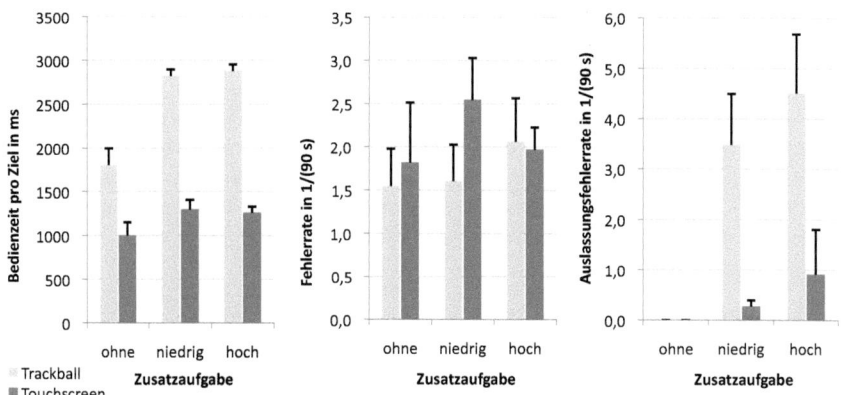

Abb. 5-17: Vergleich der Bedienleistung der Eingabeelemente Trackball und Touchscreen anhand der Leistungsmaße Bedienzeit, Fehlerrate und Auslassungsfehlerrate in der Zeigeaufgabe MT bei gleichzeitiger Bearbeitung der Zusatzaufgabe Komplexe Aufgabe in den Schwierigkeitsstufen niedrig und hoch.

Tab. 5-22: Ergebnisse der Zeigeaufgabe MT und des T-Tests für den Vergleich der Bedienleistung von Touchscreen und Trackball in Kombination mit der Komplexen Aufgabe in den Schwierigkeitsstufen niedrig und hoch.

Schwierigkeit der Zusatzaufgabe	Abhängige Variable	Touchscreen		Trackball		Ergebnis der T-Test-Analyse		
		MV	SE	MV	SE	$t_{(10)}$	p	ε'
niedrig	Bedienzeit (ms)	1297,59	98,37	2824,68	66,30	10.94	<.001	4.67
	Fehlerrate (1/90 s)	2,55	0,44	1,61	0,38	1.99	.038	0.86
	Auslassungsfehlerrate (1/90 s)	0,27	0,11	3,48	0,91	3.63	.002	1.55
hoch	Bedienzeit (ms)	1261,58	63,35	2882,90	66,70	18.35	<.001	7.82
	Fehlerrate (1/90 s)	1,97	0,24	2,06	0,46	0.20	.422	0.09
	Auslassungsfehlerrate (1/90 s)	0,91	0,81	4,52	1,05	2.50	.016	1.07

5.3.2. Leistung in den Zusatzaufgaben

Es folgt eine Zusammenfassung der Leistung in den Zusatzaufgaben mit und ohne gleichzeitige Bearbeitung der Zeigeaufgabe MT. Die Darstellung der Leistungsdaten in der Zusatzaufgabe erfolgt für jede Kombination der Zeigeaufgabe mit den vier Zusatzaufgaben in einem Diagramm, das die Entwicklung der Leistung in der Zusatzaufgabe anhand der Mittelwerte und Standardfehler

Kapitel 5 · Ergebnisse und Diskussion

der abhängigen Variablen aufzeigt. Zusätzlich zu den Leistungsdaten der Zusatzaufgabe mit gleichzeitiger Bearbeitung der Zeigeaufgabe werden als Referenzangabe die Leistungsdaten der Zusatzaufgabe ohne gleichzeitige Zeigeaufgabe dargestellt. Dadurch soll der Einfluss der Wahl des Bedienelements in der Zeigeaufgabe auf die Leistung in der Zusatzaufgabe verdeutlicht werden (vgl. Abb. 5-18). Die Leistungsdaten in der Zeigeaufgabe werden zusammen mit den Ergebnissen der Signifikanzanalyse zur besseren Übersichtlichkeit und Vergleichsmöglichkeit in jeweils einer Tabelle dargestellt (vgl. Tab. 5-24). Da Effizienz und Effektivität in den Zusatzaufgaben durch unterschiedliche Variable operationalisiert werden, werden diese aus Übersichtsgründen jeder der folgenden Leistungsbetrachtungen in einer Tabelle vorangestellt (vgl. Tab. 5-23).

5.3.2.1. Sternberg Aufgabe

Tab. 5-23: *Die Leistung in der Zusatzaufgabe Sternberg Aufgabe wird durch die abhängigen Variablen Eingabezeit und Fehlerrate operationalisiert.*

Aufgabe	Abhängige Variable	Beschreibung
Sternberg Aufgabe	Eingabezeit (ms)	Zeit zwischen dem Hören der Kontroll-Zahl und der verbalen Antwort.
	Fehlerrate (1/90 s)	Anzahl falscher Urteile zur Zugehörigkeit der Kontroll-Zahl pro Versuchsdurchgang.

Vergleicht man die Bedienzeit in der leichten und schweren *Sternberg Aufgabe* bei gleichzeitiger Bearbeitung der Zeigeaufgabe mit dem Trackball bzw. dem Touchscreen, so ist ein kein signifikanter Unterschied in der Eingabezeit festzustellen. Gleichzeitig konnte kein signifikanter Unterschied in der Fehlerrate der leichten und schwierigen *Sternberg Aufgabe* bei gleichzeitiger Trackball- oder Touchscreenbedienung in der Zeigeaufgabe nachgewiesen werden.

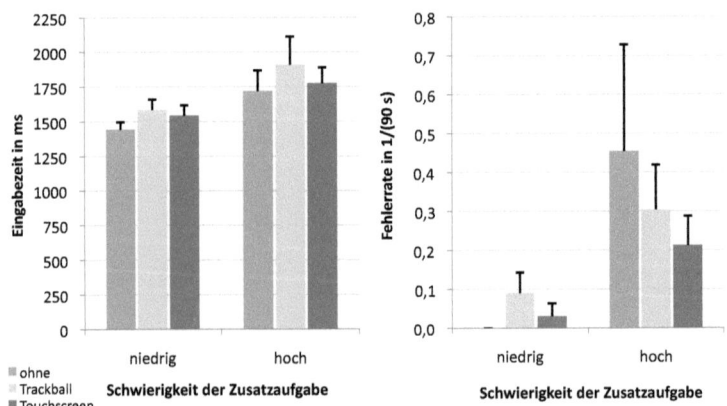

Abb. 5-18: *Vergleich der Leistung in der Sternberg Aufgabe in der niedrigen und hohen Schwierigkeitsstufe abhängig von dem in der Zeigeaufgabe verwendeten Bedienelement. Die Leistung wird anhand der Leistungsmaße Eingabezeit und Fehlerrate in der Zusatzaufgabe bestimmt.*

In Abb. 5-18 sind die Eingabeleistungen in der Zusatzaufgabe in Abhängigkeit des Bedienelements in der Zeigeaufgabe und der Schwierigkeit der Zusatzaufgabe anhand der Mittelwerte der abhängigen Variablen zusammen mit der Angabe des Standardfehlers dargestellt. In Tab. 5-24 sind die Leistungsdaten sowie die Ergebnisse der T-Test-Analyse zusammengefasst.

Tab. 5-24: *Ergebnisse der T-Test-Analyse für den Vergleich der Bedienleistung in der Zusatzaufgabe Sternberg Aufgabe in Abhängigkeit von dem in der Zeigeaufgabe verwendeten Bedienelement. Es wird die Bedienleistung der Zusatzaufgabe in den Schwierigkeitsstufen niedrig und hoch betrachtet.*

Schwierigkeit der Zusatzaufgabe	Abhängige Variable	Touchscreen		Trackball		Ergebnis der T-Test-Analyse		
		MV	SE	MV	SE	$t_{(10)}$	p	ε'
niedrig	Eingabezeit (ms)	1542,64	67,48	1585,41	66,93	0.88	.200	0.37
	Fehlerrate (1/90 s)	0,03	0,03	0,09	0,05	1.00	.170	0.43
hoch	Eingabezeit (ms)	1775,06	102,63	1908,01	185,11	0.96	.170	0.41
	Fehlerrate (1/90 s)	0,21	0,07	0,30	0,10	1.22	.125	0.52

5.3.2.2. Motorische Aufgabe

Tab. 5-25: *Die Leistung in der Zusatzaufgabe Motorische Aufgabe wird durch die abhängigen Variablen Eingabegeschwindigkeit und Fehlerrate operationalisiert.*

Aufgabe	Abhängige Variable	Beschreibung
Motorische Aufgabe	Eingaberate (1/90 s)	Anzahl der Steckvorgänge für die Zeit eines Versuchsdurchgangs.
	Fehlerrate (1/90 s)	Anzahl der Steckvorgänge in der falschen Reihenfolge.

In der leichten und in der schweren *Motorischen Aufgabe* wirkt sich die Wahl des Bedienelements in der Zeigeaufgabe hochsignifikant auf die Eingabegeschwindigkeit aus (vgl. Tab. 5-26). Wird die Zeigeaufgabe mit dem Touchscreen bedient, werden in der leichten und der schwierigen *Motorischen Aufgabe* deutlich mehr Eingaben pro Versuchsdurchgang getätigt als bei der Verwendung des Trackballs (vgl. Abb. 5-19). Der Einfluss des Bedienelements wirkt sich in der Fehlerrate der leichten und schweren *Motorischen Aufgabe* nicht signifikant aus. Die Fehlerrate in der leichten und schweren Zusatzaufgabe bleibt bei Touchscreenbedienung und Trackballbedienung annähernd gleich.

Kapitel 5 · Ergebnisse und Diskussion

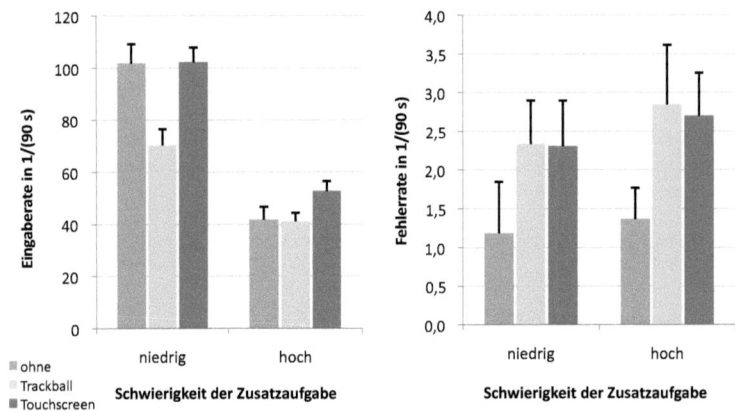

Abb. 5-19: Vergleich der Leistung in der Motorische Aufgabe in der niedrigen und hohen Schwierigkeitsstufe abhängig von dem in der Zeigeaufgabe verwendeten Bedienelement. Die Leistung wird anhand der Leistungsmaße Eingaberate und Fehlerrate in der Zusatzaufgabe bestimmt.

Tab. 5-26: Ergebnisse der T-Test-Analyse für den Vergleich der Bedienleistung in der Zusatzaufgabe Motorische Aufgabe in Abhängigkeit von dem in der Zeigeaufgabe verwendeten Bedienelement. Es wird die Bedienleistung der Zusatzaufgabe in den Schwierigkeitsstufen niedrig und hoch betrachtet.

Schwierigkeit der Zusatzaufgabe	Abhängige Variable	Touchscreen		Trackball		Ergebnis der T-Test-Analyse		
		MV	SE	MV	SE	$t_{(10)}$	p	ε'
niedrig	Eingaberate (1/90 s)	102,12	5,08	70,24	5,62	12.05	<.001	5.14
	Fehlerrate (1/90 s)	2,30	0,54	2,33	0,51	0.07	.472	0.03
hoch	Eingaberate (1/90 s)	52,64	3,44	41,12	2,85	4.85	<.001	2.07
	Fehlerrate (1/90 s)	2,70	0,50	2,85	0,69	0.27	.393	0.12

5.3.2.3. Visuelle Suchaufgabe

Tab. 5-27: Die Leistung in der Zusatzaufgabe Visuellen Suchaufgabe wird durch die abhängigen Variablen Auswahlrate und Fehlerrate operationalisiert.

Aufgabe	Abhängige Variable	Beschreibung
Visuelle Suchaufgabe	Auswahlrate (1/90 s)	Anzahl der richtigen Seitenauswahl pro Versuchsdurchgang.
	Fehlerrate (1/90 s)	Anzahl falsch ausgewählter Seiten pro Versuchsdurchgang.

Kapitel 5 · Ergebnisse und Diskussion

Die Auswahlrate in der Zusatzaufgabe *Visuelle Suchaufgabe* in den Schwierigkeitsstufen leicht und schwer ist bei gleichzeitiger Trackballbedienung stets geringer als bei der Touchscreenbedienung (vgl. Abb. 5-20). Die Wahl des Eingabegeräts in der Zeigeaufgabe wirkt sich dabei signifikant auf die Auswahlrate in der leichten Zusatzaufgabe aus. In der schweren Zusatzaufgabe ist lediglich eine Tendenz zugunsten des Touchscreens festzustellen. Bei der Verwendung des Trackballs und des Touchscreens in der Zeigeaufgabe werden pro Versuchsdurchgang vergleichsweise wenige Fehleingaben in der leichten bzw. schweren Zusatzaufgabe gemacht. Der Unterschied in der Fehlerrate in der leichten und schweren Zusatzaufgabe bei Trackball- und Touchscreenbedienung ist nicht signifikant (vgl. Tab. 5-28).

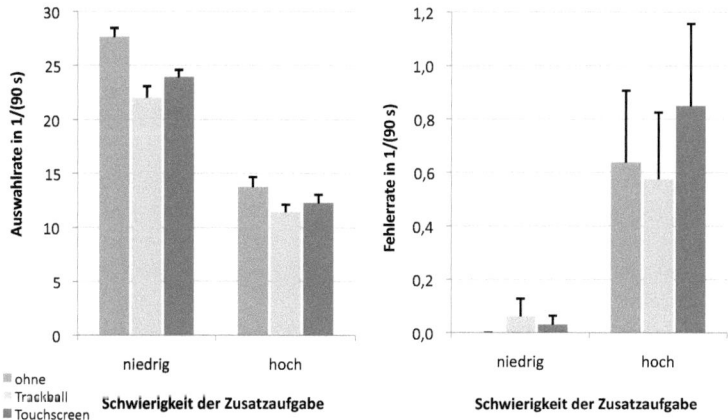

Abb. 5-20: Vergleich der Leistung in der Visuellen Suchaufgabe in der niedrigen und hohen Schwierigkeitsstufe abhängig von dem in der Zeigeaufgabe verwendeten Bedienelement. Die Leistung wird anhand der Leistungsmaße Auswahlrate und Fehlerrate in der Zusatzaufgabe bestimmt.

Tab. 5-28: Ergebnisse der T-Test-Analyse für den Vergleich der Bedienleistung in der Zusatzaufgabe Visuelle Suchaufgabe in Abhängigkeit von dem in der Zeigeaufgabe verwendeten Bedienelement. Es wird die Bedienleistung der Zusatzaufgabe in den Schwierigkeitsstufen niedrig und hoch betrachtet.

Schwierigkeit der Zusatzaufgabe	Abhängige Variable	Touchscreen		Trackball		Ergebnis der T-Test-Analyse		
		MV	SE	MV	SE	$t_{(10)}$	p	ε'
niedrig	Auswahlrate (1/90 s)	23,94	0,62	22,06	0,94	3.13	.005	1.33
	Fehlerrate (1/90 s)	0,03	0,03	0,06	0,06	1.00	.170	0.43
hoch	Auswahlrate (1/90 s)	12,24	0,70	11,42	0,62	1.88	.044	0.80
	Fehlerrate (1/90 s)	0,85	0,28	0,58	0,23	1.19	.130	0.51

5.3.2.4. Komplexe Aufgabe

Tab. 5-29: *Die Leistung in der Zusatzaufgabe Komplexe Aufgabe wird durch die abhängigen Variablen Abweichung und Erfüllungsgrad operationalisiert.*

Aufgabe	Abhängige Variable	Beschreibung
Tracking	Abweichung (mm)	Durchschnittliche Abweichung (RMSE) des bewegten Kreuzes von der Sollposition.
Readback	Erfüllungsgrad (-)	Anzahl richtiger Antworten hinsichtlich der Zahlen und deren Reihenfolge in der verbalen Antwort.

In Abb. 5-21 lässt sich ein deutlicher Unterschied in der Leistung der *Tracking-Aufgabe* in Abhängigkeit des Bedienelements in der Zeigeaufgabe feststellen. Die mittlere Abweichung in der *Tracking-Aufgabe* ist bei gleichzeitigen Touchscreeneingaben auf dem Großflächendisplay signifikant niedriger als bei Trackballeingaben (vgl. Tab. 5-30).

Dies gilt für die niedrige wie für die hohe Belastungsstufe der Zusatzaufgabe. Es konnte in der leichten *Readback-Aufgabe* kein signifikanter Unterschied im Erfüllungsgrad in Abhängigkeit des Bediengeräts in der Zeigeaufgabe festgestellt werden. Der Unterschied im Erfüllungsgrad der *Readback-Aufgabe* ist in der schweren Zusatzaufgabe dagegen signifikant abhängig vom Bediengerät in der Zeigeaufgabe.

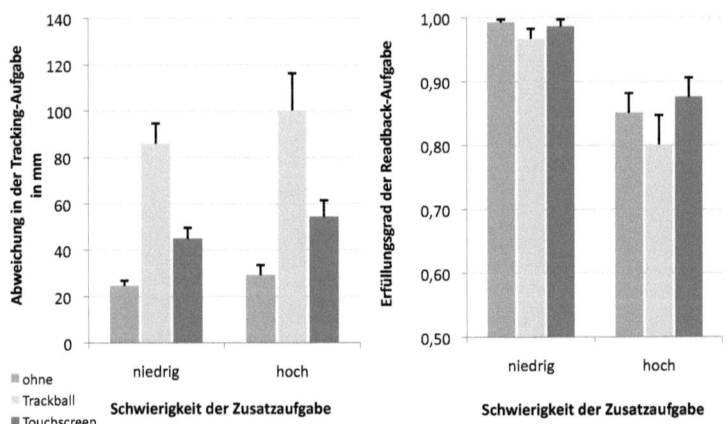

Abb. 5-21: *Vergleich der Leistung in der Komplexen Aufgabe in der niedrigen und hohen Schwierigkeitsstufe abhängig von dem in der Zeigeaufgabe verwendeten Bedienelement. Die Leistung wird anhand der Leistungsmaße Abweichung (Tracking) und Erfüllungsgrad (Readback) in der Zusatzaufgabe bestimmt.*

Tab. 5-30: Ergebnisse der T-Test-Analyse für den Vergleich der Bedienleistung in der Zusatzaufgabe Komplexe Aufgabe in Abhängigkeit von dem in der Zeigeaufgabe verwendeten Bedienelement Es wird die Bedienleistung der Zusatzaufgabe in den Schwierigkeitsstufen niedrig und hoch betrachtet.

Schwierigkeit der Zusatzaufgabe	Abhängige Variable	Touchscreen		Trackball		Ergebnis der T-Test-Analyse		
		MV	SE	MV	SE	$t_{(10)}$	p	ε'
niedrig	Abweichung (mm)	44,89	4,20	85,93	7,79	8.28	<.001	3.53
	Erfüllungsgrad (-)	0,986	0,010	0,967	0,014	1.13	.142	0.48
hoch	Abweichung (mm)	54,34	6,38	100,18	14,54	3.93	.001	1.67
	Erfüllungsgrad (-)	0,876	0,028	0,801	0,041	3.84	.002	1.64

5.3.3. Diskussion

Im Versuchteil MT wurde der Einfluss der beiden Bediengeräte Trackball und Touchscreen auf die Leistung in der Zeigeaufgabe und in den Zusatzaufgaben untersucht. Die Auswahl mehrerer Ziele aus einer Grundgesamtheit statischer und bewegter Ziele sowie Distraktoren in der Zeigeaufgabe berücksichtigt konkrete Einwahlvorgänge des Piloten in Flugzeugcockpits (vgl. Kap. 3.3.1). Es wird damit die Betrachtung der Leistungsfähigkeit der Trackball- und Touchscreenbedienung auf einen realitätsnahen Kontext der Zeigeaufgabe erweitert. Im Folgenden werden die Ergebnisse des Versuchsteils MT hinsichtlich der Leistung in Zeige- und Zusatzaufgabe in Abhängigkeit der Wahl des Bedienelements diskutiert und im Rahmen der Prüfung der Hypothesen interpretiert. Hierzu werden zusätzlich die Ergebnisse des Versuchsteils ST herangezogen (vgl. Kap. 5.2.3).

Tab. 5-31: Zusammenfassung der Ergebnisse der T-Test-Analyse der abhängigen Variablen zur Leistungsbestimmung bei Trackball- und Touchscreenbedienung in der **Zeigeaufgabe MT**. Signifikante Ergebnisse sind entsprechend dem Bedienelement mit Leistungsvorteil mit „TS" und „TB" gekennzeichnet.

Zusatzaufgabe (Schwierigkeitsstufe: niedrig: -, hoch: +)	Keine	Sternberg		Motorisch		Visuell		Komplex	
	/	-	+	-	+	-	+	-	+
Bedienzeit (ms)	TS	TS	TS	TS	TS	TS	TS	TS	TS
Fehlerrate (1/90 s)		TB							
Auslassungsfehler (1/90 s)		TS	TS	TS		TS	TS	TS	TS

In Abb. 5-22, Abb. 5-23 und Abb. 5-24 sind die Leistungsdaten der Zeigeaufgabe MT in Abhängigkeit der gleichzeitig bearbeiteten Zusatzaufgaben dargestellt. Die Ergebnisse der T-Test-Analyse sind für Zeige- in Tab. 5-31 und Zusatzaufgaben in Tab. 5-32 zusammengefasst. Signifikante Leistungsunterschiede in Zeige- bzw. Zusatzaufgabe zwischen Touchscreen- bzw. Trackballbedie-

Kapitel 5 · Ergebnisse und Diskussion

nung sind mit einem „TS" bei Vorteilen durch die Touchscreenbedienung und mit einem „TB" bei Vorteilen durch den Trackball gekennzeichnet.

Tab. 5-32: Zusammenfassung der Ergebnisse der T-Test-Analyse der Leistung in den **Zusatzaufgaben**. Signifikante Ergebnisse sind entsprechend dem Bedienelement mit Leistungsvorteil mit „TS" und „TB" gekennzeichnet.

Zusatzaufgabe (Schwierigkeitsstufe: niedrig: - , hoch: +)	Sternberg		Motorisch		Visuell		Komplex	
	-	+	-	+	-	+	-	+
Eingabezeit (ms)								
Fehlerrate (1/90 s)								
Eingaberate (1/90 s)			TS	TS				
Fehlerrate (1/90 s)								
Auswahlrate (1/90 s)						TS		
Fehlerrate (1/90 s)								
Abweichung (mm)							TS	TS
Erfüllungsgrad (-)								TS

Die **Bedienzeiten** der Zeigeaufgabe sind im Versuchsteil MT für Touchscreen- und Trackballbedienung quantitativ niedriger als im Versuchsteil ST (vgl. Abb. 5-22). Dies ist darauf zurückzuführen, dass die Versuchspersonen in den meisten Fällen die Strategie verfolgten, die drei Ziele direkt nacheinander anzuwählen. Dabei verkürzen sich die Blickzeiten zwischen Zusatz- und Zweitaufgabe sowie die Zeit, die für die Zuwendung der kognitiven Aufmerksamkeit auf die Zeigeaufgabe benötigt wird und erlauben kürzere Bedienzeiten pro Ziel als bei der Auswahl einzelner Ziele. Der quantitative Unterschied der Bedienzeiten in der Zeigeaufgabe mit den beiden Eingabegeräten ist für jede Kombination mit einer Zusatzaufgabe hochsignifikant und nimmt gegenüber dem Versuchsteil ST zu. Die Zunahme der Bedienzeitdifferenz lässt sich darauf zurückführen, dass sich die Hand bei der Durchführung von Anwahlsequenzen mit dem Touchscreen nach der ersten Anwahl bereits auf der Displayfläche befindet und weitere Anwahlvorgänge dann vergleichsweise schnell durchgeführt werden können. Dieser Vorteil wirkt sich bei Trackballeingaben nicht in gleichem Maße aus, da sich die linke Hand im Versuchsteil ST und MT stets eingabebereit auf dem Trackball befindet.

Die Bedienzeiten sowie die Bedienzeitdifferenzen zwischen Touchscreen- und Trackballanwendung sind bei gleichzeitiger Bearbeitung der Zusatzaufgaben *Motorische* und *Komplexe Aufgabe*, verglichen mit den übrigen Zusatzaufgaben, hoch. Der Vorteil des Touchscreens macht sich zugleich in der Leistung der Zusatzaufgaben signifikant bemerkbar. Die Touchscreenbedienung führt offenbar durch die Nutzung fertigkeitsbasierter Handlungsmodelle (Rasmussen et al., 1994) zu einer geringeren Beanspruchung motorischer Ressourcen. Verglichen mit den Leistungsdaten der *Motorischen Aufgabe* in Versuchsteil ST ist in Versuchsteil MT kein signifikanter Unterschied in der Fehlerrate der Zusatzaufgabe bei gleichzeitiger Verwendung des Touchscreens bzw. des

Trackballs mehr festzustellen. Die Anzahl der richtigen Eingaben in der Zusatzaufgabe ändert sich bei Touchscreenbedienung nur wenig, bei Trackballbedienung nimmt die Anzahl der Eingaben dagegen ab. Es ist anzunehmen, dass die erhöhten Anforderungen in der Zeigeaufgabe dazu führen, dass die Versuchspersonen die Anzahl der richtigen Eingaben auf Kosten eines Ansteigens der Fehlerrate schützen. Bei der Verwendung des Touchscreens ist die Wirkung der Schutzfunktion festzustellen. Die Trackballbedienung führt bei gleichzeitigem Ansteigen der Fehlerzahl dennoch zu einem Absinken der Anzahl der richtigen Eingaben. Dies wird gleichermaßen durch die Ergebnisse der T-Tests unterstützt. So liegen die T-Werte im Versuchsteil MT für die abhängige Variable *Anzahl der richtigen Eingaben* deutlich über denen des Versuchsteils ST (vgl. Kap. 5.2.2.2 & 5.3.2.2). Es scheint also in der schweren *Motorischen Aufgabe* im Versuchsteil MT ein deutlicher Vorteil des Touchscreens hinsichtlich der Auslastung der motorischen Ressource gegenüber dem Trackball vorzuliegen (vgl. Abb. 5-22).

In der Zeigeaufgabe MT treten wie in der Zeigeaufgabe ST in der Kombination mit der schweren Komplexen Aufgabe signifikante Unterschiede in der Leistung der *Readback-Aufgabe* in Abhängigkeit des Bedienelements auf. Betrachtet man hier die T-Werte der Signifikanztests für den Versuchsteil MT, so ist auffällig, dass der Leistungsunterschied in der *Tracking-Aufgabe* zwischen Touchscreen und Trackball von der leichten hin zur schweren Zusatzaufgabe abnimmt. Im Versuchsteil ST nimmt dieser Unterschied dagegen zu. Gleichzeitig steigt der Unterschied des Erfüllungsgrads der *Readback-Aufgabe* im Versuchsteil MT von der leichten zur schweren Zusatzaufgabe stärker an als im Versuchsteil ST. Vergleicht man zusätzlich die absoluten Leistungsdaten der Zusatzaufgabe, so ist festzustellen, dass die *Readback-Aufgabe* in der leichten Version bei der Zeigeaufgabe MT beinahe vollständig bearbeitet wird. In der schwierigen Ausprägung der Zusatzaufgabe nimmt der Erfüllungsgrad der Bearbeitung für beide Bedienelemente deutlich ab. Die Abnahme ist jedoch für den Trackball stärker als für den Touchscreen. Dies legt die Vermutung nahe, dass die leichte *Readback-Aufgabe* nicht schwierig genug war, um Interaktionen zwischen Zeige- und Zusatzaufgabe feststellen zu können. In der schweren Zusatzaufgabe werden diese Interaktionseffekte dagegen deutlich. Die Gesamtbelastung der kognitiven Ressource ist hier bei Trackballbedienung so hoch, dass sich eine stärkere Beeinträchtigung bei der Bearbeitung der *Readback-Aufgabe* einstellt, als dies mit dem Touchscreen der Fall ist (vgl. Abb. 5-22).

Betrachtet man die Leistungsdaten in Zeige- und Zusatzaufgabe in den Versuchsteilen ST und MT kombiniert mit der Komplexen Aufgabe, scheint sich zusätzlich eine Fokussierung der Aufmerksamkeit der Versuchspersonen auf die *Readback-Aufgabe* einzustellen. Die Leistung in der *Tracking-Aufgabe* nimmt dabei mit steigender Schwierigkeit von Zeige- und Zusatzaufgabe stetig ab, wobei der Erfüllungsgrad in der *Readback-Aufgabe* diesbezüglich eher konstant bleibt. Die *Tracking-Aufgabe* ist eine vielgeübte Aufgabe der Versuchspersonen, die *Readback-Aufgabe* stellt dagegen eine eher abstrahierte Form der Aufgaben im Cockpit dar. Es ist also davon auszugehen, dass die Versuchspersonen versucht haben, eher die Leistung in der „unbekannten" Zusatzaufgabe auf Kosten der Leistung in der bekannten *Tracking-Aufgabe* zu schützen. Aufgrund der Leistungsunterschiede in der schweren *Readback-Aufgabe* zwischen Touchscreen und Trackball ist an dieser Stelle neben motorischen Interferenzen, wie sie auch in der *Motorischen Aufgabe* auftreten mit Interferenzeffekten der kognitiven Ressource zu rechnen, die bei Trackballbedienung deutlich ausgeprägter in Erscheinung treten als bei Touchscreenbedienung.

Kapitel 5 · Ergebnisse und Diskussion

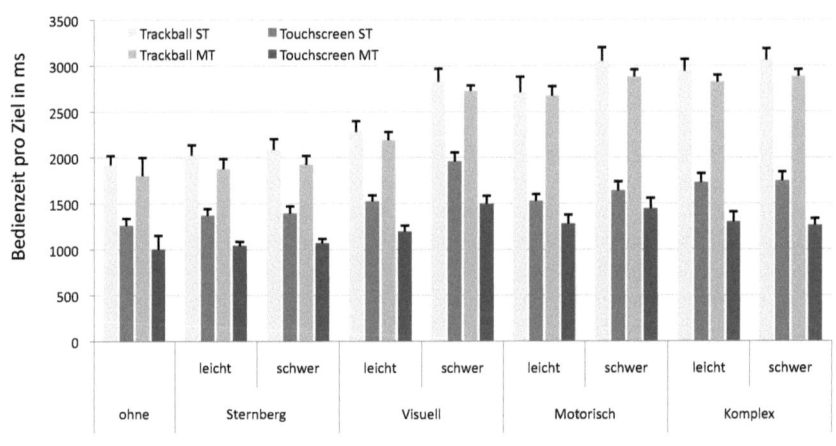

Abb. 5-22: Darstellung der mittleren Bedienzeit mit Angabe des Standardfehlers für Trackball- und Touchscreenbedienung in der Zeigeaufgabe MT und ST ohne und in Kombination mit den Zusatzaufgaben in den Schwierigkeitsstufen niedrig und hoch.

Die Leistung in Zeige- und Zusatzaufgabe sind bei gleichzeitiger Bearbeitung der *Sternberg Aufgabe* verglichen mit den Bedienzeiten ohne Zusatzaufgabe weiterhin gering. Ein deutlicher Einfluss der kognitiven Belastung der *Sternberg Aufgabe* in der niedrigen und hohen Schwierigkeitsstufe ist in der Bedienzeit der Zeigeaufgabe nicht festzustellen. Es können in der Fehlerrate und Auslassungsfehlerrate in der Zeigeaufgabe signifikante Unterschiede bei Trackball- und Touchscreenbedienung nachgewiesen werden, diese sind jedoch gegenläufig, quantitativ sehr gering und lassen daher keinen erheblichen Einfluss der *Sternberg Aufgabe* auf die Zeigeaufgabe erwarten. Gleiches gilt für die Leistung der Zusatzaufgabe, für die keine Abhängigkeit von der Wahl des Eingabegeräts in der Zeigeaufgabe festzustellen ist. Die Leistung in der kognitiven Komponente der schweren *Readback Aufgabe* ist dagegen wie in Versuchsteil ST signifikant besser bei der Verwendung des Touchscreens als mit dem Trackball. Der Einfluss des Bedienelements der Zeigeaufgabe auf die Leistung in der Zusatzaufgabe bei erhöhter kognitiver Belastung ist daher weiter zu vermuten, aber auch für die Zeigeaufgabe MT kombiniert mit der *Sternberg Aufgabe* nicht nachzuweisen.

Die *Visuelle Suchaufgabe* zeigt im Versuchsteil MT eine starke Zunahme der Bedienzeit mit steigender Schwierigkeit der Zusatzaufgabe für die Trackballbedienung, verglichen mit dem Touchscreen. Es ist zudem für die schwere *Visuelle Suchaufgabe* eine signifikant höhere Anzahl an Auslassungsfehlern bei Trackball-, als bei Touchscreenbedienung nachzuweisen. In der leichten Schwierigkeitsstufe der *Visuellen Suchaufgabe* ist die Anzahl der richtigen Eingaben in der Zusatzaufgabe signifikant höher bei der Verwendung des Touchscreens. Es lassen sich also Vorteile in Zeige- und Zusatzaufgabe feststellen, die auf die Verwendung des Touchscreens zurückgeführt werden können. Da sich die Auswirkungen in der leichten und schweren Zusatzaufgabe unterschiedlich in den Leistungsparametern abzeichnen, sind diese differenziert zu betrachten. Es ist anzunehmen, dass durch die komplexere Zeigeaufgabe MT längere visuelle Fixationszeiten auf dem Großflächendisplay auftreten, die zu Interaktionen zwischen der Beanspruchung der visuellen Ressourcen in Zeige- und Zusatzaufgabe führen. Die in Versuchsteil ST festgestellten Deckeneffekte relativieren sich in Versuchsteil MT offenbar durch die höhere Bindung visueller Ressourcen in der Zeigeaufgabe und wirken sich entsprechend auf die Leistung in Zeige- und Zusatzaufgabe aus.

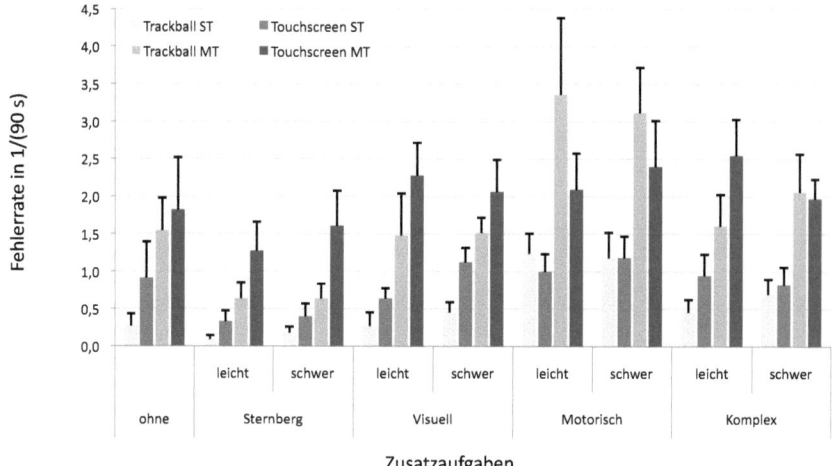

Abb. 5-23: Darstellung der Fehlerrate mit Angabe des Standardfehlers für Trackball- und Touchscreenbedienung in der Zeigeaufgabe MT und ST ohne und in Kombination mit den Zusatzaufgaben in den Schwierigkeitsstufen niedrig und hoch.

Für die Trackballbedienung sind bei gleicher Größe der Aktivierungsflächen geringere **Fehlerraten** zu erwarten als bei Touchscreenbedienung (vgl. Abb. 5-23). Durch die Anpassung der Größe der Aktivierungsflächen kann die Fehlerrate der beiden Bedienelemente beeinflusst werden. Im Versuchsteil MT ist bis auf den Belastungskontext der schwierigen Sternberg Aufgabe kein Vergleich der Fehlerraten für Trackball und Touchscreen signifikant. Bei gleichzeitiger Bearbeitung der Sternberg Aufgabe sind weniger Fehler bei Trackball als bei Touchscreenbedienung aufgetreten, der quantitative Unterschied ist jedoch vergleichsweise gering, so dass auch für die Zeigeaufgabe MT zusammenfassend nicht mit mehr Fehleingaben bei Touchscreenbedienung als bei Trackballbedienung zu rechnen ist. In der Motorischen Aufgabe kehrt sich der quantitative Unterschied in die gegenteilige Richtung. Hier wurden weniger Fehleingaben mit dem Touchscreen gemacht. Dies ist darauf zurückzuführen, dass die Anwahl bewegter Ziele mit dem Trackball bei starken Interaktionseffekten der motorischen Ressource zwischen Zeige- und Zusatzaufgabe erheblich schwieriger als mit dem Touchscreen ist. Aufgrund der hohen Werte des Standardfehlers sind diese Unterschiede nicht signifikant.

Die Größe der Aktivierungsfläche war wie in der Zeigeaufgabe ST auch für die komplexere Zeigeaufgabe MT ausreichend dimensioniert. Eingabefehler, die auf eine Fehlhaltung der Hand bei Touchscreeneingaben zurückgeführt werden können, traten in der Zeigeaufgabe MT in gleicher Art auf wie im Versuchsteil ST. Die quantitative Zunahme der Eingabefehlerrate ist im Versuchsteil MT auf die gestiegene Komplexität der Zeigeaufgabe zurückzuführen (vgl. Abb. 5-23).

Kapitel 5 · Ergebnisse und Diskussion

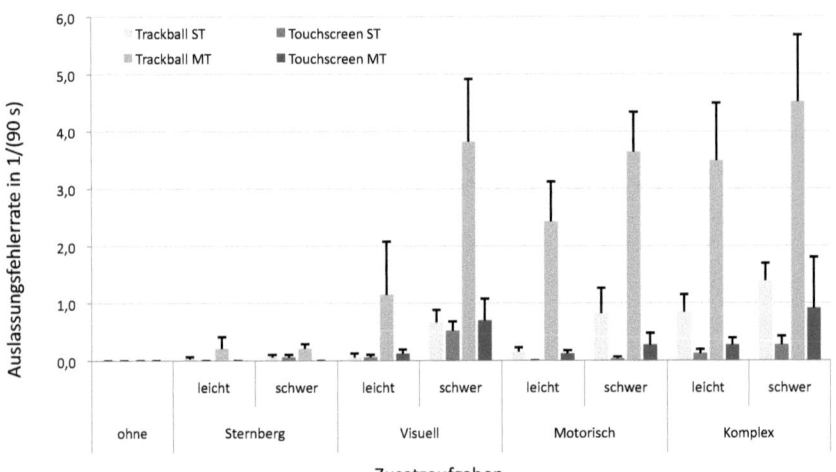

Abb. 5-24: Darstellung der Auslassungsfehlerrate mit Angabe des Standardfehlers für Trackball- und Touchscreenbedienung in der Zeigeaufgabe MT und ST ohne und in Kombination mit den Zusatzaufgaben in den Schwierigkeitsstufen niedrig und hoch.

Verglichen mit dem Versuchsteil ST wurden in der Zeigeaufgabe MT bei gleichzeitiger Bearbeitung der Zusatzaufgaben schwere *Visuelle Suchaufgabe, Motorische Aufgabe* und *Komplexe Aufgabe* deutlich mehr **Auslassungsfehler** aufgezeichnet (vgl. Abb. 5-24). Hier zeigt sich in besonderem Maße die Zunahme von Interaktionseffekten zwischen Zeige- und Zusatzaufgaben durch die Belastung motorischer, visueller und kognitiver Ressourcen bei Trackballbedienung in der Zeigeaufgabe. Der erhebliche Unterschied zwischen Trackball und Touchscreen kann durch die verschieden starke Beanspruchung der verfügbaren Ressourcen durch das fertigkeitsbasierte Verhalten bei Touchscreeneingaben und das regelbasierte Verhalten bei Trackballeingaben beschrieben werden (Rasmussen, 1983).

Die Wahl des Bediengeräts wirkt sich also bei Zunahme der Komplexität der Zeigeaufgabe deutlich auf den Erfüllungsgrad bzw. die Vollständigkeit der Bearbeitung der Zeigeaufgabe aus. Abhängig von der gleichzeitig zu bearbeitenden Zusatzaufgabe ist es mit dem Touchscreen, im Gegensatz zum Trackball, möglich in der begrenzten Zeit die gestellte Aufgabe bis auf wenige Ausnahmen vollständig zu bearbeiten (vgl. Abb. 5-24). Dies stellt vor allem in hochagilen Flugzeugen einen entscheidenden Leistungsvorteil dar.

Es treten in keiner Kombination aus Zeige- und Zusatzaufgabe gegenläufige Leistungen in den beiden Aufgaben auf, so dass davon ausgegangen werden könnte, dass die Versuchspersonen einen der Teilaspekte der Gesamtaufgabe durch unterschiedliche Aufmerksamkeitsverteilung zu schützen versuchten.

5.4. Belastungsstruktur

In den Kap. 5.2 und 5.3 wurde nachgewiesen, dass sich Qualität und Höhe der Belastung charakteristisch auf die Leistung in den zu bearbeitenden Aufgaben auswirken. Belastung wird nach Kap. 3.3.2 in die Belastungsqualitäten visuell, auditiv, kognitiv, verbal und motorisch aufgeteilt. Abhängig von den zu bearbeitenden Aufgaben, in diesem Fall Zeige- und Zusatzaufgabe, treten unterschiedliche Kombinationen der Belastungsqualitäten auf. Je nach Schwierigkeit der Aufgaben variiert die Höhe der Belastung der einzelnen Qualitäten. Aus den auftretenden Kombinationen der Belastungsqualitäten und deren Belastungshöhe lässt sich mit dem CWP (vgl. Kap. 3.3.2) für jede Aufgabenkombination eine Belastungsstruktur bestimmen.

Die im Verlauf der Versuchsdurchführung erhobenen Belastungsstrukturen erlauben die Überprüfung der Auswahl der eindimensionalen Zusatzaufgaben sowie die Sicherstellung der Repräsentativität der multidimensionalen Zusatzaufgabe hinsichtlich der in den Flugzeugcockpits auftretenden Belastungen. Zudem ermöglichen die Belastungsstrukturen eine weiterführende Interpretation der Aufgabenleistung hinsichtlich einer vom Eingabeelement abhängigen Interaktion von Zeige- und Zusatzaufgabe im Falle einer simultanen Belegung gleicher Aufmerksamkeitsressourcen. In diesem Fall ist ein Ansteigen der entsprechenden Belastungsqualität bei gleichzeitigen Leistungseinbußen in Zeige- oder Zusatzaufgabe zu erwarten.

Im Folgenden wird für jede Kombination aus Zeige- und Zusatzaufgabe die Belastungsstruktur ermittelt. Die Erhebung der Höhe der Belastungsqualitäten erfolgte nach jedem Versuchsdurchgang anhand des CWP-Fragebogens (vgl. Kap. 3.3.2). Die Belastungsstruktur setzt sich aus der über alle Versuchspersonen gemittelten Belastungshöhe der einzelnen Qualitäten zusammen und ist in den folgenden Abbildungen dargestellt. Die Darstellung der Belastungshöhen wird durch eine Verbindungslinie der Belastung in den einzelnen Qualitäten ergänzt, die nur zur Illustration und Vergleichbarkeit der Belastungsstrukturen dient und nicht als quantitativer Übergang von beispielsweise visueller zu auditiver Belastung zu sehen ist. Die Belastungsqualitäten sind daher als singuläre Ressourcenentitäten zu verstehen. Eine quantitative Interpretation der Daten wird aufgrund der subjektiven Einschätzung der Belastung durch die Versuchspersonen nicht empfohlen.

5.4.1. Zeigeaufgaben

Betrachtet man die in Abb. 5-25 dargestellte Belastung in den Zeigeaufgaben ST und MT ohne gleichzeitige Bearbeitung einer Zusatzaufgabe, zeigt sich eine charakteristische Belastungsstruktur. Auditive und verbale Belastung treten wie erwartet nicht auf. Die Höhe der motorischen Belastungsqualität ist in erster Linie von der Wahl des Bedienelements abhängig. Die Werte für die Trackballbedienung sind erkennbar höher als bei der Verwendung des Touchscreens. Der Einfluss der Zeigeaufgabe ist dagegen eher gering. Die kognitive Belastung ist, verglichen mit den anderen Versuchsvariationen, eher gering ausgeprägt. Sie nimmt alleine in der mit dem Trackball bedienten Aufgabe MT höhere Werte an. Dies könnte auf einen Anstieg der kognitiven Komponente bei komplexeren Zeigeaufgaben hindeuten, ist jedoch anhand der hier erhobenen Daten nicht nachzuweisen. Die visuelle Belastung ist dagegen für alle Varianten von Zeigeaufgaben und Bedienelementen annähernd unverändert, wobei eine Bindung der visuellen Ressource an die Zeigeaufgaben und an das Bediengerät erkennbar ist.

Kapitel 5 · Ergebnisse und Diskussion

In den Zeigeaufgaben ST und MT dominieren vor allem motorische, visuelle und auch kognitive Belastung, wobei die Höhe der Belastung insgesamt deutlich vom Bedienelement abhängig ist.

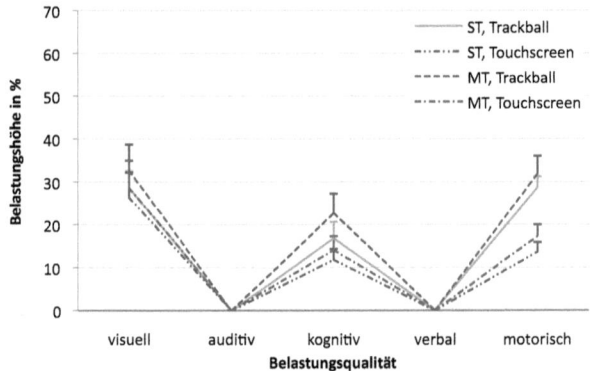

Abb. 5-25: *Belastungsstruktur mit Mittelwertangabe und Standardfehler für die Bedienung der Zeigeaufgaben ST und MT ohne gleichzeitige Zusatzaufgabe, die eine deutliche Belastung der visuellen, kognitiven und motorischen Komponente zeigt. Die Belastungshöhe wird für jede Belastungsqualität in Prozent der maximal möglichen Belastung angegeben. Für jede Belastungsqualität sind Werte zwischen 0 und 100 % möglich.*

5.4.2. Eindimensionale Zusatzaufgaben

5.4.2.1. Sternberg Aufgabe

Die Belastungsstruktur der *Sternberg Aufgabe* zeigt ohne gleichzeitige Bearbeitung einer Zeigeaufgabe wie erwartet eine Belastung der kognitiven, auditiven und verbalen Ressourcen (vgl. Abb. 5-26). Es ist ein deutlicher Anstieg der kognitiven Last zwischen der leichten und der schweren *Sternberg Aufgabe* zu erkennen. Die erkennbar höheren Werte der Belastungsqualitäten in der schweren Zusatzaufgabe lassen auf einen Anstieg der visuellen und kognitiven Belastung schließen. Die geringen Fehlerzahlen in der leichten und schweren Zusatzaufgabe sowie die geringe Änderung der Eingabezeiten in der Zeigeaufgabe mit und ohne kongnitiver Zusatzaufgabe lassen vermuten, dass der Anstieg der kognitiven Belastung quantitativ nicht aussagekräftig ist und alleine für den direkten Vergleich zwischen den beiden Ausprägungen der Zusatzaufgabe qualitative Aussagen zulässt. Dies weist trotz des quantitativ hohen Belastungsniveaus auf eine eher geringe kognitive Belastung durch diese Ausprägung der Aufgabe hin. Die verbale Belastung ist wie beabsichtigt für beide Schwierigkeitsstufen gering.

Vergleicht man die Belastungsstruktur der Kombination aus *Sternberg Aufgabe* und den Zeigeaufgaben in Abb. 5-27 mit der Grundbelastung der Zeigeaufgaben (vgl. Abb. 5-25) und der *Sternberg Aufgabe* (vgl. Abb. 5-26), so ergibt sich wie erwartet eine Überlagerung der fünf Belastungsdimensionen der beiden Zeigeaufgaben ST und MT mit der Belastung der Zusatzaufgabe. Ein Unterschied der kognitiven Belastung ist in Abhängigkeit des Bediengeräts qualitativ festzustellen, wenngleich die quantitative Ausprägung vergleichsweise gering ist.

Kapitel 5 · Ergebnisse und Diskussion

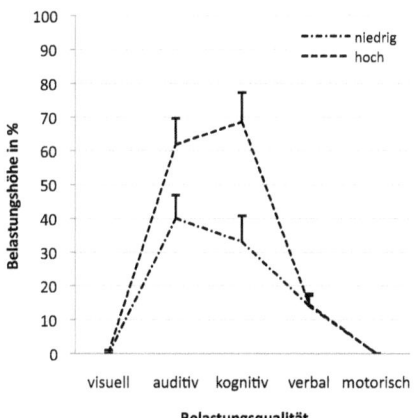

Abb. 5-26: Belastungsstruktur mit Mittelwertangabe und Standardfehler für die Bedienung der Zusatzaufgabe Sternberg Aufgabe in den Schwierigkeitsstufen niedrig und hoch ohne gleichzeitige Zeigeaufgabe. Am stärksten ausgeprägt sind die auditive und die kognitive Belastungskomponente.

Es liegt daher die Vermutung nahe, dass sich die kognitive Belastung der Zeigeaufgabe und der *Sternberg Aufgabe* additiv überlagern und gleichzeitig keine Interaktionen zwischen Zeige- und Zusatzaufgabe auftreten, was an äußerst geringen Leistungsänderungen in Zeige- und Zusatzaufgabe zu erkennen ist. Man kann folglich davon ausgehen, dass im Rahmen der durchgeführten Versuche zwischen den Zeigeaufgaben ST und MT und der *Sternberg Aufgabe* keine Interaktionen hinsichtlich kognitiver Belastung in Abhängigkeit des Bedienelements aufgetreten sind.

Die geringen Leistungsänderungen in den unterschiedlichen Ausprägungen und Kombinationen der Zusatzaufgabe lassen im Kontext der Belastungsstruktur wie bereits vermutet auf eine insgesamt niedrige kognitive Belastung schließen. Ein Auftreten von Interaktionen kognitiver Ressourcen zwischen Zeige- und Zusatzaufgabe, abhängig von der Wahl des Bedienelements, kann für ein höheres Belastungsniveau nicht ausgeschlossen werden.

Die *Sternberg Aufgabe* eignet sich in den hier verwendeten Schwierigkeitsausprägungen zur Aufbringung moderater kognitiver Belastung, die aufgrund der Aufgabengestaltung jedoch stets gleichzeitig auditive und verbale Belastung induziert.

Kapitel 5 · Ergebnisse und Diskussion

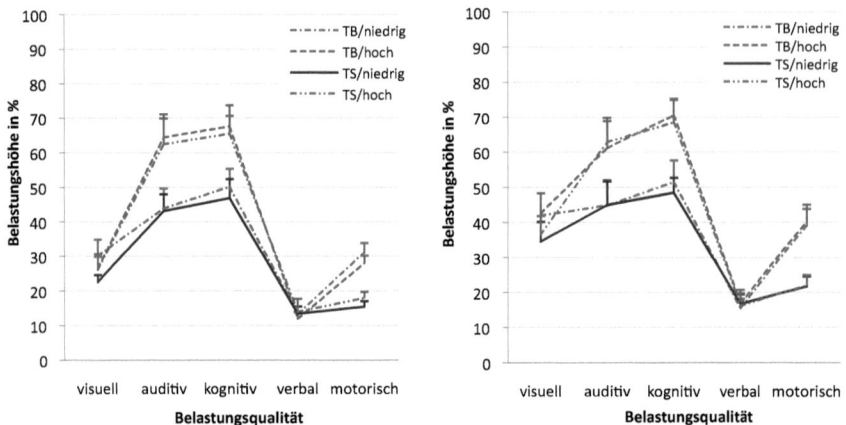

Abb. 5-27: *Belastungsstruktur mit Mittelwertangabe und Standardfehler für die Bedienung der Zusatzaufgabe Sternberg Aufgabe mit Touchscreen (TS) und Trackball (TB) bei gleichzeitiger Bearbeitung der Zeigeaufgabe ST (linkes Diagramm) und MT (rechtes Diagramm) in den Schwierigkeitsstufen niedrig und hoch.*

5.4.2.2. Motorische Aufgabe

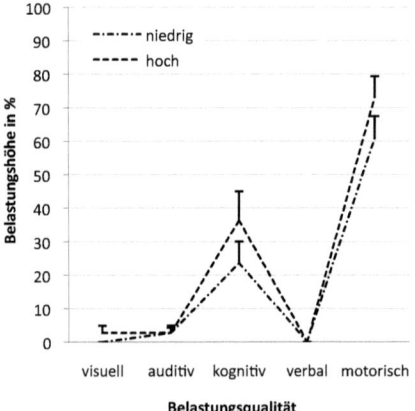

Abb. 5-28: *Belastungsstruktur mit Mittelwertangabe und Standardfehler für die Bedienung der Zusatzaufgabe Motorische Aufgabe ohne gleichzeitige Zeigeaufgabe. Am stärksten ausgeprägt sind die kognitive und die motorische Belastungskomponente.*

Die Belastungsstruktur der *Motorischen Aufgabe* zeigt ohne gleichzeitige Bearbeitung einer Zeigeaufgabe eine starke Belastung der motorischen Ressource sowie einen kognitiven Belastungsanteil (vgl. Abb. 5-28). Die motorische und kognitive Belastung steigen von der niedrigen zur hohen

Schwierigkeit der Zusatzaufgabe deutlich an. Es war folglich für die Versuchspersonen mit dem Auffinden der Aussparungen im Lochbrett ein erheblicher kognitiver Aufwand verbunden. Die geringen Anteile an visueller und auditiver Belastung rühren daher, dass die Geräusche bei der *Motorischen Aufgabe* teilweise als Positionsrückmeldung herangezogen wurden (auditiv) und manche Versuchspersonen, entgegen der ausdrücklichen Anweisung der Versuchsleitung, teilweise auf das Lochbrett zur Lokalisierung der Aussparungen gesehen haben (visuell).

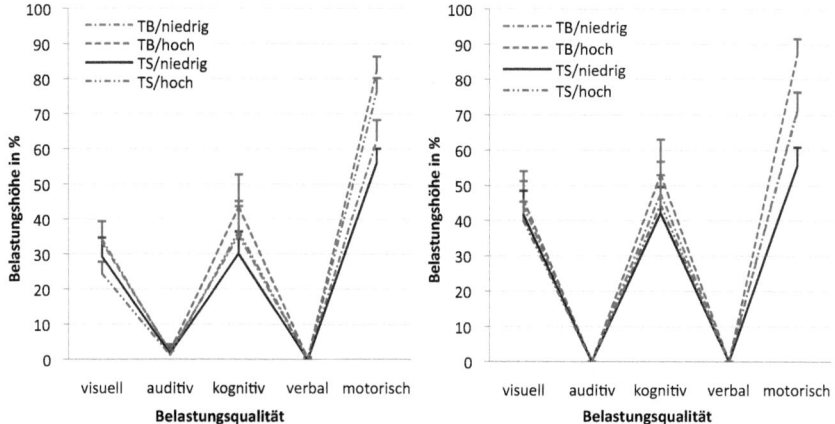

Abb. 5-29: *Belastungsstruktur mit Mittelwertangabe und Standardfehler für die Bedienung der Zusatzaufgabe Motorische Aufgabe bei gleichzeitiger Bearbeitung der Zeigeaufgabe ST (linkes Diagramm) und MT (rechtes Diagramm).*

Wurde die *Motorische Aufgabe* mit den Zeigeaufgaben kombiniert, stieg aufgrund der Zeigeaufgabe der Anteil der visuellen Belastung stark an (vgl. Abb. 5-29). Auditive und verbale Belastung treten wie bereits erwähnt nur in sehr geringem Maße auf. Die kognitive Belastung steigt erwartungsgemäß durch die Zeigeaufgabe weiter an. An dieser Stelle zeigt sich ein Einfluss des Bedienelements der Zeigeaufgabe in der kognitiven Belastung, der in der Zeigeaufgabe ST stärker ausgeprägt ist als in der Aufgabe MT. Die kognitive Belastung scheint daher mit dem Touchscreen in der Zeigeaufgabe niedriger zu sein als mit dem Trackball. Dieser Unterschied ist in ähnlicher Weise in der motorischen Belastung zu erkennen. Hier scheint sich der Unterschied von der Zeigeaufgabe ST hin zur Aufgabe MT zu intensivieren. Es ist an dieser Stelle mit steigender Komplexität der Zeigeaufgabe eine Fokussierung der Aufmerksamkeit bei der Erfüllung der Aufgaben hin zur *Motorischen Aufgabe* zu vermuten. Dies wird auch durch die stark ansteigende Anzahl von Auslassungsfehlern in der Zeigeaufgabe bei Trackballbedienung im Vergleich der Zeigeaufgaben ST und MT kombiniert mit der *Motorischen Aufgabe* unterstützt. Die Bedienung mit dem Trackball wird im Gegensatz zum Touchscreen deutlich stärker beeinflusst. Dies lässt auf Interaktionseffekte der motorischen Ressource zwischen der mit dem Trackball bedienten Zeigeaufgabe und der *Motorischen Aufgabe* schließen, die sich signifikant auf die Leistung in der Zeige- und auch in der Zusatzaufgabe auswirken. Die Verschiebung der Belastungsunterschiede der kognitiven und motorischen Ressource zwischen der Zeigeaufgabe ST und MT deutet auf eine Fokussierung der Aufmerksamkeit auf die motorische Komponente der Gesamtaufgabe hin.

Kapitel 5 · Ergebnisse und Diskussion

Durch die *Motorische Aufgabe* konnte ein erhebliches Maß an motorischer Belastung auf die Versuchsperson ausgeübt werden. Zugleich wurde die kognitive Belastungskomponente sichtbar beeinflusst. Diese Art der *Motorischen Aufgabe* eignete sich im Rahmen dieser Versuche sehr gut zur Steigerung der motorischen Belastung, die sich leicht durch die Gestaltung des Lochbretts und den Durchmesser des Griffels einstellen lässt.

5.4.2.3. Visuelle Suchaufgabe

Die Belastungsstruktur der *Visuellen Suchaufgabe* zeigt eine deutliche Belastungsspitze der visuellen Ressource. Gleichzeitig treten ohne zusätzliche Bearbeitung der Zeigeaufgabe kognitive und motorische Belastung auf (vgl. Abb. 5-30). Die motorische Belastung beruht auf der Ergebniseingabe der *Visuellen Suchaufgabe* mittels einer Tastatur. Da es an dieser Stelle keinen Unterschied in der Eingabe zwischen der leichten und der schweren Zusatzaufgabe gibt, ist die gleiche Höhe der motorischen Belastung in beiden Schwierigkeitsstufen erwartungskonform. Die kognitive Belastung der schweren Zusatzaufgabe liegt deutlich über der Belastung in der leichten Zusatzaufgabe. Dies ist auf die sehr hohe Schwierigkeit der schweren Zusatzaufgabe zurückzuführen.

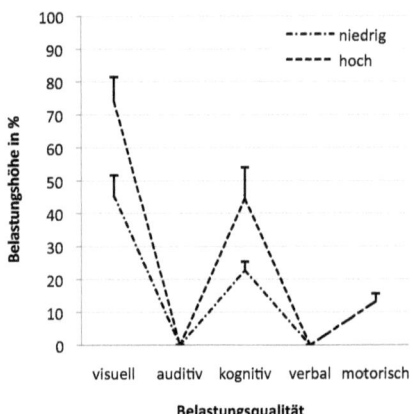

Abb. 5-30: Belastungsstruktur mit Mittelwertangabe und Standardfehler für die Bedienung der Zusatzaufgabe Visuelle Suchaufgabe ohne gleichzeitige Zeigeaufgabe. Am stärksten ausgeprägt sind die visuelle und die kognitive Belastungskomponente.

Die Auswirkung der Zeigeaufgabe auf die motorische Belastung ist bei kombinierten Aufgaben direkt an der Belastungsstruktur für die beiden Zeigeaufgaben ST und MT abzulesen (vgl. Abb. 5-31). Hier tritt unabhängig von der Zusatzaufgabe alleine ein Unterschied zwischen Touchscreen und Trackball auf. Die visuelle Belastung ist dagegen nahezu unabhängig von der Zeigeaufgabe ausgeprägt. Nur in der Zeigeaufgabe MT ist ein Unterschied für die einfache *visuelle Suchaufgabe* zwischen Touchscreen und Trackball zu erkennen. Die Auswirkungen auf die kognitive Belastungsqualität sind hauptsächlich abhängig von der Schwierigkeit der Zusatzaufgabe. Auf Leistungsvorteile in Zeige- und Zusatzaufgabe, die sich auf die Wahl des Bediengeräts zurückführen

Kapitel 5 · Ergebnisse und Diskussion

lassen, kann durch die Ausprägung der visuellen Belastungsqualität (vgl. Abb. 5-31) nicht geschlossen werden.

Die visuelle Zusatzaufgabe eignet sich gut zur Induzierung visueller Belastung. Die Höhe der visuellen Belastung ist abhängig von der Schwierigkeit der Zusatzaufgabe, nicht aber von der Zeigeaufgabe und deren Bedienelement (vgl. Abb. 5-31). In der Zeigeaufgabe MT ist in der leichten Zusatzaufgabe ein Unterschied in der Belastungshöhe abhängig vom Bedienelement erkennbar, was auf Interaktionseffekte zwischen der leichten *Visuellen Suchaufgabe* und der Trackballbedienung in der Zeigeaufgabe MT hindeutet. In den anderen Kombinationen ist kein Unterschied erkennbar. Es ist daher zu vermuten, dass im Rahmen dieser Versuche bis auf eine Ausnahme keine Interaktionen zwischen der *Visuellen Suchaufgabe* und der Zeigeaufgabe aufgetreten sind. Die Schwierigkeitsstufen waren unter Umständen zu leicht bzw. zu schwer, wodurch möglicherweise Deckeneffekte auftraten, welche die Interaktionseffekte größtenteils überdeckten.

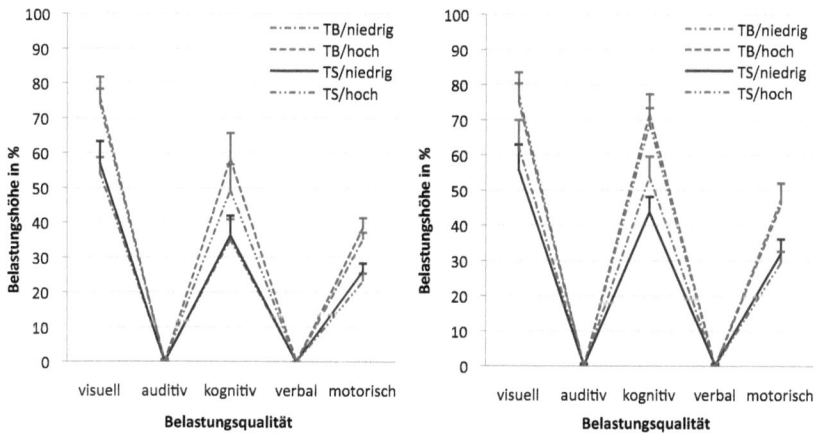

Abb. 5-31: Belastungsstruktur mit Mittelwertangabe und Standardfehler für die Bedienung der Zusatzaufgabe Visuelle Suchaufgabe bei gleichzeitiger Bearbeitung der Zeigeaufgabe ST (linkes Diagramm) und MT (rechtes Diagramm).

5.4.3. Mehrdimensionale Zusatzaufgabe

Die mehrdimensionale Zusatzaufgabe wird durch die *Komplexe Aufgabe* abgebildet und setzt sich aus den Aufgabenteilen „Tracking" und „Readback" zusammen. Die Verwendung der Komplexen Zusatzaufgabe verfolgt das Ziel, in Kombination mit der Zeigeaufgabe den Belastungskontext im Cockpit möglichst realitätskonform nachzubilden. Betrachtet man alleine die Belastungsstruktur der beiden Teilaufgaben ohne zusätzliche Zeigeaufgabe, so ist besonders auffällig, dass sich für die beiden Schwierigkeitsstufen die Höhe der auditiven, kognitiven und verbalen Belastungsqualitäten, die durch die *Readback-Aufgabe* hervorgerufen werden, sichtlich unterscheiden (vgl. Abb. 5-32). Für die visuelle und motorische Belastung der *Tracking-Aufgabe* bleiben sie dagegen nahezu unverändert. Die Änderung der Schwierigkeit der *Tracking-Aufgabe* wurde von den Versuchspersonen folglich nicht durch eine höhere Belastung der visuellen und motorischen Ressource wahrgenommen. Im Gegensatz dazu führte die Erhöhung der Schwierigkeit der *Readback-Aufgabe*

Kapitel 5 · Ergebnisse und Diskussion

zu einer starken Änderung der auditiven, kognitiven und verbalen Belastung. Die Änderung der Schwierigkeit der *Readback-Aufgabe* wurde also von den Versuchspersonen wesentlich belastender empfunden, wobei sie auf Schwierigkeitsunterschiede in der *Tracking-Aufgabe* relativ robust reagiert haben. Dies dürfte darauf zurückzuführen sein, dass die Versuchspersonen durch ihre enorme Flugerfahrung ein hohes Maß an Expertise in *Tracking-Aufgaben* besitzen und die *Tracking-Aufgabe* im Versuch wesentlich realitätsnäher war als die *Readback-Aufgabe*. Die Versuchspersonen reagierten sehr viel sensibler auf Schwierigkeitsänderungen in der *Readback-Aufgabe* (vgl. Abb. 5-32).

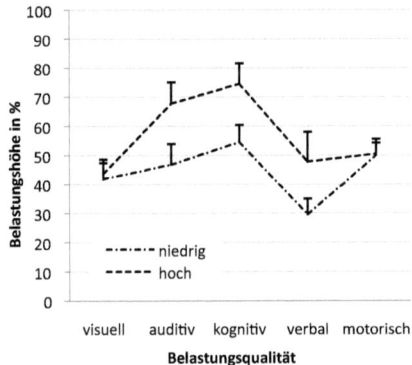

Abb. 5-32: Belastungsstruktur mit Mittelwertangabe und Standardfehler für die Bedienung der Zusatzaufgabe Komplexe Aufgabe ohne gleichzeitige Zeigeaufgabe. Am stärksten ausgeprägt sind die auditive und die kognitive Belastungskomponente. Das Belastungsniveau ist, verglichen mit den eindimensionalen Zusatzaufgaben, für alle Belastungsqualitäten hoch.

Die von der Schwierigkeit der *Readback-Aufgabe* abhängigen quantitativen Unterschiede der auditiven, kognitiven und verbalen Belastungsqualitäten sind auch bei gleichzeitiger Bearbeitung von Zeige- und Zusatzaufgabe erkennbar (vgl. Abb. 5-33). Kognitive und verbale Belastung sind nahezu unabhängig von Zeigeaufgabe und Bediengerät. Alleine in der auditiven Belastung zeigt sich für die schwere Zusatzaufgabe und die Zeigeaufgabe ST eine Abhängigkeit vom Bedienelement.

Visuelle und motorische Belastung sind abhängig vom Bedienelement der Zeigeaufgabe. Die *Tracking-Aufgabe* ist für Piloten eine in der Praxis vielgeübte Aufgabe. Aus diesem Grund wurden beim starken Ansteigen der kognitiven Belastung in der schwierigen *Readback-Aufgabe* die Aufmerksamkeitsressourcen von der *Tracking-Aufgabe* auf die *Readback-Aufgabe* übertragen. Die Belastung bleibt dabei unabhängig vom Bedienelement nahezu gleich. Dies entspricht den Ergebnissen der Signifikanztests. Dabei konnten signifikante Leistungsunterschiede in der schwierigen *Tracking-Aufgabe* für beide Zeigeaufgaben in Abhängigkeit des Bedienelements nachgewiesen werden. Es scheint daher der Versuchsperson bei Touchscreenbedienung möglich zu sein, ihre Aufmerksamkeit auf die *Readback-Aufgabe* zu fokussieren ohne dabei Leistungseinbußen in Zeige- oder *Tracking-Aufgabe* hinnehmen zu müssen (vgl. Abb. 5-33).

Die Betrachtung der Belastungsprofile der Komplexen Aufgabe unterstreicht die Verwendbarkeit des Touchscreens als primäres Bedienelement großflächiger Anzeigegeräte unter Zusatzbelastung. Die Belastungsstruktur der Kombination aus Zeige- und Zusatzaufgabe entspricht den in

Kapitel 5 · Ergebnisse und Diskussion

Kap. 3.3.2 für die Anwendungsfälle erhobenen CWPs und zeichnet sich dadurch tatsächlich als repräsentative Zusatzaufgabe aus.

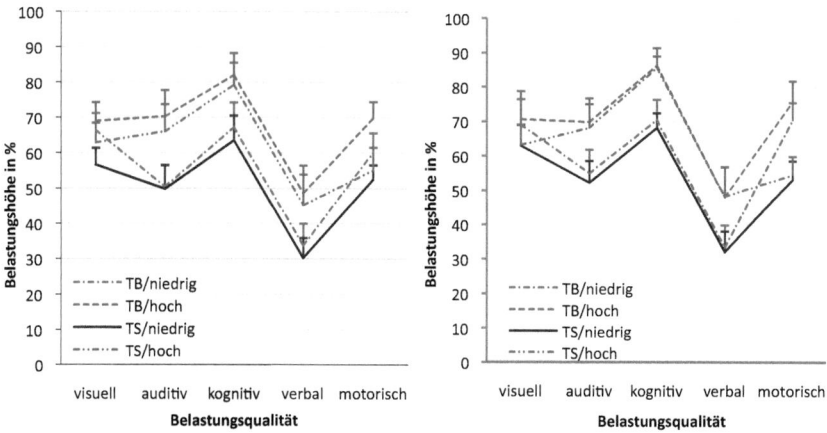

Abb. 5-33: *Belastungsstruktur mit Mittelwertangabe und Standardfehler für die Bedienung der Zusatzaufgabe Komplexe Aufgabe bei gleichzeitiger Bearbeitung der Zeigeaufgabe ST (linkes Diagramm) und MT (rechtes Diagramm).*

5.5. Nutzerzufriedenheit

Die Aspekte der Nutzerzufriedenheit wurden mit Hilfe unterschiedlicher Fragebögen evaluiert und stellen nach ISO 9241-11 (1999) die Freiheit von Beeinträchtigungen und die positive Einstellung gegenüber der Nutzung des Produkts sicher. Der hohe Erfahrungsgrad der befragten Experten lässt eine qualitativ hochwertige Einschätzung der Akzeptanz, der Zufriedenstellung, der Leistungsfähigkeit und der Leistungsbereitschaft der gesamten Nutzergruppe (Piloten militärischer Strahlflugzeuge) bei der Verwendung der Bedienelemente Trackball und Touchscreen in Cockpits hochagiler Flugzeuge erwarten.

Im Folgenden werden die Ergebnisse der vier Nutzerzufriedenheits-Fragebögen dargestellt und im Kontext der Diskussion der Leistungsdaten interpretiert. Die Darstellung der erhobenen Werte findet in Diagrammen statt. Für jede Frage wird das arithmetische Mittel der Antworten der Stichprobe dargestellt. Die Versuchspersonen konnten sich bei jeder Frage der Antwort enthalten. Dies wurde in der Mittelwertbestimmung entsprechend berücksichtigt. Aus Übersichtsgründen wird in den Diagrammen auf den vollständigen Fragentext verzichtet und der Inhalt der Fragen jeweils durch ein Stichwort oder einen kurzen Text beschrieben. Jede Frage wird in den Diagrammen durch eine Nummer eindeutig gekennzeichnet. Der vollständige Fragentext kann in Anhang H eingesehen werden.

5.5.1. Standardisierte Fragebögen

5.5.1.1. ISO 9241-9

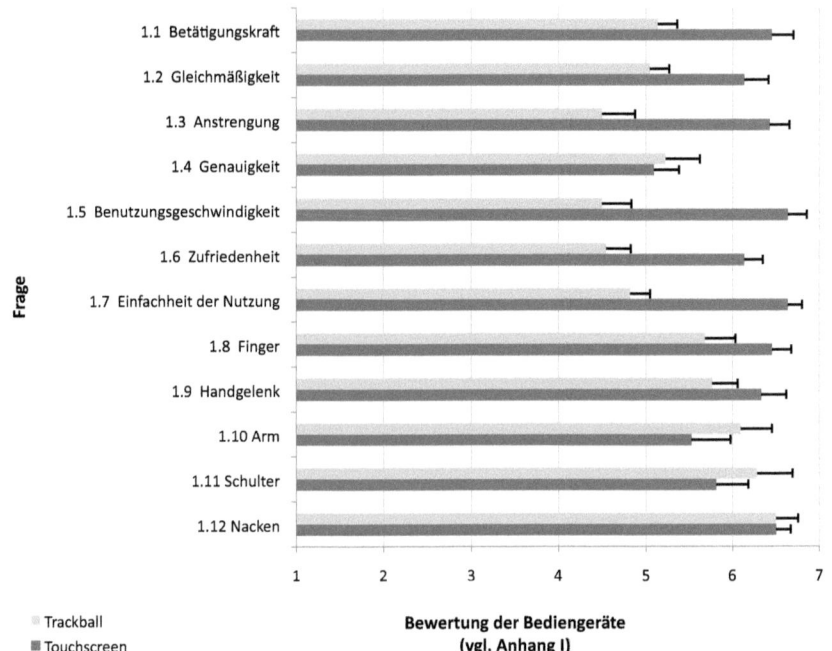

Abb. 5-34: *Darstellung der Mittelwerte mit Standardfehler der Befragung zur Bestimmung der Nutzerzufriedenheit von Touchscreen und Trackball nach ISO 9241-9 (2002). Die Likert-Skala reicht von eins bis sieben, wobei sieben den besten und eins den schlechtesten Zufriedenheitswert angibt.*

Der Fragebogen zur Bestimmung der Nutzerzufriedenheit teilt sich in die Bereiche „Allgemeine Anzeichen" (Fragen 1.1 bis 1.7) und „Ermüdungsanzeichen" (Fragen 1.8 bis 1.12) auf. In den allgemeinen Anzeichen ist, bis auf den Aspekt Genauigkeit, in allen Belangen eine eindeutig höhere Zufriedenheit mit dem Bedienelement Touchscreen zu erkennen. Dies zeigt sich vor allem in der Benutzungsgeschwindigkeit und der Einfachheit der Nutzung. Diese Ergebnisse sind hypothesenkonform und entsprechen den in den Versuchen nachgewiesenen Leistungsunterschieden in Zeige- und Zusatzaufgabe. Die Genauigkeit der beiden Bedienelemente wurde von den Befragten als annähernd gleich eingeschätzt und entspricht dem Vergleich der Fehlerrate von Trackball und Touchscreen in den Zeigeaufgaben ST und MT (vgl. 5.2.3 & 5.3.3).

Die Ermüdungsanzeichen sind allgemein für beide Bedienelemente sehr gering. Die Unterschiede sind charakteristisch und werden eindeutig von der Haltung des Hand-Arm-Systems und der Bediendynamik bestimmt. So zeigt sich eine höhere Belastung der Finger und des Handgelenks bei Trackballbedienung sowie eine höhere Belastung des Arms und der Schulter bei Touchscreenbedienung. Ermüdungserscheinungen des Nackens traten nur in sehr geringem Maße und unabhängig vom Bedienelement auf.

5.5.1.2. PSSUQ

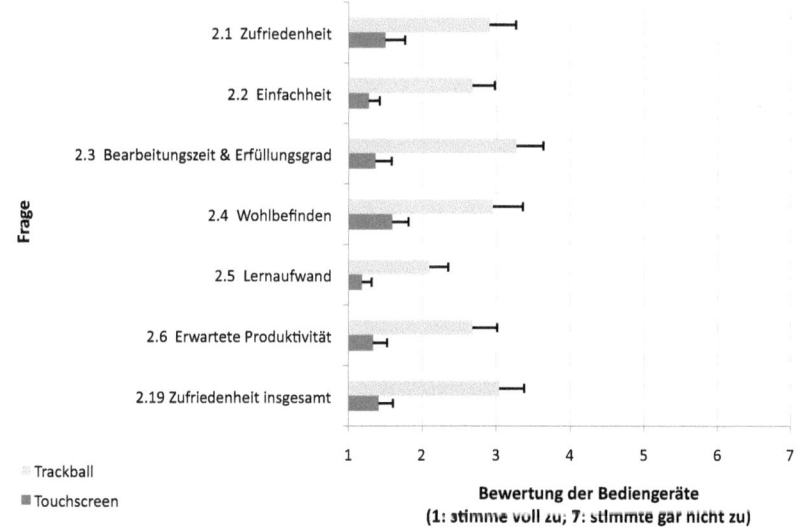

Abb. 5-35: Darstellung der Mittelwerte mit Standardfehler der PSSUQ-Befragung zur Bestimmung der Nutzerzufriedenheit von Touchscreen und Trackball. Die Likert-Skala reicht von eins bis sieben, wobei eins den besten und sieben den schlechtesten Zufriedenheitswert angibt.

Der Fragebogen PSSUQ wurde jeweils im Anschluss an die Bearbeitung des Fragebogens ISO 9241-9 erhoben. Der Fragebogen besteht aus sieben Fragen, die aus einer Anzahl von 19 Fragen, die der PSSUQ bereitstellt, aufgrund ihrer inhaltlichen Relevanz ausgewählt wurden. Neben den Elementen Zufriedenheit, Einfachheit und Bearbeitungszeit, die ebenfalls im Fragebogen ISO 9241-9 erhoben wurden, berücksichtigt der PSSUQ Wohlbefinden, Lernaufwand und die erwartete Produktivität mit dem jeweiligen Bedienelement. Zusammenfassend lässt sich wiederum ein klarer Vorteil des Touchscreens gegenüber dem Trackball in allen Kategorien feststellen und die Übereinstimmung mit den Ergebnissen des ISO 9241-9 Fragebogens ist gegeben. Die befragten Experten erwarten für die Interaktion mit den Touchscreen eine höhere Produktivität als mit dem Trackball. Dies entspricht den Ergebnissen der Leistungserhebung und hat aufgrund des Expertentums der Stichprobe besondere Relevanz für den gesamten Nutzerkreis der Piloten bzw. für eine spätere Anwendung des Touchscreens in hochagilen Flugzeugen. Der Lernaufwand wird für beide Bedienelemente als recht niedrig eingestuft, wobei sich jedoch wiederum ein deutlicher Vorteil des Touchscreens zeigt.

5.5.1.3. SUS

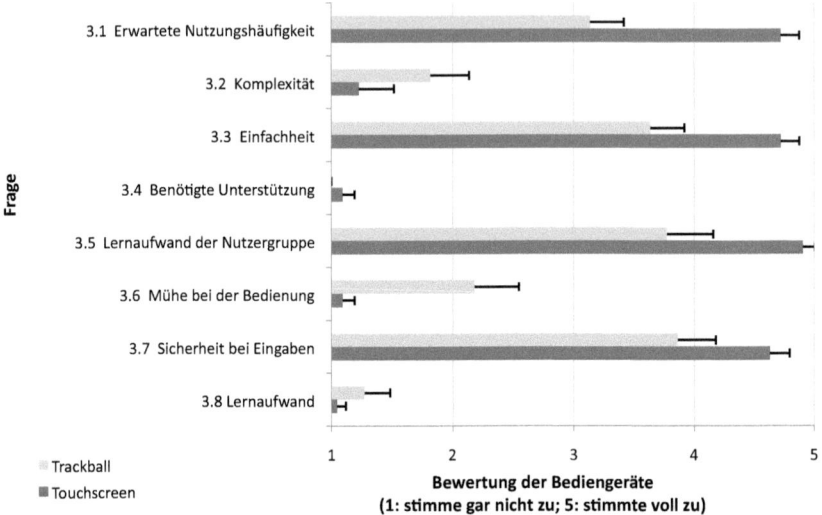

Abb. 5-36: Darstellung der Mittelwerte mit Standardfehler der SUS-Befragung zur Bestimmung der Nutzerzufriedenheit von Touchscreen und Trackball. Die Wertigkeit der Likert-Skala ist abhängig von der Formulierung der Fragen. Für alle ungeraden Fragen ist fünf der beste, für alle geraden Fragen eins der beste Wert (vgl. Anhang H).

Als dritter Usability-Fragebogen zur Erhebung der verschiedenen Aspekte der Nutzerzufriedenheit wurde der SUS Fragebogen eingesetzt. Er berücksichtigt Frageelementen, die in den beiden anderen Fragebögen in ähnlicher Weise vorkommen (3.3, 3.4, 3.5, 3.7 und 3.8), aber auch die Aspekte Nutzungshäufigkeit, Komplexität und Mühe bei der Bedienung (3.1, 3.2 und 3.6). Zugleich lässt sich aus der Gesamtheit der erhobenen Daten jeweils ein SUS-Wert für die beiden Bedienelemente als Maß für die Nutzerzufriedenheit bestimmen. Dieser Wert beträgt für den Touchscreen 84,2 % und für den Trackball 75,4 %.

Der SUS beinhaltet Fragen die sich auf die zu erwartende Nutzungshäufigkeit und den Lernaufwand der Nutzergruppe beziehen. Die Ergebnisse der SUS Befragung lassen diesbezüglich einen klaren Vorteil des Touchscreens gegenüber dem Trackball erwarten (vgl. Abb. 5-36). Die Nutzungshäufigkeit und der Aspekt Lernaufwand der Nutzergruppe sprechen deutlich für die Verwendung des Touchscreens als primäres Bedienelement. Gleiches gilt für die Einschätzung der Komplexität und der Mühe bei der Bedienung der beiden Bedienelemente. Der Lernaufwand der Versuchsteilnehmer für den Zweck der Bearbeitung der Zeigeaufgaben wurde für Trackball und Touchscreen gering eingestuft. Die Befragten sind zugleich der Meinung nicht die Hilfe einer technisch erfahrenen Person für den Umgang mit den Bedienelementen zu benötigen. Die Einfachheit und Sicherheit der Bedienung wurde für die Touchscreen-Interaktion deutlich besser bewertet als für den Trackball (vgl. Abb. 5-36).

5.5.2. PanDis-Usability Fragebogen

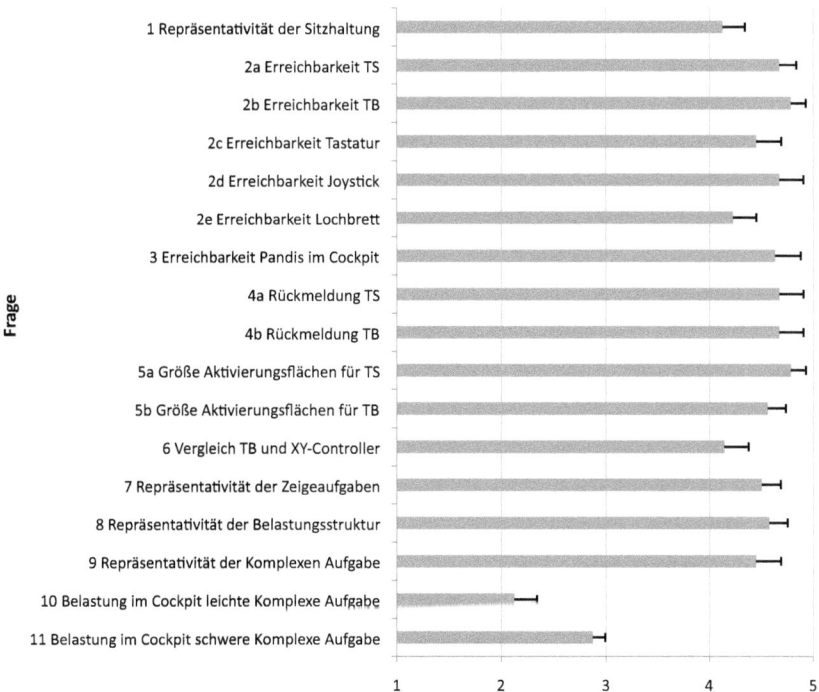

Abb. 5-37: Darstellung der Mittelwerte mit Standardfehler der PanDis-Usability-Befragung zur Bestimmung der Nutzerzufriedenheit von Touchscreen und Trackball (vgl. Anhang H). Die Likert-Skala der Frageitems 1 bis 9 reicht von eins bis fünf, wobei fünf den besten und eins den schlechtesten Zufriedenheitswert angibt. Die Fragen 10 und 11 vergleichen den Grad der Belastung im Versuch mit Belastungsstufen im Cockpit von niedrig bis sehr hoch in einer dreistufigen Likert-Skala.

Der PanDis-Usability-Fragebogen dient, verglichen mit den standardisierten Fragebögen in Kap. 5.5.1, dem Vergleich und der Bewertung der beiden Bedienelemente und berücksichtigt zugleich Aspekte der Erreichbarkeit der Bediengeräte, der Rückmeldung in den Zeigeaufgaben, die Repräsentativität der anthropometrischen Auslegung der Versuchsumgebung und die Realitätsnähe der Zeige- und Zusatzaufgaben. Mit Hilfe dieses Fragebogens sollte zudem die Validität der Versuchsumgebung wie auch der Versuchsinhalte anhand der subjektiven Einschätzung der befragten Experten bewertet werden.

Die Ergebnisse der Befragung sind in Abb. 5-37 zusammengefasst. Die in den Zeige- und Zusatzaufgaben verwendeten Bedienelemente sind demnach ohne das Einnehmen einer Zwangshaltung erreichbar (Frage 2a bis 2e). Die Sitzhaltung im Versuchsaufbau entspricht der Haltung des Pilo-

Kapitel 5 · Ergebnisse und Diskussion

ten im Cockpit des Eurofighters. Da in dieser Frage speziell die Sitzhaltung des Piloten im Eurofighter als Referenz dienen sollte, wurde diese Frage (Frage 1) nur von Versuchspersonen beantwortet, die Erfahrung auf diesem Flugzeugmuster besitzen. Aus dem gleichen Grund wurde auch die Frage nach der Erreichbarkeit des Großflächendisplays (Frage 3) nur von Versuchspersonen mit Eurofighter-Erfahrung beantwortet. Die Art der Rückmeldung und die Größe der Aktivierungsflächen wurden von den Versuchspersonen als sehr gut beurteilt. Es ist also davon auszugehen, dass die Größe der Aktivierungsflächen auch nach der subjektiven Meinung der Versuchspersonen hinsichtlich Bedienzeit und -sicherheit ausreichend für Touchscreen- und Trackballeingaben in hochagilen Flugzeugen ist. Aufgrund des Ergebnisses der Frage 6 ist nach Einschätzung der befragten Experten durch die Verwendung eines Trackballs, verglichen mit dem XY-Controller des Eurofighters eine Leistungssteigerung bei der Interaktion mit den Multifunktionsdisplays zu erwarten. Die Auswahl des Trackballs als leistungsstärksten Vertreters der indirekten CCE für die Verwendung zur Interaktion mit Großflächendisplays in hochagilen Flugzeugen nach Boff & Lincoln (1983) wird dadurch auch durch die subjektive Einschätzung der befragten Experten bestätigt. Gleichzeitig wird die Auslegung der Zeigeaufgaben, der Belastungsstruktur und die Gestaltung der komplexen Aufgabe als ausreichend repräsentativ bzw. realitätsnah bewertet (Fragen 7 bis 11).

5.6. Hypothesenprüfung

In Kap. 2 wurde auf Grundlage des menschlichen Informationsverarbeitungsmodells nach Wickens et al. (2004) und des Verhaltensmodells nach Rasmussen (1983) eine Leistungsdifferenz zwischen Touchscreen und Trackball-Bedienung prognostiziert. Darauf aufbauend wurden Hypothesen für unterschiedliche Rahmenbedingungen der Interaktion formuliert, die im Rahmen einer Usability-Untersuchung überprüft wurden. Die Hypothesenprüfung basiert auf den in den Kap. 5.2 bis Kap. 5.5 zusammengefassten Untersuchungsergebnissen.

H1   *Die Bedienleistung bei Eingabehandlungen (Zeigeaufgaben) auf Großflächendisplays ohne Zusatzbelastung ist mit dem Touchscreen höher als mit dem Trackball.*

Die Bedienzeit bei der Anwahl einzelner Ziele auf Großflächendisplays ist mit dem Touchscreen deutlich niedriger als mit dem Trackball. Es ist kein Genauigkeitsunterschied bei Trackball- und Touchscreenbedienung zu erwarten. Die beiden Zeigeaufgaben wurden ohne Zusatzaufgabe jeweils vollständig bearbeitet. Die Unterschiede in der Bedienleistung von Trackball und Touchscreen in den beiden Zeigeaufgaben ST und MT ohne gleichzeitige Bearbeitung einer Zusatzaufgabe werden daher alleine durch die Variable Bedienzeit beeinflusst (vgl. Kap. 5.2.1.1 & 5.3.1.1). Die Hypothese *H1* kann daher im Rahmen dieser Usability-Untersuchung bestätigt werden.

H2   *Der Performanzvorteil der Touchscreenbedienung bei Zeigeaufgaben auf Großflächendisplays gegenüber der Trackball-Bedienung bleibt bei einer Erhöhung der Belastung bestehen.*

Der Vorteil des Touchscreens in der Bedienzeit bleibt für die Anwahl einzelner Ziele auf dem Großflächendisplay bei einer Erhöhung der Belastungssituation durch das gleichzeitige Auftreten von Zusatzaufgaben bestehen und weitet sich für die Zusatzbelastung durch die Motorische und *Komplexe Aufgabe* in erheblichem Maße auf die Leistungskomponente Auslassungsfehler aus. Dies

Kapitel 5 · Ergebnisse und Diskussion

gilt in unterschiedlicher quantitativer Ausprägung für die beiden Zeigeaufgaben ST und MT (vgl. Kap. 5.2.1 & 5.3.1). Die Hypothese *H2* kann daher im Rahmen dieser Usability-Untersuchung bestätigt werden.

H3 (a), (b)   *Die Beständigkeit des Vorteils des Touchscreens in der Bedienleistung der Zeigeaufgabe gegenüber dem Trackball gilt für (a) standardisierte und (b) für die in hochagilen Flugzeugen auftretenden Eingabehandlungen und Zusatzaufgaben.*

(a)   Die Beständigkeit des Performanzvorteils des Touchscreens hinsichtlich der Bedienzeit in der Zeigeaufgabe gilt für die Versuchsvariationen der standardisierten Zeigeaufgabe Single Targets und der eindimensionalen standardisierten Zusatzaufgaben *Sternberg, Motorische* und *Visuelle Aufgabe* sowie der mehrdimensionalen realistischen Zusatzaufgabe *Komplex Aufgabe*. Betrachtet man die weiteren Leistungsmaße zeigt sich alleine in der Fehlerrate der Zeigeaufgabe ST, kombiniert mit der schwierigen *Visuellen Suchaufgabe* ein signifikanter Vorteil des Trackballs. Die Bedienzeit und Vollständigkeit der Bearbeitung der Zeigeaufgabe sind in dieser Kombination bei Touchscreenbedienung jedoch deutlich besser, so dass hier insgesamt nicht von einem Leistungsvorteil des Trackballs gesprochen werden kann. Signifikante Leistungsunterschiede der beiden Eingabeelemente in der Variable Auslassungsfehler wurden bei der Bearbeitung der Zusatzaufgaben *Motorische* und *Komplexe Aufgabe* nachgewiesen. Hier zeigt sich ebenfalls ein klarer Vorteil der Touchscreenbedienung (vgl Kap. 5.2.1.2 bis 5.2.1.4 & Kap. 5.3.1.2 bis 5.3.1.4). Der Teil *(a)* der Hypothese *H3* wird daher im Kontext dieser Untersuchung bestätigt.

(b)   Die Beständigkeit des Leistungsvorteils in der Zeigeaufgabe gilt für die Versuchsvariationen der realitätsnahen Zeigeaufgabe Multiple & Moving Targets und der eindimensionalen standardisierten Zusatzaufgaben *Sternberg, Motorische* und *Visuelle Aufgabe* und der mehrdimensionalen realistischen Zusatzaufgabe *Komplexe Aufgabe*. Es treten in allen Kombinationen aus Zeige- und Zusatzaufgaben signifikante Leistungsvorteile bei Touchscreenbedienung in den Variablen Bedienzeit und Auslassungsfehler auf. Der Unterschied der Fehlerrate der beiden Bedienelemente ist bis auf die Kombination aus der Zeigeaufgabe und der schwierigen *Sternberg Aufgabe* nicht signifikant. Hier treten bei Trackballbedienung signifikant weniger Fehleingaben als bei Touchscreenbedienung auf. Da die Leistung in den beiden anderen Leistungsvariablen einen signifikanten Vorteil des Touchscreens bestätigt, kann an dieser Stelle insgesamt nicht von einem Leistungsvorteil des Trackballs ausgegangen werden (vgl Kap. 5.2.1.5 & 5.3.1.5). Im Kontext dieser Untersuchung wird daher ebenfalls der Teil *(b)* der Hypothese *H3* bestätigt.

H4   *Der Performanzvorteil des Touchscreens bei Eingabehandlungen nimmt gegenüber dem Trackball bei steigender Belastung des Piloten zu.*

Eine Steigerung der Schwierigkeit der Zusatzaufgabe hat in Kombination mit den beiden Zeigeaufgaben ST und MT stets zu einem Anwachsen der Differenz der Bedienzeiten und der Auslassungsfehlerrate von Touchscreen und Trackball geführt. Zugleich wurde ein wachsender Leistungsvorteil des Touchscreens sichtbar. Für die Fehlerrate kann eine solche Tendenz weder für den Trackball noch für den Touchscreen festgestellt werden (vgl. Kap. 5.2.1, 5.3.1 & 5.4). Die Hypothese *H4* ist zu bestätigen.

Kapitel 5 · Ergebnisse und Diskussion

H5   *Werden für Eingabehandlungen und die Bearbeitung von Zusatzaufgaben dieselben Ressourcen benötigt, so führt der Touchscreen zu einer geringeren Belastung der betroffenen Ressourcen als der Trackball und dadurch zu einer positiven Beeinflussung der Leistung in Zeige- und Zusatzaufgabe.*

Die Verwendung des Touchscreens in der Zeigeaufgabe hat sich, verglichen mit der Trackballbedienung, in den Zusatzaufgaben schwere *Visuelle Suchaufgabe* sowie leichte und schwere *Motorische* und *Komplexe Aufgabe* positiv auf die Leistung in der Zusatzaufgabe ausgewirkt (vgl. Kap. 5.2.1, 5.2.2, 5.3.1, 5.3.2 & 5.4). Dies ist auf Interferenzen der Trackballbedienung und der Bearbeitung der Zusatzaufgaben hinsichtlich motorischer, visueller und kognitiver Ressourcen zurückzuführen. Die Hypothese *H5* kann also bestätigt werden.

H6   *Die Interaktion mit dem Touchscreen ist zufriedenstellender als mit dem Trackball.*

Die Ergebnisse der Fragebogenerhebung zur Nutzerzufriedenheit der beiden Interaktionsalternativen zeigen eine sehr positive Bewertung beider Eingabeelemente, zugleich jedoch eine klare Bevorzugung der Interaktion mit dem Touchscreen (vgl. Kap. 5.5). Die Hypothese *H6* kann daher im Rahmen dieser Untersuchung bestätigt werden.

ZH   *Der Touchscreen weist deutliche Leistungsvorteile gegenüber anderen Bedienelementen auf und bietet sich daher als primäres Bedienelement für die Interaktion mit großflächigen Displays in hochagilen militärischen Flugzeugen an.*

Wird der Touchscreen als primäres Bedienelement des großflächigen Multifunktionsdisplays verwendet, so wirkt sich dies, verglichen mit dem Trackball, besonders leistungsfördernd auf die vom Piloten zu bearbeitenden Aufgaben im Cockpit aus. Die Zentralhypothese *ZH* kann auf Grundlage der Überprüfung der Hypothesen *H1* bis H6 im Rahmen dieser Arbeit bestätigt werden.

6. Zusammenfassung und Ausblick

Das Cockpit moderner Flugzeuge ist eine komplexe Arbeitsumgebung mit vielschichtigen Aufgabengebieten und Belastungskomponenten. Die Ergebnisse dieser Studie zeigen, dass durch intensive Arbeiten im Bereich der ergonomischen Arbeitsplatzgestaltung durch Änderungsmaßnahmen der Mensch-Maschine-Schnittstelle im Flugzeugcockpit erhebliche Verbesserungen der Leistungsfähigkeit wie auch eine Reduzierung der Belastung des Operateurs erzielt werden können.

Im Rahmen dieser Arbeit wurde die Bedienleistung von Touchscreen und Trackball für Eingaben auf einem Großflächendisplay für die Anwendung in hochagilen Flugzeugcockpits untersucht. Ziel dieser Untersuchung war die Erhebung repräsentativer Leistungsmaße für die Auswahl von leistungsstarken Bedienelementen für Großflächendisplays. Zentraler Punkt der Untersuchung war die Quantifizierung der Bedienleistung der betrachteten Eingabeelemente für die im Flugzeugcockpit herrschende Aufgaben- und Belastungsstruktur. Um die Kontextvalidität der Versuchsergebnisse sicherzustellen, wurde durch das Versuchsdesign der Handlungskontext im Cockpit berücksichtigt. Die Interaktion mit dem Großflächendisplay wurde dabei durch Zeigeaufgaben abgebildet. Die variable Belastungssituation wurde durch verschiedenartige Zusatzaufgaben repräsentiert, die in den Versuchsdurchgängen von den Versuchspersonen simultan mit den Zeigeaufgaben bearbeitet werden mussten. Die Inhalte der unterschiedlichen Aufgaben wurden in einer umfassenden Aufgaben- und Belastungsanalyse am Beispiel eines konkreten Flugzeugmusters, dem Eurofighter ermittelt. Die Flugzeugdynamik und deren Auswirkungen auf die Eingabeleistung des Piloten wurden durch die Analyse vorliegender Flugdaten berücksichtigt. Die anthropometrischen Rahmenbedingungen für die Durchführung der Untersuchung stammen aus einer geometrischen Analyse des Flugzeugmusters. Dabei wurde anhand vorliegender Konstruktionszeichnungen eine Einbauvariante des Großflächendisplays abgeleitet, die den grundlegenden Sicherheitsbestimmungen des Flugzeugmusters entspricht. Die Datenerhebung fand ausschließlich mit fliegendem Personal unterschiedlicher Erfahrungsstufen statt, wobei ein Großteil der Versuchspersonen Testpiloten militärischer Flugzeugmuster sind und daher Expertenstatus besitzen.

Die Ergebnisse dieser Untersuchung sind grundsätzlich auch auf weitere Flugzeugmuster übertragbar. Es treten jedoch durch die Versuchsgestaltung gewisse Einschränkungen auf, die bei der Verwendung dieser Ergebnisse berücksichtigt werden sollten. Diese Einschränkungen zeigten sich im Rahmen dieser Untersuchung zum Teil erst bei der Auswertung der Versuchsdaten oder konnten durch die zeitlichen Rahmenbedingungen bei der Versuchsdurchführung nicht berücksichtigt werden. Sie sind im Folgenden zusammengefasst.

Die Zeige- und Zusatzaufgaben wurden mit dem Ziel ausgewählt, eine möglichst repräsentative Aufgabenumgebung zu schaffen. Diese Umgebung kann jedoch nur einen begrenzten Ausschnitt der Aufgaben des Piloten und der Belastungssituation wiedergeben. Dies ist bei der Verwendung der erhobenen Leistungsdaten zu berücksichtigen.

Bei der Interpretation der Ergebnisse der *Sternberg Aufgabe* wurde deutlich, dass die kognitive Belastung durch die eindimensionale kognitive Zusatzaufgabe hinsichtlich der Repräsentativität

Kapitel 6 · Zusammenfassung und Ausblick

des Belastungskontextes zu gering ist. Aufgrund der Untersuchungsergebnisse der komplexen Aufgabe ist mit gewissen Interferenzeffekten zwischen Zeige- und Zusatzaufgabe bei Belastung der kognitiven Ressource zu rechnen. Die kognitive Belastung durch die *Sternberg Aufgabe* kann daher im Rahmen dieser Untersuchung insgesamt als zu gering eingestuft werden. Dies gilt für beide Schwierigkeitsstufen der Aufgabe.

Die Belastungsstruktur wurde in den Usability-Versuchen auf Grundlage der Pilotenbefragung an die Belastung im Cockpit angepasst. Um hier tatsächlich realistische Belastungszustände der Versuchspersonen berücksichtigen zu können, müssten die Untersuchungsdaten im Flugversuch erhoben werden.

Die Beeinträchtigung des Hand-Arm-Systems bei Touchscreen-Eingaben wurde zusammen mit einer frequenzanalytischen Betrachtung der Cockpit-Beschleunigungen im Eurofighter untersucht, deren Ergebnisse in Gesprächen mit Testpiloten verifiziert wurden. Auf Grundlage der Ergebnisse dieser Analyse fand die Durchführung der Studie in einem nicht bewegten Versuchsaufbau statt. Aufgrund der begrenzten Verfügbarkeit von Flugdaten konnte hier nicht das gesamte Missionsspektrum des Flugzeuges und alle möglichen Wetterbedingungen berücksichtigt werden. Die vorliegenden Flugdaten decken aber einen repräsentativen Missionsteil des Flugzeuges ab. Dennoch müsste auch hier die Gültigkeit der Leistungsdaten des Touchscreens und des Trackballs in umfangreichen Flugversuchen verifiziert werden.

Untersuchungsmodell der Studie war das Flugzeugmuster Eurofighter. Die Ergebnisse der Untersuchung beziehen sich deshalb in erster Linie auf die Interaktion mit Großflächendisplays in diesem Flugzeugcockpit. Damit die Ergebnisse der Studie auch auf andere Flugzeugmuster übertragbar sind, wurde auf eine umfangreiche Dokumentation der vom Flugzeugmuster Eurofighter beeinflussten Anforderungen besonderer Wert gelegt. So sind die Ergebnisse im jeweiligen Nutzungskontext zu interpretieren und auf unterschiedliche Anwendungen übertragbar.

Die Leistungsunterschiede zwischen den betrachteten Bedienelementen Touchscreen und Trackball sind in den unterschiedlichen Kombinationen aus Zeige- und Zusatzaufgaben erwartungskonform. Die Verwendung des Touchscreens führt, verglichen mit dem Trackball, zu erheblich kürzeren Bedienzeiten bei einem gleichzeitig sehr hohen Erfüllungsgrad der Zeigeaufgabe. Auf Grundlage der Versuchsergebnisse ist im Rahmen dieser Untersuchung kein Genauigkeitsunterschieden zwischen den beiden Bedienelementen zu erwarten.

Zeige- und Zusatzaufgaben bzw. der Belastungskontext wurde von den Piloten als sehr repräsentativ bewertet. Obwohl die Versuche in einer unbewegten Laborumgebung stattfanden, wurde der Handlungskontext von den Experten als sehr realistisch bewertet. Durch die Aufgabenstruktur wurde laut den Versuchspersonen ein leichter bis sehr schwieriger Belastungskontext im Cockpit nachgebildet. Das Ziel eine möglichst realitätsgetreue Versuchsumgebung zu schaffen, wurde daher nach Meinung der befragten Piloten erfolgreich erreicht.

Die Bedienfeldgrößen der Ziele in den Zeigeaufgaben wurden von den Versuchspersonen als ausreichend groß bewertet, eine Aktivierungsfläche von 17 mm Kantenlänge der quadratischen Flächen und die gewählte Art und Anzeige der Rückmeldung sind von den Piloten sehr positiv bewertet worden. Die Ergebnisse von Rühmann (1983) und Eichinger et al. (2008) können daher auch durch diese Studie unterstützt werden.

Die Ergebnisse dieser Usability-Untersuchung zeigen deutliche Leistungsdifferenzen in Zeige- und Zusatzaufgaben in Abhängigkeit des in der Zeigeaufgabe verwendeten Bedienelements. Es ist in

Kapitel 6 · Zusammenfassung und Ausblick

den meisten Fällen ein eindeutiger Leistungsvorteil des Touchscreens erwartungskonform für die Kombinationen aus Zeige- und Zusatzaufgaben erkennbar. Treten bei der gleichzeitigen Bearbeitung von Zeige- und Zusatzaufgabe Interferenzen auf, so führt dies bei der Verwendung des Trackballs zu deutlicheren Leistungseinbußen als beim Touchscreen. Der Touchscreen hat folglich einen erheblichen Einfluss auf die Leistungsfähigkeit des Operators bei der Ausführung der Zeige- und Zusatzaufgabe. Der Touchscreen kann also im Rahmen dieser Untersuchung für die Verwendung als primäres Bedienelement für Großflächendisplays in den Cockpits hochagiler Flugzeuge empfohlen werden.

Ein erheblicher Anteil der Eingabefehler mit dem Touchscreen ist darauf zurückzuführen, dass die Versuchspersonen zwar den Zeigefinger korrekt auf dem Ziel positionierten, jedoch während dem Abheben des Zeigefingers ein weiterer Finger bzw. ein Teil der Hand in das Infrarotlichtgitter des Touchscreens ragte. Dies führte dann zu einem ungewollten Verschieben des Cursors. Wurde der Finger anschließend vom Display abgehoben fand die Eingabe nicht auf dem Ziel, sondern an einer anderen Stelle auf dem Display statt. Diese Problematik ist durch die Funktionsweise des IR-Touchscreens und die Tatsache, dass sich das Raster etwas vor der eigentlichen Displayfläche befindet, bedingt. Die in Kap. 2.3.1 vorgestellte und auf Rückprojektion basierende Touchscreen-Technologie „Frustrated Total Internal Reflection" (FTIR) führt, wie auch der IR-Touchscreen zu keiner Beeinträchtigung der Qualität der Informationsdarstellung, da sich hier ebenfalls keine Bauteile auf der Bildschirmoberfläche befinden. Darüber hinaus tritt hier die Problematik der ungewollten Cursor-Verschiebung wie beim Infrarottouchscreen nicht auf. Auf Grundlage der in dieser Untersuchung gewonnen Erkenntnisse ist es daher empfehlenswert, gerade im Hinblick auf die mögliche Verwendung der HOLDIS Display Technologie, Rückprojektionsanzeigen im Cockpit mit einem Touchscreen mit FTIR-Technologie zu kombinieren. Hierfür ist nochmals eine deutliche Leistungszunahme zu erwarten, die jedoch in weiteren Untersuchungen belegt werden müsste.

Der Trackball wird von den Piloten deutlich besser bewertet als das derzeit im Eurofighter befindliche indirekte CCE, der XY-Controller. Es ist daher neben der Empfehlung, den Touchscreen als primäres Bedienelement zu verwenden, eine Kombination aus Touchscreen und Trackball ratsam. Dadurch wird ein leistungsstarkes und redundantes Bedienkonzept erreicht, das zudem alle Kriterien des HOTAS bzw. VTAS Konzepts erfüllt.

Der nächste geplante Teil der Untersuchung der Bedienleistung von Touchscreen und Trackball für Großflächendisplays ist das Aufweiten des Aufgabenspektrums von Zeige- und Zusatzaufgaben. Darüber hinaus wäre es sinnvoll die eindimensionale kognitive Belastungskomponente *Sternberg Aufgabe* durch eine entsprechend angepasste Zusatzaufgabe zu ersetzen und die betroffenen Versuchsdurchgänge zu wiederholen. Im letzten Schritt ist die Überprüfung der Ergebnisse dieser Studie im Flugversuch notwendig. Nur dann kann die tatsächliche Bedienleistung unterschiedlicher Eingabegerätvarianten festgestellt werden.

Kapitel 6 · Zusammenfassung und Ausblick

Literaturverzeichnis

Literatur

Adam, E. C. (1991). Tactical Cockpits - The Coming Revolution. *Telesystems Conference.* IEEE.

Adam, E. C. (1994). Tactical Cockpits: flat panels imperatives. In D. G. Hopper (Hrsg.), *Cockpit Displays - Proceedings of SPIE, 2219.*

Adam, E. C., Martin, W., Reinecke, M., & Seifert, R. (1986). Improved Guidance and Control Automation at the Man-Machine Interface. In W. Hollister (Hrsg.), *AGARD, AR-228.*

Albery, W. B., Ward, S. L., & Gill, R. T. (1985). *Effect of acceleration stress on human workload.* Aerospace Medical Research Laboratory.

Avery, L. W. (1999). *U.S. Army Weapons Systems Human-Computer Interface Style Guide.* The Pacific Northwest National Laboratory, Richland.

Baddeley, A. (2003). Working Memory: Looking back and looking forward. In *Nature Reviews: Neuroscience.*

Becker, S., Neujahr, H., Sandl, P., & Babst, U. (2008). Holographisches Display - HOLDIS. In M. Grandt, & A. Bauch (Hrsg.), *Beiträge der Ergonomie zur Mensch-System-Integration.* Bonn: DGLR.

Benko, H., Wilson, A. D., & Baudisch, P. (2006). Precise Selection Techniques for Multi-Touch Screens. In R. Grinter (Hrsg.), *Conference on Human Factors in Computing Systems.* New York: Association for Computing Machinery.

Boff, K., & Lincoln, J. (1983). *Engineering Data Compendium: Human Perception and Performance.* New York: John Wiley and Sons.

Bortz, J., & Döring, N. (2006). *Forschungsmethoden und Evaluation.* Berlin: Springer Verlag.

Brockhaus, R. (1994). *Flugregelung.* Berlin: Springer.

Brooke, J (1996). SUS: a "quick and dirty" usability scale. In P. W. Jordan, B. Thomas, B. A. Weerdmeester, & A. L. McCelelland (Hrsg.), *Usability Evaluation in Industry.* London: Taylor and Francis.

Bubb, H. (1981). Analyse der Systemdynamik. In H. Schmidtke (Hrsg.), *Lehrbuch der Ergonomie.* München: Carl Hanser Verlag.

Bubb, H. (2003). Fahrerassistenz - primär ein Beitrag zum Komfort oder für die Sicherheit? *Der Fahrer im 21. Jahrhundert. VDI-Berichte Vol. 1768.* Düsseldorf: VDI-Verlag.

Literaturverzeichnis

Bubb, H., & Sträter, O. (2006). *Grundlagen der Gestaltung von Mensch-Maschine-Systemen. Enzyklopädie der Psychologie.* Göttingen: Hogrefe.

Bullinger, H. J., Kern, P., & Braun, M. (2006). Controls. In G. Salvendy (Hrsg.), *Handbook of Human Factors & Ergonomics.* New York: John Wiley & Sons.

Buxton, B. (2007). *Sketching User Experiences: getting the design right and the right design.* In D. Cerra (Hrsg.) San Francisco: Morgan Kaufmann Publishers, Elsevier.

Carver, E. M. (1977). *Evaluation of a simulated touch display under whole-body random vibration conditions.* British Aircraft Corp.

Coermann, R. R. (1963). The Mechanical Impedance of the Human Body in Sitting and Standing Position at Low Frequencies. In S. Lippert (Hrsg.), *Human Factors* .

Daimler Chrysler AG. (2005). *Calibration Task.* Softwaremanual.

Daimler Chrysler AG. (2004). *Cognitive Reference Task.* Softwaremanual.

Davidson, P. L., & Han, J. Y. (2006). Synthesis and control on large scale multi-touch sensing displays. *Proceedings of the 2006 Conference on new Interfaces for Musical Expression.* Paris.

Degani, A., Palmer, E. A., & Bauersfeld, K. G. (1992). "Soft" Controls for Hard Displays: Still a Challenge. *Proceedings of the 36th Annual Meeting of the Human Factors Society.* Atlanta: Human Factors Society.

DIN 33402-2 Beiblatt 1. (2006). *Körpermaße des Menschen – Teil 2: Werte; Beiblatt 1: Anwendung von Körpermaßen in der Praxis.* Deutsches Institut für Normung e.V. Berlin: Beuth Verlag.

DIN 33402-2. (2005). *Ergonomie - Körpermaße des Menschen - Teil 2: Werte.* Deutsches Institut für Normung e.V. Berlin: Beuth Verlag.

DIN 33411-4. (1987). *Körperkräfte des Menschen.* Deutsches Institut für Normung e.V. Berlin: Beuth Verlag.

DIN EN 9241-110. (2006). *Ergonomie der Mensch-System-Interaktion.* Deutsches Institut für Normung e.V., Normenausschuss Ergonomie. Berlin: Beuth Verlag.

Dudek, R. A., & Clemens, D. E. (1965). Effect of vibration on certain psychomotor responses. *Journal of Engineering Psychology, 4.*

EFA. (1987). *Cockpit Arrangements Twin Seat.* Eurofighter.

EFA. (1993). *EFA XY-Controller Moding Requirements For SP04.* Eurofighter.

EFA. (2004). *Hands On Throttle And Stick From SP3 To SP5.* Eurofighter.

Literaturverzeichnis

Eichinger, A. (2010). *Bewertung von Benutzerschnittstellen für Cockpits hochagiler Flugzeuge.* Dissertation, Universität Regensburg, Lehrstuhl für allgemeine und angewandte Psychologie.

Eichinger, A. (2008). *Informationsverarbeitung.* Universität Regensburg.

Eichinger, A., Kellerer, J., Sandl, P., & Zimmer, A. (2009). Panoramic Displays - Bewertung von Benutzerschnittstellen im Kontext von Mehrfachtätigkeit. In A. Lichtenstein, C. Stößel, & C. Clemens (Hrsg.), *Der Mensch im Mittelpunkt technischer Systeme. Reihe 22, Nr. 19.* Düsseldorf: VDI.

Eichinger, A., Kellerer, J., Sandl, P., & Zimmer, A. (2008). Panoramic Displays - Quantitative Evaluation sensomotorischer Aspekte der Bedienleistung. In M. Grandt, & A. Bauch (Hrsg.), *Beiträge der Ergonomie zur Mensch-System-Integration.* Bonn: DGLR.

Fitts, P. M. (1954). The information capacity of the human motor system in controlling the amplitude of movement. *Journal of Experimental Psychology , 47* (6).

Furness, T. A. (1986). The Super Cockpit and Human Factors Challenges. *Human Factors and Ergonomics Society Annual Meeting Proceedings. Volume 30, Nr. 1.* Human Factors and Ergonomics Society.

Gauer, O. H., & Zuidema, G. D. (1961). Gravitational Stress in Aerospace Medicine.

Goldstein, E. B. (2002). *Wahrnehmungspsychologie.* Heidelberg: Spektrum.

Grether, W. F. (1971). Vibration and human performance. *Human Factors , 13.*

Griffin, M. J. (1996). *Handbook of Human Vibration.* Amsterdam: Elsevier.

Gruber, H. (1994). *Expertise-Modelle und empirische Untersuchungen.* Wiesbaden: Westdeutscher Verlag.

Grunwald, M., & Beyer, L. (2001). *Der bewegte Sinn, Grundlagen und Anwendungen zur haptischen Wahrnehmung.* Basel, Boston, Berlin: Birkenhäuser Verlag.

Hadwiger, P. (2008). *Perspektivische Displays in hochagilen Flugzeugen.* Diplomarbeit, Technische Universität München, Lehrstuhl für Flugmechanik und Flugführung.

Hafer, X., & Sachs, G. (2002). *Flugmechanik.* Berlin: Springer-Verlag

Halldórsson, T. (2004). *LED- und LASER-Projektionsdisplays mit holographischen Bildschirmen.* EADS Military Air Systems. Patent EP19980909324.

Han, J. Y. (2005). Low Cost Multi-Touch Sensing through Frustrated Total Internal Reflection. *Symposium on User Interface Software and Technology.* Seatle.

Harris, C. M. (1988). *Shock and vibration handbook.* New York: McGraw-Hill.

Literaturverzeichnis

Harris, C. M. (2002). *Harris' Shock and vibration handbook.* New York: McGraw-Hill.

Hart, S. (2006). NASA Task Load Index (NASA-TLX): 20 years later. *Human Factors and Ergonomics Society Annual Meeting Proceedings, 50 (9).*

Helander, M. A. (2006). *Guide to Human Factors and Ergonomics.* London: CRC Press.

Henning, E. (1991). Military Performance in Sustained Acceleration and Vibration Environments. In R. Gal, & A. D. Mangelsdorff (Hrsg.), *Handbook of Military Psychology.* New York: John Wiley & Sons.

Hermsdörfer, J. (2002). *Bewegungsmessung zur Analyse von Handfunktionen: Vorschlag einer standardisierten Untersuchung.* EKN - Beiträge für die Rehabilitation.

Hoener, S. J., & Hardy, G. J. (1999). Touchscreen displays for military cockpits. In D. G. Hopper (Hrsg.), *Cockpit Displays VI: Displays for Defense Applications, 3690.* Orlando: SPIE.

Höhne, G. M. (2001). *Roll Ratcheting: Cause and Analysis.* Dissertation, Technische Universität Braunschweig.

Hopper, D. G. (2000). 1000 X difference between current displays and capability of human visual system. In *SPIE Conference on Cockpit Display VII: Displays for Defense Applications. Proc. SPIE 4002.* Orlando, Florida.

Hörmann, H.-J., & Lorenz, B. (2009). Forschungs- und Anwendungsgebiete der Luftfahrtpsychologie. In H.-P. Krüger (Hrsg.), *Enzyklopädie der Psychologie*, Praxisgebiet 6 „Verkehrspsychologie", Band 2 Anwendungsfelder. Göttingen: Hogrefe.

Hornick, R. J. (1963). Problems in Vibration Research. In S. Lippert (Hrsg.), *Human Factors*.

Huddleston, H. F. (1964). *Human performance behaviour in vertical sinusoidal vibration.* Institute of Aviation Medicine, Farnborough.

ISO 5982. (2001). *Mechanical vibration and shock: Range of idealized values to characterize seated-body biodynamic response under vertical vibration.* International Organisation for Standardization.

ISO 9241-11. (1999). *Ergonomische Anforderungen für Bürotätigkeiten mit Bildschirmgeräten.* Deutsches Institut für Normung e.V., Normenausschuss Ergonomie. Berlin: Beuth Verlag.

ISO 9241-9. (2002). *Ergonomische Anforderungen für Bürotätigkeiten mit Bildschirmgeräten.* Deutsches Institut für Normung e.V., Normenausschuss Ergonomie. Berlin: Beuth Verlag.

Jarrett, D. N. (2005). *Cockpit Engineering.* Hampshire: Ashgate Publishing Limited.

Joss, J. (1987). Cockpit Automation. *Defense Electronics.*

Jukes, M. (2004). *Aircraft Display Systems.* Trowbridge: Cromwell Press Ltd.

Literaturverzeichnis

König, P., & Kuhlmann, U. (2008). Finger-fertig? Multitouch: Wunsch und Wirklichkeit. *c't, Bd. 14*.

Karlson, A. K. (2007). *Interface and Interaction Design for one-handed mobile Computing*. Dissertation, University of Maryland.

Kellerer, J. (2006). *Anzeigekonzept für Großflächendisplays in hochagilen Flugzeugen*. Diplomarbeit, Technische Universität München.

Kellerer, J., & Eichinger, A. (2008). *PANDIS-Versuchsplanung*. Evaluationsplanung, EADS, Human Factors Engineering, Manching.

Kellerer, J., Eichinger, A., Sandl, P., & Klingauf, U. (2008). Panoramic Displays - Anzeige- und Bedienkonzept für die nächste Generation von Flugzeugcockpits. In M. Grandt, & A. Bauch (Hrsg.), *Beiträge der Ergonomie zur Mensch-System-Integration*. Bonn: DGLR.

Kellerer, J., Eichinger, A., Sandl, P., & Klingauf, U. (2009). Panoramic Displays - Usability-Untersuchung eines neuartigen Bedienkonzepts in einem repräsentativen Belastungskontext. In A. Lichtenstein, C. Stößel, & C. Clemens (Hrsg.), *Der Mensch im Mittelpunkt technischer Systeme. Reihe 22, Nr. 29*. Düsseldorf: VDI.

Kellerer, J., Kerschenlohr, S., Neujahr, H., & Sandl, P. (2007). Panoramic Displays - Anzeige- und Bedienkonzept für die nächste Generation von Flugzeugcockpits. *Prospektive Gestaltung von Mensch-Maschine-Interaktion. Reihe 22, Nr. 25*. Düsseldorf: VDI.

Kerschenlohr, S. (2007). *Bedienkonzept für großflächige Displays in hochagilen Flugzeugen*. Diplomarbeit, Technische Universität München.

Kleebaur, R. (2005). Brilliant colours even in bright light. *Planet Aerospace, 3*.

Klingauf, U., & Azzam, M. (2008). Luftverkehr 2030 – Herausforderungen und Trends. *thema forschung – Das Wissenschaftsmagazin der Technischen Universität Darmstadt, 1*.

Klingberg, T. (2008). *Multitasking - Wie man die Informationsflut bewältigt, ohne den Verstand zu verlieren*. München: C.H. Beck.

Kolich, M. (2006). Work in Extreme Environments: Effects on Performance. In W. Karwowski, *International encyclopedia of ergonomics and human factors*. London: CRC Press.

Krähenbühl, G. (2008). *Sitzposition des Piloten im Cockpit des Eurofighters*. pers. Kommunikation.

Krauß, L. (1999). Hardwaretrends bei Bediensystemen in der Produktionstechnik - Alternative Interaktionsformen. *VDI Berichte, Nr. 1498*.

Kuhn, F. (2005). Methode zur Bewertung der Fahrerablenkung durch Fahrerinformations-Systeme. *World Usability Day*. Stuttgart.

Lewis, J. R. (2002). Psychometric Evaluation of the PSSUQ Using Data from Five Years of Usability Studies. *International Journal of Human–Computer Interaction, 14 (3&4)*.

Literaturverzeichnis

MForum. (2005). Kräftige Farbkontraste im Sichtfeld des Piloten. *MForum* .

MIL-STD-1472F. (1999). *Human Engineering Design Criteria for Military Systems, Equipment and Facilities.* Norm.

MIL-STD-1797. (1990). *Flying Qualities of piloted Aircraft.* Norm, US Air Force Department. Norm

NASA-STD-3000. (1995). *Man Systems Integration Standards.* NASA. Norm

Norman, D. A. (1989). The "Problem" of Automation: Inappropriate Feedback and Interaction, not "Overautomation". *Philosophical Transactions of the Royal Society of London , Vol. 327, No. 1241.*

Paddan, G. S., & Griffin, M. J. (1995). Interruption in hand control during exposure to whole-body vertical vibration. In S. Robertson (Hrsg.), *Contemporary Ergonomics* .

Parks, D. L. (1963). Defining Human Reaction To Whole Body Vibration. In S. Lippert (Hrsg.), *Human Factors* .

Rühmann, H. (1983). *Die Schwingungsbelastung in Mensch-Maschine-Systemen* . Habilitationsschrift, Technische Universität München, Institut für Ergonomie.

Rühmann, H. (1984). Die Schwingungsbelastung in Mensch-Maschine-Systemen - Experimentelle Untersuchungen zur Bewegungsgenauigkeit bei stochastischer Roll- und Nickschwingungsbelastung. *VDI Fortschritts-Berichte , Reihe 17, Nr. 22.*

Rakheja, S., Haru, I., & Boileau, P. E. (2002). Seated occupant apparent mass characteristics under automotive postures and vertical vibration. *Journal of Sound and Vibration , Volume 253, Issue 1.*

Rapuano, S., & Harris, F. J. (2007). An Introduction to FFT and Time Domain Windows. *IEEE Instrumentation & Measurement Magazine* .

Rasmussen, J. (1983). Skills, rules and knowledge; signals, signs and symbols, and other distinctions in human performance models. *IEEE Transactions on Systems, Man, Cybernetics. 13(3).* New York: IEEE.

Rasmussen, J., Pejtersen, A., & Goodstein, L. (1994). *Cognitive Systems Engineering.* New York: John Wiley & Sons.

Ritzer, J. (2008). *Entwicklung haptisch codierter Rahmenleisten für großflächige Touchscreendisplays in hochagilen Flugzeugen.* Diplomarbeit, Hochschule Deggendorf.

Rogers, W. A., Fisk, A. D., McLaughlin, A. C., & Pak, R. (2005). Touch a Screen or Turn a Knob: Choosing the Best Device for the Job. *Human Factors , 47(2).*

Rohmert, W. (1981). Physische Beanspruchung durch muskuläre Belastungen. In H. Schmidtke (Ed.), *Lehrbuch der Ergonomie.* München: Carl Hanser Verlag.

Literaturverzeichnis

Rohmert, W. (1984). Das Belastungs-Beanspruchungs-Konzept. *Zeitschrift für Arbeitswissenschaften*, 4/84 (38).

Rubio, S., Diaz, E., Martin, J., & Puente, J. M. (2004). Evaluation of subjective mental workload: A comparison of SWAT, NASA-TLX, and workload profile methods. *Applied Psychology*, *53(1)*.

Schmidt, R. A., Lee, T. D., & Young, D. E. (2001). Principles of Simple Movement. In W. Karwowski (Hrsg.), *International encyclopedia of ergonomics and human factors*. London: Taylor.

Schmidtke, H. (1974). Einfluß mechanischer Schwingungen auf visuelle Informationsaufnahme und motorische Koordination. *Arbeitsmedizin, Sozialmedizin, Präventivmedizin 9*.

Schmidtke, H. (2002). Vom Sinn und Unsinn der Messung psychischer Belastung und Beanspruchung. *Zeitschrift für Arbeitswissenschaft*, 56 (1/2).

Schmidtke, H., & Groner, P. (1989). *Handbuch der Ergonomie*. Steinebach/Wörthsee: Luftfahrt Verlag Walter Zürl.

Schohan, B., Rawson, H. E., & Soliday, S. M. (1965). Pilot and observer performance in simulated low altitude high speed fliqht. *Human Factors*, *7*.

Schomaker, L., Nijtmans, J., Camurri, A., Lavagetto, F., Morasso, P., Benoît, C., et al. (1995). *A taxonomy of multimodal interaction in the human information processing system. Multimodal integration for advanced multimedia interfaces.* University of Nijmegen, Nijmegen.

Schwartz, N., & Adam, E. C. (1987). Panoramic Cockpit Control and Display System (PCCADS). *AGARD*, *CP-425*.

Sexton, G. A. (1988). Cockpit-Crew Systems Design and Integration. In E. L. Wiener, & D. C. Nagel, *Human Factors in Aviation*. San Diego: Academic Press, Inc.

Spinoni, M., Wadlow, A. E., Luceron, E., & Hahn, P. (1986). *EFA Cockpit Description*. Turin.

STANAG 3705. (1997). *Human Engineering Design Criteria for Control and Displays in Aircrew Stations*. Norm, North Atlantic Treaty Organization (NATO), Military Agency for Standardization. Norm

Stanton, N. A. (2003). Human error identification in human-computer interaction. In J. A. Jacko, & A. Sears (Hrsg.), *The human-computer interaction handbook: Fundamentals, evolving technologies and emerging applications*. Mahwah, NJ: Lawrence Erlbaum.

Stanton, N., Salmon, P., Walker, G., Baber, C., & Jenkins, D. (2005). *Human Factors Methods: a practical guide for engineering and design*. Aldershot: Ashgate Publishing.

Sternberg, S. (1966). High-Speed Scanning in Human Memory. *Science*, *153 (3736)*.

Sternberg, S. (2004). Memory-scanning: Mental processes revealed by reactiontime experiments. *Cognitive Psychology: Key Readings*.

Literaturverzeichnis

Toms, M., & Williamson, J. (1998). *Aviation Human-Computer Interface Style Guide.* West Bloomfeld: Veda Inc.

Trümper, J. (2007). *Multi-Touch-Systeme und interaktive Oberflächen.* Seminar Human-Compunter Interaction, Technische Universität Berlin.

Treisman, A., & Gelade, G. (1980). A Feature-Integration Theory of Attention. *Cognitive Psychology, 12(1)*.

Tsang, P. S., & Velazquez, V. L. (1996). Diagnosticity and multidimensional subjective workload ratings. *Ergonomics, 39*.

Tsang, P. (2007). The Dynamics of Attention and Aging. In A. Kramer, D. Wiegmann, & A. Kirlik (Hrsg.), *Attention: From Theory to Practice.* New York: Oxford University Press.

Van Rullen, R., Reddy, L., & Koch, C. (2004). Visual Search and Dual Tasks Reveal Two Distinct Attentional Resources. *Journal of Cognitive Neuroscience, 16 (1)*.

VDI/VDE 3850. (2004). *Nutzergerechte Gestaltung von Bediensystemen für Maschinen: Dialoggestaltung für Touchscreens.* Berlin: Beuth Verlag. Norm

Vilimek, R. (2007). *Gestaltungsaspekte multimodaler Interaktion im Fahrzeug. Ein Beitrag aus ingenieurpsychologischer Perspektive.* Dissertation, Universität Regensburg.

von Gierke, H. E., McCloskey, K., & Albery, W. B. (1991). Military Performance in Sustained Acceleration and Vibration Environments. In R. Gal, & A. D. Mangelsdorff (Hrsg.), *Handbook of Military Psychology.* New York: John Wiey & Sons.

Weghorst, S., & Furness, T. A. (1996). *Advanced Human Interfaces for Telemedicine.* University of Washington, Human Interface Technology Laboratory, Seatle.

Wickens, C. D. (2002). Multiple Resources and performance prediction. *Theoretical Issues in Ergonomics Science, 3(2)*.

Wickens, C. D. (2003). Pilot actions and tasks: Selections, execution, and control. In P. S. Tsang, & M. A. Vidulich (Hrsg.), *Principles and Practice of Aviation Psychology.* Mahwah, USA: Lawrence Erlbaum Associates, Inc.

Wickens, C. D., & Carswell, C. M. (1997). Information Processing. In G. Salvendy (Ed.), *Handbook of Human Factors & Ergonomics* (2nd Edition ed.). New York: John Wiley & Sons.

Wickens, C. D., & Carswell, C. M. (1995). The proximity compatibility principle: Its psychological foundation and its relevance to display design. *Human Factors, 37(3)*.

Wickens, C. D., & McCarley, J. S. (2008). *Applied Attention Theory.* New York: Taylor & Francis Group.

Literaturverzeichnis

Wickens, C. D., Hyman, F., Dellinger, J., Taylor, H., & Meador, M. (1986). The Sternberg Memory Search Task as an Index of Pilot Workload. *Ergonomics, 29 (11)*.

Wickens, C. D., Lee, J. D., Liu, Y., & Gordon, S. (2004). *An Introduction to Human Factors Engineering*. Upper Saddle River: Prentice-Hall.

Wickens, C., & Hollands, J. G. (2000). *Engineering Psychology and Human Performance*. Upper Saddle River: Prentice Hall.

Wilschut, E. S., Rinkenauer, G., Brookhuis, K., & Falkenstein, M. (2008). Effects of Visual Search Task Complexity on Lane Change Task Performance. *European Conference on Human Centered Design for Intelligent Transport Systems Lyon, France*.

Zimbardo, P. G., & Gerrig, R. J. (1999). *Psychologie.* (7. Auflage). Berlin: Springer.

Zwisler, R. (2001). Haptische Wahrnehmung in der Mensch-Maschine-Interaktion. In M. Grunwald, & L. Beyer (Hrsg.), *Der bewegte Sinn, Grundlagen und Anwendungen zur haptischen Wahrnehmung*. Basel, Boston, Berlin: Birkenhäuser Verlag.

Weblinks

Aeroteam. (2009). *Lockheed-Martin F-35 Lightning II*. Abgerufen am 10. Oktober 2009 von US Cockpits: http://uscockpits.com/Jet%20Fighters/F-35 Cockpit_(Simulator) 1.jpg

aipower.at. (2009). *Eurofighter Technik - Daten*. Abgerufen am 09. Dezember 2009 von www.airpower.at

Airliners. (2009). *Airliners.net*. Abgerufen am 10. Oktober 2009 von http://cdn-www.airliners.net/aviation-photos/photos/4/8/9/1456984.jpg

Craftdata. (2007). *INFRARED TOUCH - Integrated Touch*. Abgerufen am 4. Dezember 2009 von http://www.craftdata.co.uk/touch_systems_infrared.html

Diehl Aerospace. (2009). *Cockpit and Display Systems*. Abgerufen am 10. Oktober 2009 von http://www.diehl-aerospace.de/index.php?id=1349

Driven Technologies. (2009). *Flat Panel Avionic Display F 35*. Abgerufen am 10. Oktober 2009 von http://driven-technologies.com/prod_pages/prod1.html

Hierakares. (29. September 2008). *Liste strahlgetriebener Kampfflugzeuge*. Abgerufen am 12. November 2008 von wikipedia.de: http://de.wikipedia.org/wiki/Liste_strahlgetriebener_Kampfflugzeuge

Mader, G. (2001). *Airpower.at*. Abgerufen am 12. August 2008 von Lockheed baut den Joint Strike Fighter: http://www.airpower.at/news01/1027_jsf/

Literaturverzeichnis

Net Resources International. (2009c). *Dassault Rafale*. (SPG Media Limited) Abgerufen am 10. Oktober 2009 von http://www.airforce-technology.com/projects/rafale/rafale7.html

Net Resources International. (2009b). *F-35 Joint Strike Fighter*. (SPG Media Limited) Abgerufen am 10. Oktober 2009 von http://www.airforce-technology.com/projects/jsf/

Net Ressources International. (2009a). *Eurofighter Typhoon*. (SPG Media Limited) Abgerufen am 10. Oktober 2009 von http://www.airforce-technology.com/projects/ef2000/

Rauen, A. (2009a). *Das Programm - Die Abfangjäger-Nachbeschaffung*. Abgerufen am 28. April 2009 von Eurofighter.at: http://www.eurofighter.at/austria/dp_an.asp

Rauen, A. (2009b). *Program Overview*. Abgerufen am 29. April 2009 von Eurofighter Typhoon: http://www.eurofighter.com/et_tp_po.asp

Reiser. (2009). *Reiser Systemtechnik*. Abgerufen am 10. Oktober 2009 von http://www.top-screen.de/abgeschlossen/reiser/deutsch/index.htm

Sukhoi. (2009). *Su-35 Flanker*. Abgerufen am 10. Oktober 2009 von http://www.knaapo.ru/media/eng/about/production/military/su-35/su-35_buklet_eng.pdf

Wollenhaupt, G. (2009). *How F/A 22 Raptors Work*. Abgerufen am 10. Oktober 2009 von How Stuff Works: http://www.howstuffworks.com/f-22-raptor.htm

Yoon, J. N. (27. June 2004). *Fighter Generations*. Abgerufen am 23. March 2009 von aerospaceweb.org: http://www.aerospaceweb.org/question/history/q0182.shtml

Anhang A Biomechanische Kennwerte

	5. Perzentil	95. Perzentil
Nach Spinoni (1986):		
Körperhöhe:	1676 mm	1879 mm
Gewicht:	60,1 kg	92,3 kg
Augenhöhe, sitzend:	747 mm	872 mm
Reichweite nach vorn a_{max} (Griffachse):	731 mm	871 mm
Nach DIN 33402 (2005):		
Schulterhöhe, sitzend:	575 mm	675 mm
Schulterbreite, biakromial:	375 mm	440 mm
Oberarmlänge:	335 mm	400 mm
Unterarmlänge (mit Hand):	440 mm	510 mm
Handlänge:	175 mm	208 mm
Zeigefingerlänge:	68 mm	84 mm
Nach NASA-STD-3000 (1995):		
Reichweite nach vorn (Daumenkuppe)	749 mm	882 mm
Masse Oberarm	1,60 kg	2,50 kg
Masse Unterarm	1,18 kg	1,72 kg
Masse Hand	0,46 kg	0,61 kg
Masse HAS	3,24 kg	4,83 kg
Schwerpunkt Oberarm, (von Schulter)	141 mm	157 mm
Schwerpunkt Unterarm, (von Ellbogen)	109 mm	121 mm
Schwerpunkt Hand, (von Handgelenk)	51 mm	60 mm
Schwerpunkt HAS (eigene Berechnung)	32,3 mm	36,3 mm

$$S_{ges,HAS} = \frac{M_{SDP}}{F_{ges,HAS}}$$

Nach DIN 33411-4 (1987):		
Reichweite a/a_{max} des HAS für Haltegriff	95%	80%

Anhang B Ergebnisse der HTA

In der HTA wurden die fünf Aufgaben des Piloten im Cockpit (vgl. Kap. 3.3.1) in drei weitere hierarchische Stufen aufgegliedert. Im Folgenden werden auf Grundlage des Modells der menschlichen Informationsverarbeitung (Wahrnehmung, Verarbeitung, Handlungsreaktion, vgl. Kap. 2.4.2) alle wesentlichen Sub-Tasks, die jeweiligen Eingabehandlungen und die benötigten Informationen (in den Diagrammen von links nach rechts) in einer für diese Untersuchung ausreichenden Detaillierung zusammengefasst.

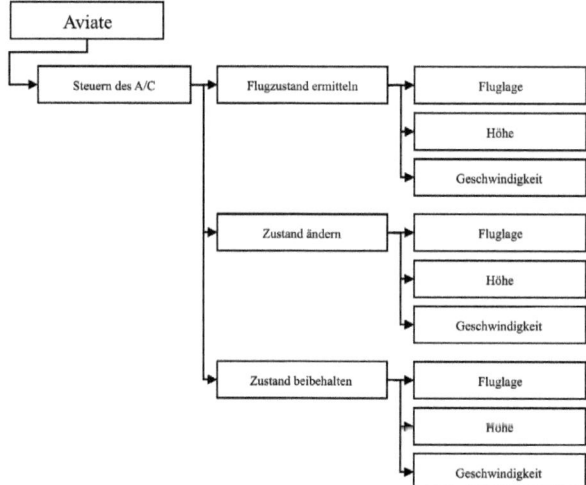

Anhang B · Ergebnisse der HTA

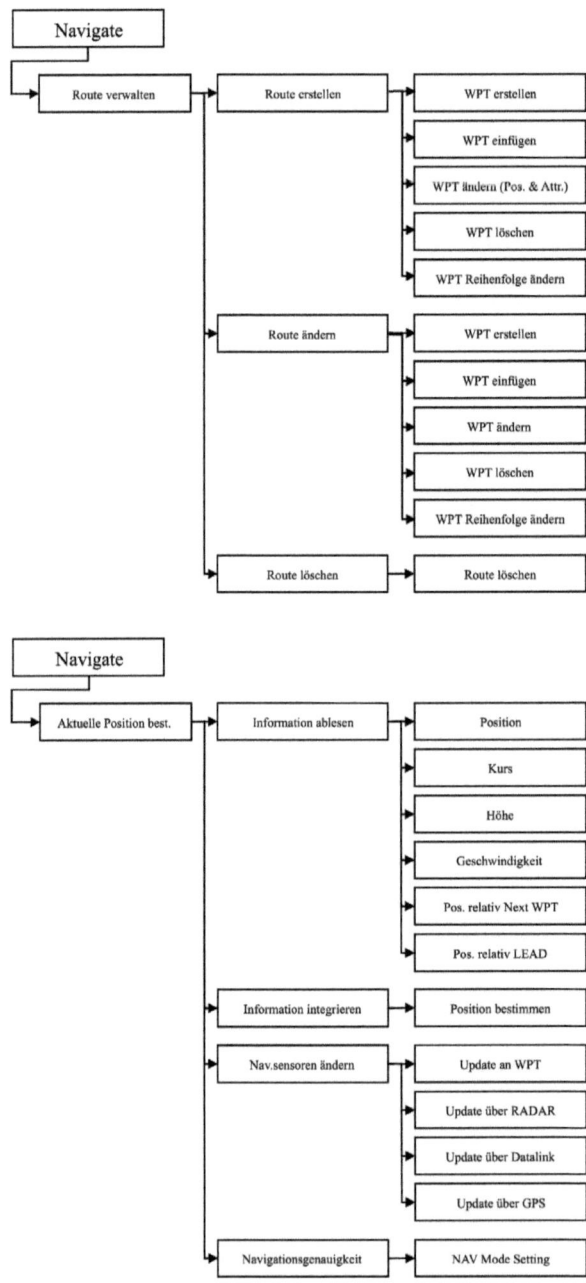

Anhang B · Ergebnisse der HTA

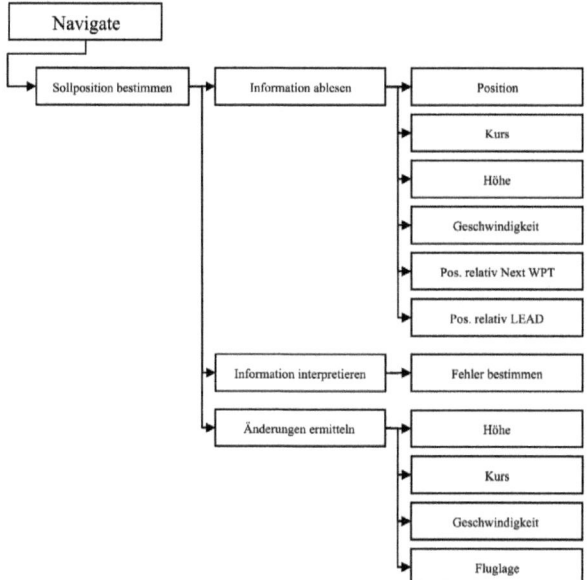

Anhang B · Ergebnisse der HTA

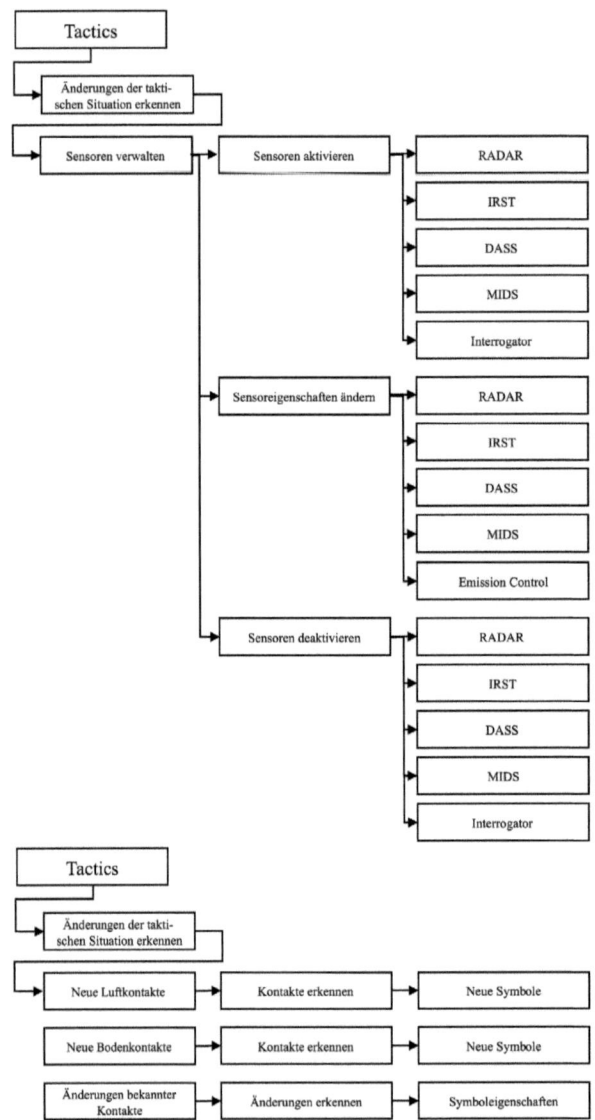

Anhang B · Ergebnisse der HTA

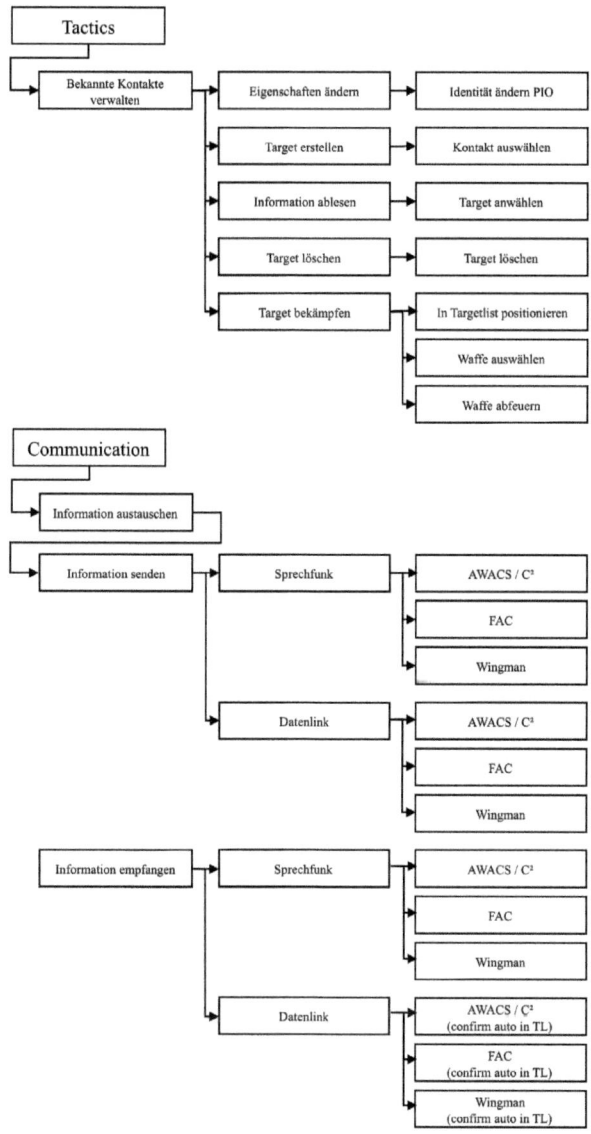

153

Anhang B · Ergebnisse der HTA

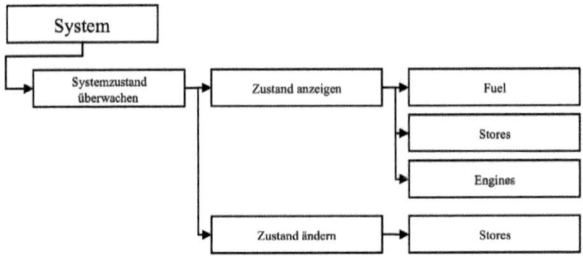

Anhang C Beschreibung der Anwendungsfälle

Representative Tactical Flight (Overall Use Case, which contains CAP, Route Management and Air-to-Surface Attack as elements)

Actors:
- Leader & Wingman (2 Aircraft)
- 2nd CAP Formation (2 Aircraft)
- Unknown/hostile Aircraft (number unknown)
- ATC (AWACS)
- SAM-Site

Goals:
- Comlete CAP and A/S-Attack successfully
- Ensure fleet safety

Trigger:
- Entering of „Navigation" phase of flight after Take Off completion

Prerequisites:
- All systems working
- Actual route and alternative routes stored in data memory
- A/S target position known
- All crew members at good health

Assumptions:
- No system failure during mission flight
- After entering hostile territory end of all communication and data link
- Entering hostile territory in „two ship formation"
- CAP with 2 „two ship formations"

Expected Result:
- Safely return to home base
- Tasks successfully completed

Combat Air Patrol

Actors:
- Leader & Wingman (2 Aircraft)

Anhang C · Beschreibung der Anwendungsfälle

        2nd CAP Formation (2 Aircraft)

        Unknown/hostile Aircraft

        ATC (AWACS)

Goals:

        Follow CAP-Route

        Surveillance of FAOR

        Detection of any penetrating Aircraft

        Complete CAP successfully

        Ensure fleet safety

Trigger:

        Entering of CAP-Route

Prerequisites:

        All systems working

        Actual route and alternative routes stored in data memory

        All crew members at good health

        Detection of threats is very likely

Assumptions:

        No system failure during mission flight

        Communication and data link are available

        During CAP two hostile aircraft enter FAOS

        Hostile Aircraft back out

Expected Result:

        Task safely and successfully comleted

        All unknown and hostile intruders in FAOR detected

Route Management

Actors:

        Leader & Wingman (2 Aircraft)

        4 Unknown/hostile Aircraft (position unknown)

        SAM-Sites

Goals:

        Reach waypoint „Initial A/S WP" at given time

        Ensure fleet safety

Trigger:

    Detection of ground based SAM-Site

Prerequisites:

    All systems working

    Current position over hostile territory

    No communication and data link to allied forces or ATC available

    Ground based SAM-Site on actual route

    All crew members at good health

Assumptions:

    No system failure during mission flight

    Own Aircraft is not detected by hostile forces

    Pilot is going to alter the waypoint's position en route

Expected Result:

    „Initial A/S WP" safely reached at a given time

    Manual override of waypoint data successfully performed

Air-to-Surface Attack

Actors:

    Leader & Wingman (2 Aircraft)

    4 hostile Aircraft (position known)

    SAM-Sites

Goals:

    Reach target in planned time

    Ensure fleet safety

Trigger:

    Reach initial target waypoint

Prerequisites:

    All systems working

    Current position over hostile territory

    No communication and data link to allied forces or ATC available

    Target has to be reached in low level flight

    All crew members at good health

Assumptions:

    No system failure during mission flight

    Own Aircraft is not going to be detected by hostile forces after final apprach on target

Expected Result:

    Friendly territory safely reached and entered

    Task completed successfully

Anhang D CWP-Fragebogen

Vorgang der Informationsverarbeitung

Der Mensch nimmt Informationen wahr, verarbeitet diese, vergleicht sie mit gespeicherten Erfahrungen, überlegt zwischen unterschiedlichen Entscheidungen und handelt. Er nimmt die Folgen seines Handelns wahr, interpretiert diese usw.

Dieser Vorgang kann vereinfacht so dargestellt werden

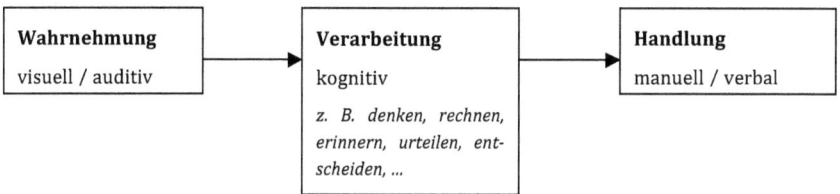

Wie hoch waren die Belastungen während der eben bearbeiteten Aufgabe(n)?

Bitte vergeben Sie in jeder der fünf Kategorien je nach Belastung 0-100 Punkte.

Wahrnehmung		Verarbeitung	Handlung	
visuell	auditiv	visuell z. B. denken, rechnen, erinnern, urteilen, entscheiden, ...	manuell	verbal
0-100	0-100	0-100	0-100	0-100

Anhang E Instruktionen zur Usability-Untersuchung

Information und Instruktion

Hintergrund:

Wir untersuchen im Projekt Panoramic Displays die Verwendbarkeit eines großflächigen Touchscreen-Displays in hochagilen Flugzeugen. Auf Grundlage eines Anzeige- und Bedienkonzepts wurde ein erster Prototyp entwickelt. Dieser soll nun bewertet werden.

Touchscreen und Großflächendisplay wirken sich vermutlich auf Bedienung (z. B. Genauigkeit oder Geschwindigkeit) und Wahrnehmung (z. B. Wahrnehm*barkeit* oder Situationsbewusstsein) aus. Diese Aspekte werden deshalb evaluiert.

Heute werden wir uns auf die Qualität der Bedienung konzentrieren.

Multitasking:

Der Piloten muss im Cockpit mehrere Aufgaben gleichzeitig durchführen. Wir wollen dieses Multitasking in unseren Experimenten aufnehmen. So sollen die künstlichen Labor-Versuche diesem Gesichtspunkt der realen Situation angenähert werden.

Ihre Aufgabe wird sein, mittels Touchscreen oder Trackball bestimmte Ziele auf dem Display auszuwählen. Diese Auswahl sollen Sie möglichst genau und schnell ausführen.

Gleichzeitig führen Sie eine von vier verschiedenen Zusatzaufgaben aus. Drei der Aufgaben sind standardisiert und decken isolierte Mechanismen der Informationsverarbeitung ab: visuelle Wahrnehmung, kognitive Verarbeitung, manuelle Handlungsausführung. Eine weitere Zusatzaufgabe haben wir speziell entwickelt. Sie basiert auf einer Aufgabenanalyse, die wir für die von uns untersuchten Use Cases durchgeführt haben. Diese komplexe Aufgabe soll Wahrnehmung, kognitive Verarbeitung und Handlungsausführung realitätsnah abdecken.

Weder die Zeige- noch die Zusatzaufgaben sind von vornherein wichtiger. Wir werden die Wichtigkeit der beiden Aufgaben vielmehr variieren. Je nach Gewichtung in den Durchgängen ist die Zeigeaufgabe wichtiger, ist die Zusatzaufgabe wichtiger oder sind beide Aufgaben gleich wichtig.

„Wichtiger" bedeutet, dass Sie den Schwerpunkt Ihrer Aufmerksamkeit auf diese Aufgabe legen sollen. In Zahlen ausgedrückt, sollen Sie Ihre Aufmerksamkeit nach dem Schlüssel 80 zu 20 verteilen. Für gleich wichtige Aufgaben ist die Aufteilung demnach 50 zu 50. Vor jedem Durchgang werden Sie über die Gewichtung der Aufgaben informiert.

Anhang E · Instruktionen zur Usability-Untersuchung

Wir variieren auch die Schwierigkeit der vier Zusatzaufgaben. Jede dieser Aufgaben wird in einer leichteren und einer schwierigeren Variante bearbeitet.

Die Zeigeaufgaben führen Sie einmal mit dem Touchscreen und einmal mit dem Trackball aus. Für diese Aufgaben verwenden Sie die linke Hand.

Ablauf:

Zuerst werden Sie jede einzelne Aufgabe separat durchführen. Diese Trainingsdurchgänge werden nicht ausgewertet. Sie dienen nur dazu, die jeweiligen Aufgaben kennen zu lernen.

Die einzelnen Experimentaldurchgänge werden in zufälliger Reihenfolge bearbeitet. Sie dauern je 90 Sekunden. Zu Beginn dieser Durchgänge werden die Versuchsleiter die einzelnen Aufgaben manuell und möglichst gleichzeitig starten. Ein einzelner Durchgang ist beendet, sobald die Zeigeaufgabe nicht mehr dargestellt wird.

Nach jedem Durchgang bitten wir Sie, Ihre Beanspruchung an Hand zweier Fragebögen einzuschätzen. Das Ausfüllen dieser Fragebögen dauert erfahrungsgemäß nur wenige Sekunden.

Disclaimer:

Es werden nicht Sie als Versuchsteilnehmer, sondern die Qualität des Displays bewertet. Alle erhobenen Daten werden vertraulich behandelt.

Zeigeaufgaben

Grundlagen:

Jedes Symbol verfügt über eine 17 mm mal 17 mm große Aktivierungsfläche. Das sichtbare Symbol hat einen Durchmesser von ca. 7 mm. Wird der Cursor unabhängig vom Bedienelement im Anwahlvorgang über die Aktivierungsfläche eines Symbols bewegt, so wird die Größe dieser Fläche durch eine Umrandungslinie optisch dargestellt. Das Positionieren des Cursors erfolgt entweder durch Positionieren des Fingers auf dem Display oder durch Bewegen des Trackballs.

Touchscreen:

Der Touchscreen wird im Rahmen dieser Versuche immer mit der linken Hand bedient, unabhängig von der Position der anzuwählenden Ziele. Dadurch sollen die ungünstigsten zu erwartenden Bedienumstände abgebildet werden.

Es handelt sich hierbei um einen IR-Touchscreen. Wird der Finger auf die Displayoberfläche bewegt, so werden die vertikalen und horizontalen IR-Lichtschranken unterbrochen und der Cursor an die jeweilige Stelle gesetzt. Dies entspricht der Bewegung der Mouse sowie dem Drücken der linken Mousetaste (Mouse Down).

Befindet sich der Finger auf der Oberfläche und wird er bewegt, so wird der Cursor entsprechend mitverschoben. Erst wenn der Finger das IR-Raster wieder verlässt, wird an dieser Stelle ein Eingabe-Event ausgelöst (Mouse Up).

Wichtig: Wird der Finger kurz vor dem Abheben von der Displayoberfläche verschoben, kann der Fall eintreten, dass der Cursor wieder aus der Aktivierungsfläche herausbewegt wird. Daher empfehlen wir, den Figner möglichst senkrecht zur Displayfläche abzuheben.

Trackball:

Der Cursor wird durch Drehen des Trackballs positioniert. Durch Drücken und Loslassen der rechten Taste am Trackball-Bediengerät wird ein Engabe-Event ausgelöst. Dies entspricht vom Bedienablauf der linken Mouse-Taste.

Single Targets:

Es werden einzelne Ziele nacheinander auf dem Display dargestellt. Wählen Sie diese Ziele nach ihrem Auftauchen möglichst schnell und genau an. Die Ziele erscheinen in immer gleichen zeitlichen Intervallen und verschwinden nach der Anwahl.

Ziel dieses Versuchs ist es, die Bedienleistung mit den betrachteten Interaktionsgeräten für einfache und standardisierte Eingabehandlungen zu erheben.

Multiple & Moving Targets:

Mehrere Symbole werden gleichzeitig dargestellt. Einige dieser Symbole bewegen sich. Angezeigt werden blaue und rote Symbole. Wählen Sie alle roten Ziele möglichst schnell und genau an. In immer gleichen zeitlichen Intervallen wird die Symbolkonfiguration geändert. Dabei werden die bisherigen Symbole aus- und eine neue Konfiguration von Symbolen eingeblendet.

Dieser Versuch orientiert sich an repräsentativen Interaktionsabläufen des Piloten im Cockpit. In bestimmten Zeitabständen kontrolliert der Pilot die taktische Situation auf den Multifunktionsdisplays. Die roten Ziele repräsentieren für das taktische Szenario relevante Symbole. Das Anwählen der roten Symbole im Test entspricht dem Quittieren eines wahrgenommenen Symbols im Flugbetrieb. Die Bewegungsgeschwindigkeit der Symbole im Test basiert auf Relativgeschwindigkeiten zwischen Mach 0 und Mach 2 und einem angezeigten Kartenmaßstab von 1:500000.

Anhang E · Instruktionen zur Usability-Untersuchung

Zusatzaufgaben

Visuelle Zusatzaufgabe:

Auf dem kleinen Head-up-Bildschirm werden Kreise dargestellt. Einer der Kreise ist größer als die anderen. Dieser Kreis ist in der linken oder der rechten Bildschirmhälfte. Durch Drücken der linken oder rechten Cursortaste (Pfeil nach links/Pfeil nach rechts) zeigen Sie an, welche Hälfte die richtige ist. Nachdem Sie gewählt und die Auswahl zwei Sekunden nicht mehr geändert haben, wird der nächste Durchgang angezeigt.

In der leichten Variante ist der Unterschied in der Größe von Zielkreis und Störkreisen größer als in der schwierigen.

Kognitive Zusatzaufgabe:

Sie hören zuerst eine Liste von Zahlen; vorgelesen von einer Computerstimme. Merken Sie sich die Zahlen bitte. Nach einem Signalton hören Sie eine weitere Zahl. Sie sollen nun entscheiden, ob diese Zahl Element der gemerkten Liste war. Antworten Sie bitte nur mit „ja" oder „nein"; antworten Sie außerdem möglichst schnell und richtig.

In der leichten Variante enthält die Merkliste vier, in der schwierigen acht Zahlen.

Motorische Zusatzaufgabe:

Zu Ihrer Rechten ist eine Lochmaske platziert, die auf einer Tastatur angebracht ist. Sie sollen einen Holzgriffel im Uhrzeigersinn in die Vertiefungen stecken. Drücken Sie den Griffel ausreichend aber nicht zu fest auf die Tastatur, um einen Tastendruck auszulösen. Bearbeiten Sie diese Aufgabe „blind", d. h. ohne Ihren Blick von der Zeigeaufgabe abzuwenden.

In der leichten Variante ist der Durchmesser der Vertiefungen größer und der Griffel mehr abgerundet als in der schwierigen.

Komplexe Zusatzaufgabe:

Auf dem kleinen Head-up-Bildschirm wird ein grünes Kreuz in der Mitte des Bildschirms dargestellt. Versuchen Sie durch geeignete Gegenbewegungen mit dem Joystick, das Kreuz möglichst in der Bildschirmmitte zu halten.

Zeitgleich werden Ihnen von einer Computerstimme Zahlenreihen vorgelesen. Nach einem Signalton sollen Sie die Zahlenreihe rückwärts wiederholen. Antworten Sie auch hier möglichst schnell und richtig.

In der leichten Variante ist die Ablenkung geringer als in der schwierigen. Die Zahlenreihe besteht im ersten Fall aus vier, im zweiten aus sechs Zahlen.

Anhang E · Instruktionen zur Usability-Untersuchung

Anhang F Hardware

Aufgabe	Gerät
Gesamt	Mock-Up
Darstellung der Zeigeaufgaben	30" LC-Display (Großflächendisplay)
Bedienung der Zeigeaufgaben	IR-Touchscreen
Begrenzung der Kreuzform des Großflächendisplays	Haptisch kodierte Rahmenleiste
Darstellung von Visueller Suchaufgabe und Tracking-Aufgabe	19" LC-Display (Head Up Display)
Bedienung der Zeigeaufgaben	Trackball
Bedienung der Tracking-Aufgabe	Joy-Stick
Bedienung der Visuellen Suchaufgabe	Tastatur
Bedienung der Motorischen Zusatzaufgabe	Lochbrettschablone mit Tastatur
Darstellung der Zeigeaufgabe, Ansteuerung des Touchscreens und des Trackballs, Datenaufzeichnung der Zeigeaufgabe	Rechner 1
Auditive Darstellung der Sternberg Aufgabe und der Readback-Aufgabe, Datenaufzeichnung der Motorischen Aufgabe	Rechner 2
Darstellung, Bedienung und Datenaufzeichnung der Tracking-Aufgabe und der Visuellen Suchaufgabe	Rechner 3

Anhang F · Hardware

Anhang G Software

Aufgabe	Software
Single Targets	*PANDIS-INTERACT Version 1.1*
Multiple & Moving Targets	*PANDIS-INTERACT Version 2.1*
Touchscreenansteuerung	*PANDIS-MULTITOUCH Version 2.2*
Sternberg Aufgabe	*CoTa Version 1.1*
Readback-Aufgabe	*CoTa Version 1.1*
Visuelle Suchaufgabe	*Visual Task 2.2*
Tracking-Aufgabe	*PANDIS-TRACKING Version 1.1*

Anhang G · Software

Anhang H Fragebögen

Fragebogen ISO 9241-11

Instruktion

Dieser Fragebogen gibt Ihnen Gelegenheit, uns Ihre Reaktion auf die Interaktion mit Touchscreen bzw. Trackball mitzuteilen, die Sie eben verwendet haben. Ihre Antworten werden uns helfen zu verstehen, welche Aspekte Ihnen kritisch erscheinen und welche Aspekte Sie überzeugen.

Während Sie die Fragen beantworten, denken Sie möglichst an die Aufgaben, die Sie mit den Schaltflächen bearbeitet haben.

Bitte lesen Sie jede Aussage und geben Sie an, wie stark Sie dieser Aussage zustimmen oder nicht zustimmen, indem Sie die entsprechende Zahl ankreuzen. Wenn Sie eine Frage nicht beantworten können oder möchten, kreuzen Sie "nicht zu beantworten" an.

Nachdem Sie diesen Fragebogen ausgefüllt haben, werden wir Ihre Antworten mit Ihnen gemeinsam durchsprechen, um sicher zu stellen, dass wir alle Ihre Stellungnahmen richtig verstanden haben.

Danke!

Teil 1: Touchscreen

1. Erforderliche Betätigungskraft

| Sehr unangenehm | 1 | 2 | 3 | 4 | 5 | 6 | 7 | Sehr angenehm | nicht zu beantworten ☐ |

2. Gleichmäßigkeit der Nutzung

| Sehr ungleichmäßig | 1 | 2 | 3 | 4 | 5 | 6 | 7 | Sehr gleichmäßig | nicht zu beantworten ☐ |

3. Erforderliche Anstrengung bei der Nutzung

| Sehr hoch | 1 | 2 | 3 | 4 | 5 | 6 | 7 | Sehr gering | nicht zu beantworten ☐ |

4. Genauigkeit

| Sehr ungenau | 1 | 2 | 3 | 4 | 5 | 6 | 7 | Sehr genau | nicht zu beantworten ☐ |

5. Benutzungsgeschwindigkeit

| Nicht akzeptabel | 1 | 2 | 3 | 4 | 5 | 6 | 7 | Akzeptabel | nicht zu beantworten ☐ |

6. Allgemeine Zufriedenheit

| Überhaupt nicht zufrieden stellend | 1 | 2 | 3 | 4 | 5 | 6 | 7 | Sehr zufrieden stellend | nicht zu beantworten ☐ |

7. Nutzung des Eingabegeräts insgesamt

| Sehr schwierig zu benutzen | 1 | 2 | 3 | 4 | 5 | 6 | 7 | Sehr leicht zu benutzen | nicht zu beantworten ☐ |

8. Ermüdung der Finger

| Sehr hoch | 1 | 2 | 3 | 4 | 5 | 6 | 7 | Keine | nicht zu beantworten ☐ |

9. Ermüdung des Handgelenks

| Sehr hoch | 1 | 2 | 3 | 4 | 5 | 6 | 7 | Keine | nicht zu beantworten ☐ |

10. Ermüdung des Arms

| Sehr hoch | 1 | 2 | 3 | 4 | 5 | 6 | 7 | Keine | nicht zu beantworten ☐ |

11. Ermüdung der Schulter

| Sehr hoch | 1 | 2 | 3 | 4 | 5 | 6 | 7 | Keine | nicht zu beantworten ☐ |

12. Ermüdung des Nackens

| Sehr hoch | 1 | 2 | 3 | 4 | 5 | 6 | 7 | Keine | nicht zu beantworten ☐ |

Anmerkungen:_____
_____
_____

Teil 2: Trackball

1. Erforderliche Betätigungskraft

| Sehr unangenehm | 1 | 2 | 3 | 4 | 5 | 6 | 7 | Sehr angenehm | nicht zu beantworten ☐ |

2. Gleichmäßigkeit der Nutzung

| Sehr ungleichmäßig | 1 | 2 | 3 | 4 | 5 | 6 | 7 | Sehr gleichmäßig | nicht zu beantworten ☐ |

3. Erforderliche Anstrengung bei der Nutzung

| Sehr hoch | 1 | 2 | 3 | 4 | 5 | 6 | 7 | Sehr gering | nicht zu beantworten ☐ |

4. Genauigkeit

| Sehr ungenau | 1 | 2 | 3 | 4 | 5 | 6 | 7 | Sehr genau | nicht zu beantworten ☐ |

5. Benutzungsgeschwindigkeit

| Nicht akzeptabel | 1 | 2 | 3 | 4 | 5 | 6 | 7 | Akzeptabel | nicht zu beantworten ☐ |

6. Allgemeine Zufriedenheit

| Überhaupt nicht zufriedenstellend | 1 | 2 | 3 | 4 | 5 | 6 | 7 | Sehr zufriedenstellend | nicht zu beantworten ☐ |

7. Nutzung des Eingabegeräts insgesamt

Sehr schwierig　　　　　　　　　　　　　　Sehr leicht zu　　nicht zu beantworten
zu benutzen　　1　2　3　4　5　6　7　　benutzen　　　　☐

8. Ermüdung der Finger

Sehr　　　　　　　　　　　　　　　　　　　　　　　　nicht zu beantworten
hoch　　　　1　2　3　4　5　6　7　　Keine　　　　　☐

9. Ermüdung des Handgelenks

Sehr　　　　　　　　　　　　　　　　　　　　　　　　nicht zu beantworten
hoch　　　　1　2　3　4　5　6　7　　Keine　　　　　☐

10. Ermüdung des Arms

Sehr　　　　　　　　　　　　　　　　　　　　　　　　nicht zu beantworten
hoch　　　　1　2　3　4　5　6　7　　Keine　　　　　☐

11. Ermüdung der Schulter

Sehr　　　　　　　　　　　　　　　　　　　　　　　　nicht zu beantworten
hoch　　　　1　2　3　4　5　6　7　　Keine　　　　　☐

12. Ermüdung des Nackens

Sehr　　　　　　　　　　　　　　　　　　　　　　　　nicht zu beantworten
hoch　　　　1　2　3　4　5　6　7　　Keine　　　　　☐

Anmerkungen:_____
　　　　　　　_____
　　　　　　　_____

Fragebogen PSSUQ (Post Study System Usability Questionnaire)

Instruktion

Dieser Fragebogen gibt Ihnen Gelegenheit, uns Ihre Reaktion auf die Interaktion mit Touchscreen bzw. Trackball mitzuteilen, die Sie eben verwendet haben. Ihre Antworten werden uns helfen zu verstehen, welche Aspekte Ihnen kritisch erscheinen und welche Aspekte Sie überzeugen.

Während Sie die Fragen beantworten, denken Sie möglichst an die Aufgaben, die Sie mit den Schaltflächen bearbeitet haben.

Bitte lesen Sie jede Aussage und geben Sie an, wie stark Sie dieser Aussage zustimmen oder nicht zustimmen, indem Sie die entsprechende Zahl ankreuzen. Wenn Sie eine Frage nicht beantworten können oder möchten, kreuzen Sie "nicht zu beantworten" an.

Nachdem Sie diesen Fragebogen ausgefüllt haben, werden wir Ihre Antworten mit Ihnen gemeinsam durchsprechen, um sicher zu stellen, dass wir alle Ihre Stellungnahmen richtig verstanden haben.

Danke!

Teil 1: Touchscreen

1. Overall, I am satisfied with how easy it is to use the touch screen.

Insgesamt bin ich damit zufrieden, wie leicht der Touchscreen zu bedienen ist.

| **Stimme voll zu** | 1 | 2 | 3 | 4 | 5 | 6 | 7 | **Stimme gar nicht zu** | nicht zu beantworten ☐ |

Anmerkungen: _____
_____
_____

2. It was simple to use the touch screen.

Es war einfach, den Touchscreen zu bedienen.

| **Stimme voll zu** | 1 | 2 | 3 | 4 | 5 | 6 | 7 | **Stimme gar nicht zu** | nicht zu beantworten ☐ |

Anmerkungen: _____
_____
_____

3. I was able to complete the tasks and scenarios quickly using the touch screen.

Ich konnte Aufgaben und Szenarien schnell mit Hilfe des Touchscreens erledigen.

| **Stimme voll zu** | 1 | 2 | 3 | 4 | 5 | 6 | 7 | **Stimme gar nicht zu** | nicht zu beantworten ☐ |

Anmerkungen: _____
_____
_____

4. I felt comfortable using the touch screen.

Ich fühlte mich wohl bei der Bedienung des Touchscreens.

| Stimme voll zu | 1 | 2 | 3 | 4 | 5 | 6 | 7 | Stimme gar nicht zu | nicht zu beantworten □ |

Anmerkungen: _____
_____
_____

5. It was easy to learn to use the touch screen.

Die Bedienung des Touchscreens war leicht zu erlernen.

| Stimme voll zu | 1 | 2 | 3 | 4 | 5 | 6 | 7 | Stimme gar nicht zu | nicht zu beantworten □ |

Anmerkungen: _____
_____
_____

6. I believe I could become productive quickly using the touch screen.

Ich glaube ich könnte den Touchscreen schnell produktiv einsetzen.

| Stimme voll zu | 1 | 2 | 3 | 4 | 5 | 6 | 7 | Stimme gar nicht zu | nicht zu beantworten □ |

Anmerkungen: _____
_____
_____

7. The interface of the touch screen was pleasant.

Das Interface des Touchscreen war ansprechend.

| Stimme voll zu | 1 | 2 | 3 | 4 | 5 | 6 | 7 | Stimme gar nicht zu | nicht zu beantworten ☐ |

Anmerkungen: _____
_____
_____

8. I liked using the interface of the touch screen.

Ich mochte den Touchscreen als Interface verwenden.

| Stimme voll zu | 1 | 2 | 3 | 4 | 5 | 6 | 7 | Stimme gar nicht zu | nicht zu beantworten ☐ |

Anmerkungen: _____
_____
_____

9. The touch screen has all the functions and capabilities I expect it to have.

Der Touchscreen hat alle Funktionen und Fähigkeiten, die ich erwarte.

| Stimme voll zu | 1 | 2 | 3 | 4 | 5 | 6 | 7 | Stimme gar nicht zu | nicht zu beantworten ☐ |

Anmerkungen: _____
_____
_____

10. Overall, I am satisfied with the touch screen.

Insgesamt bin ich mit dem Touchscreen zufrieden.

| **Stimme voll zu** | 1 | 2 | 3 | 4 | 5 | 6 | 7 | **Stimme gar nicht zu** | nicht zu beantworten ☐ |

Anmerkungen: _____
_____
_____

Teil 2: Trackball

1. Overall, I am satisfied with how easy it is to use the track ball.

Insgesamt bin ich damit zufrieden, wie leicht der Track Ball zu bedienen ist.

| Stimme voll zu | 1 | 2 | 3 | 4 | 5 | 6 | 7 | Stimme gar nicht zu | nicht zu beantworten ☐ |

Anmerkungen: _____
_____
_____

2. It was simple to use the track ball.

Es war einfach, den Track Ball zu bedienen.

| Stimme voll zu | 1 | 2 | 3 | 4 | 5 | 6 | 7 | Stimme gar nicht zu | nicht zu beantworten ☐ |

Anmerkungen: _____
_____
_____

3. I was able to complete the tasks and scenarios quickly using the track ball.

Ich konnte Aufgaben und Szenarien schnell mit Hilfe des Track Balls erledigen.

| Stimme voll zu | 1 | 2 | 3 | 4 | 5 | 6 | 7 | Stimme gar nicht zu | nicht zu beantworten ☐ |

Anmerkungen: _____
_____
_____

4. I felt comfortable using the track ball.

Ich fühlte mich wohl bei der Bedienung des Track Balls.

| Stimme voll zu | 1 | 2 | 3 | 4 | 5 | 6 | 7 | Stimme gar nicht zu | nicht zu beantworten ☐ |

Anmerkungen: _____
_____
_____

5. It was easy to learn to use the track ball.

Die Bedienung des Track Balls war leicht zu erlernen.

| Stimme voll zu | 1 | 2 | 3 | 4 | 5 | 6 | 7 | Stimme gar nicht zu | nicht zu beantworten ☐ |

Anmerkungen: _____
_____
_____

6. I believe I could become productive quickly using the track ball.

Ich glaube ich könnte den Track Ball schnell produktiv einsetzen.

| Stimme voll zu | 1 | 2 | 3 | 4 | 5 | 6 | 7 | Stimme gar nicht zu | nicht zu beantworten ☐ |

Anmerkungen: _____
_____
_____

Anhang H · Fragebögen

7. The interface of the track ball was pleasant.

Das Interface des Track Ball war ansprechend.

| Stimme voll zu | 1 | 2 | 3 | 4 | 5 | 6 | 7 | Stimme gar nicht zu | nicht zu beantworten ☐ |

Anmerkungen: _____
_____
_____

8. I liked using the interface of the track ball.

Ich mochte den Track Ball als Interface verwenden.

| Stimme voll zu | 1 | 2 | 3 | 4 | 5 | 6 | 7 | Stimme gar nicht zu | nicht zu beantworten ☐ |

Anmerkungen: _____
_____
_____

9. The track ball has all the functions and capabilities I expect it to have.

Der Track Ball hat alle Funktionen und Fähigkeiten, die ich erwarte.

| Stimme voll zu | 1 | 2 | 3 | 4 | 5 | 6 | 7 | Stimme gar nicht zu | nicht zu beantworten ☐ |

Anmerkungen: _____
_____
_____

10. Overall, I am satisfied with the track ball.

Insgesamt bin ich mit dem Track Ball zufrieden.

| **Stimme voll zu** | 1 | 2 | 3 | 4 | 5 | 6 | 7 | **Stimme gar nicht zu** | nicht zu beantworten ☐ |

Anmerkungen: _____
_____
_____

Fragebogen SUS (System Usability Scale)

Instruktion

Dieser Fragebogen gibt Ihnen Gelegenheit, uns Ihre Reaktion auf die Interaktion mit Touchscreen bzw. Trackball mitzuteilen, die Sie eben verwendet haben. Ihre Antworten werden uns helfen zu verstehen, welche Aspekte Ihnen kritisch erscheinen und welche Aspekte Sie überzeugen.

Während Sie die Fragen beantworten, denken Sie möglichst an die Aufgaben, die Sie mit den Schaltflächen bearbeitet haben.

Bitte lesen Sie jede Aussage und geben Sie an, wie stark Sie dieser Aussage zustimmen oder nicht zustimmen, indem Sie die entsprechende Zahl ankreuzen. Wenn Sie eine Frage nicht beantworten können oder möchten, kreuzen Sie "nicht zu beantworten" an.

Nachdem Sie diesen Fragebogen ausgefüllt haben, werden wir Ihre Antworten mit Ihnen gemeinsam durchsprechen, um sicher zu stellen, dass wir alle Ihre Stellungnahmen richtig verstanden haben.

Danke!

Teil 1: Touchscreen

1. I think that I would like to use the touch screen frequently.

Ich denke, ich würde den Touchscreen gerne häufig benutzen.

| Stimme voll zu | 1 | 2 | 3 | 4 | 5 | Stimme gar nicht zu | nicht zu beantworten ☐ |

Anmerkungen: _____
_____
_____

2. I found the touch screen unnecessarily complex.

Ich finde die Bedienung des Touchscreens unnötig komplex.

| Stimme voll zu | 1 | 2 | 3 | 4 | 5 | Stimme gar nicht zu | nicht zu beantworten ☐ |

Anmerkungen: _____
_____
_____

3. I thought the touch screen was easy to use.

Ich finde, der Touchscreen ist einfach zu benutzen.

| Stimme voll zu | 1 | 2 | 3 | 4 | 5 | Stimme gar nicht zu | nicht zu beantworten ☐ |

Anmerkungen: _____
_____
_____

4. I think that I would need the support of a technical person to be able to use the touch screen.

Ich denke, ich würde die Unterstützung einer erfahrenen Person brauchen, um in der Lage zu sein, den Touchscreen zu benutzen.

| Stimme voll zu | 1 | 2 | 3 | 4 | 5 | Stimme gar nicht zu | nicht zu beantworten ☐ |

Anmerkungen: _____
_____
_____

5. I found the various functions of the touch screen were well integrated.

Ich finde, die verschiedenen Funktionen des Touchscreens sind gut integriert.

| Stimme voll zu | 1 | 2 | 3 | 4 | 5 | Stimme gar nicht zu | nicht zu beantworten ☐ |

Anmerkungen: _____
_____
_____

6. I thought there was too much inconsistency in the touch screen.

Ich denke, es gibt zu viele Inkonsistenzen bei der Touchscreenbedienung.

| Stimme voll zu | 1 | 2 | 3 | 4 | 5 | Stimme gar nicht zu | nicht zu beantworten ☐ |

Anmerkungen: _____
_____
_____

7. I would imagine that most people would learn to use the touch screen very quickly.

Ich könnte mir vorstellen, dass die meisten Leute sehr schnell lernen würden mit dem Touchscreen umzugehen.

| **Stimme voll zu** | 1 | 2 | 3 | 4 | 5 | **Stimme gar nicht zu** | nicht zu beantworten ☐ |

Anmerkungen: _____
_____
_____

8. I found the touch screen very cumbersome to use.

Ich fand den Touchscreen sehr mühsam zu bedienen.

| **Stimme voll zu** | 1 | 2 | 3 | 4 | 5 | **Stimme gar nicht zu** | nicht zu beantworten ☐ |

Anmerkungen: _____
_____
_____

9. I felt very confident using the touch screen.

Ich fühlte mich sehr sicher bei der Benutzung des Touchscreens.

| **Stimme voll zu** | 1 | 2 | 3 | 4 | 5 | **Stimme gar nicht zu** | nicht zu beantworten ☐ |

Anmerkungen: _____
_____
_____

10. I needed to learn a lot of things before I could get going with the touch screen.
Ich musste eine Menge lernen, bevor ich den Touchscreen benutzen konnte.

| **Stimme voll zu** | 1 | 2 | 3 | 4 | 5 | **Stimme gar nicht zu** | nicht zu beantworten ☐ |

Anmerkungen: _____
_____
_____

Teil 2: Trackball

1. I think that I would like to use the track ball frequently.
Ich denke, ich würde den Track Ball gerne häufig benutzen.

| Stimme voll zu | 1 2 3 4 5 | Stimme gar nicht zu | nicht zu beantworten ☐ |

Anmerkungen: _____
_____
_____

2. I found the track ball unnecessarily complex.
Ich finde die Bedienung des Track Balls unnötig komplex.

| Stimme voll zu | 1 2 3 4 5 | Stimme gar nicht zu | nicht zu beantworten ☐ |

Anmerkungen: _____
_____
_____

3. I thought the track ball was easy to use.
Ich finde, der Track Ball ist einfach zu benutzen.

| Stimme voll zu | 1 2 3 4 5 | Stimme gar nicht zu | nicht zu beantworten ☐ |

Anmerkungen: _____
_____
_____

4. I think that I would need the support of a technical person to be able to use the track ball.

Ich denke, ich würde die Unterstützung einer erfahrenen Person brauchen, um in der Lage zu sein, den Track Ball zu benutzen.

| **Stimme voll zu** | 1 | 2 | 3 | 4 | 5 | **Stimme gar nicht zu** | nicht zu beantworten ☐ |

Anmerkungen: _____
_____
_____

5. I found the various functions of the track ball were well integrated.

Ich finde, die verschiedenen Funktionen des Track Balls sind gut integriert.

| **Stimme voll zu** | 1 | 2 | 3 | 4 | 5 | **Stimme gar nicht zu** | nicht zu beantworten ☐ |

Anmerkungen: _____
_____
_____

6. I thought there was too much inconsistency in the track ball.

Ich denke, es gibt zu viele Inkonsistenzen bei der Track Ballbedienung.

| **Stimme voll zu** | 1 | 2 | 3 | 4 | 5 | **Stimme gar nicht zu** | nicht zu beantworten ☐ |

Anmerkungen: _____
_____
_____

7. I would imagine that most people would learn to use the track ball very quickly.

Ich könnte mir vorstellen, dass die meisten Leute sehr schnell lernen würden mit dem Track Ball umzugehen.

| Stimme voll zu | 1 2 3 4 5 | Stimme gar nicht zu | nicht zu beantworten ☐ |

Anmerkungen: _____
_____
_____

8. I found the track ball very cumbersome to use.

Ich fand den Track Ball sehr mühsam zu bedienen.

| Stimme voll zu | 1 2 3 4 5 | Stimme gar nicht zu | nicht zu beantworten ☐ |

Anmerkungen: _____
_____
_____

9. I felt very confident using the track ball.

Ich fühlte mich sehr sicher bei der Benutzung des Track Balls.

| Stimme voll zu | 1 2 3 4 5 | Stimme gar nicht zu | nicht zu beantworten ☐ |

Anmerkungen: _____
_____
_____

10. I needed to learn a lot of things before I could get going with the track ball.

Ich musste eine Menge lernen, bevor ich den Track Ball benutzen konnte.

Stimme						**Stimme gar**	nicht zu beantworten
voll zu	**1**	**2**	**3**	**4**	**5**	**nicht zu**	☐

Anmerkungen: _____
_____
_____

PANDIS Usability Fragebogen

Abschließende Erhebung der Nutzerzufriedenheit

Es werden zusammenfassend sämtliche Zeige- und Zusatzaufgaben die im Rahmen der Usability-Untersuchung durchgeführt wurden betrachtet.

Die Fragen beziehen sich auf die Teilaspekte Anthropometrie, Rückmeldung, Größe der Aktivierungsflächen, Repräsentativität der Zeige- und Zusatzaufgaben und Belastungskontext.

Anhang H · Fragebögen

1. Die Sitzhaltung im Versuch entspricht der Sitzhaltung im Cockpit.

| **Stimme gar nicht zu** | 1 2 3 4 5 | **Stimme voll zu** | nicht zu beantworten ☐ |

Anmerkungen: _____
_____
_____

2. Die Bedienelemente waren im Versuch ohne Zwangshaltung erreichbar.

a) Touchscreen

| **Stimme gar nicht zu** | 1 2 3 4 5 | **Stimme voll zu** | nicht zu beantworten ☐ |

Anmerkungen: _____
_____
_____

b) Trackball

| **Stimme gar nicht zu** | 1 2 3 4 5 | **Stimme voll zu** | nicht zu beantworten ☐ |

Anmerkungen: _____
_____
_____

c) Tastatur

| **Stimme gar nicht zu** | 1 | 2 | 3 | 4 | 5 | **Stimme voll zu** | nicht zu beantworten ☐ |

Anmerkungen: _____
_____
_____

d) Joystick

| **Stimme gar nicht zu** | 1 | 2 | 3 | 4 | 5 | **Stimme voll zu** | nicht zu beantworten ☐ |

Anmerkungen: _____
_____
_____

e) Lochbrett der motorischen Zusatzaufgabe

| **Stimme gar nicht zu** | 1 | 2 | 3 | 4 | 5 | **Stimme voll zu** | nicht zu beantworten ☐ |

Anmerkungen: _____
_____
_____

3. Der Touchscreen des Großflächendisplays wäre auch im Cockpit ohne das Einnehmen einer Zwangshaltung bedienbar.

| Stimme gar nicht zu | 1 2 3 4 5 | Stimme voll zu | nicht zu beantworten ☐ |

Anmerkungen: _____
_____
_____

4. Die Rückmeldung hat mich bei Eingaben angemessen unterstützt.

a) Bei Touchscreen-Eingaben

Aufgabe: Single & Multiple Targets

| Stimme gar nicht zu | 1 2 3 4 5 | Stimme voll zu | nicht zu beantworten ☐ |

Anmerkungen: _____
_____
_____

b) Bei Trackball-Eingaben

Aufgabe: Single & Multiple Targets

| Stimme gar nicht zu | 1 2 3 4 5 | Stimme voll zu | nicht zu beantworten ☐ |

Anmerkungen: _____
_____
_____

5. Die Größe der Aktivierungsflächen war ausreichend für eine sichere und schnelle Bedienung.

a) Für die Touchscreen-Bedienung:

| Stimme gar nicht zu | 1 2 3 4 5 | Stimme voll zu | nicht zu beantworten ☐ |

Anmerkungen: _____
_____
_____

b) Für die Trackball-Bedienung:

| Stimme gar nicht zu | 1 2 3 4 5 | Stimme voll zu | nicht zu beantworten ☐ |

Anmerkungen: _____
_____
_____

6. Verglichen mit herkömmlichen Cursor Control Devices in Kampfflugzeugen könnte ein Trackball zu einer Steigerung der Eingabeleistung bei der Cursor Steuerung führen.

| Stimme gar nicht zu | 1 2 3 4 5 | Stimme voll zu | nicht zu beantworten ☐ |

Anmerkungen: _____
_____
_____

7. In den vier bisher bearbeiteten Zeigeaufgaben Single Targets, Multiple Targets, Multiple Targets & Zoom und MFTB wurden unterschiedliche Eingabefunktionen des Touchscreens vorgestellt. Mit diesen Funktionen können die auf den Multifunktionsdisplays vorkommenden Eingabehandlungen herkömmlicher Kampfflugzeuge abgebildet werden.

| Stimme gar nicht zu | 1 2 3 4 5 | Stimme voll zu | nicht zu beantworten ☐ |

Anmerkungen: _____
_____
_____

8. Die Zusatzaufgaben kombinieren visuelle, auditive, kognitive, motorische und verbale Belastung in unterschiedlicher Weise. Der daraus resultierende Belastungskontext entspricht der Belastungssituation im Cockpit.

| Stimme gar nicht zu | 1 2 3 4 5 | Stimme voll zu | nicht zu beantworten ☐ |

Anmerkungen: _____
_____
_____

9. Die komplexe Zusatzaufgabe, bestehend aus Tracking und Readback ist ausreichend realitätsnah gestaltet.

| Stimme gar nicht zu | 1 2 3 4 5 | Stimme voll zu | nicht zu beantworten ☐ |

Anmerkungen: _____
_____
_____

10. Die Belastung der leichten komplexen Zusatzaufgabe entspricht einer

       niedrigen
       normalen
       erhöhten

Belastung im Cockpit.

Anmerkungen: _____
       _____
       _____

11. Die Belastung der schweren komplexen Zusatzaufgabe entspricht einer

       normalen
       erhöhten
       sehr hohen

Belastung im Cockpit.

Anmerkungen: _____
       _____
       _____

I want morebooks!

Buy your books fast and straightforward online - at one of world's fastest growing online book stores! Environmentally sound due to Print-on-Demand technologies.

Buy your books online at
www.morebooks.shop

Kaufen Sie Ihre Bücher schnell und unkompliziert online – auf einer der am schnellsten wachsenden Buchhandelsplattformen weltweit! Dank Print-On-Demand umwelt- und ressourcenschonend produziert.

Bücher schneller online kaufen
www.morebooks.shop

KS OmniScriptum Publishing
Brivibas gatve 197
LV-1039 Riga, Latvia
Telefax +371 686 204 55

info@omniscriptum.com
www.omniscriptum.com

Printed by Books on Demand GmbH, Norderstedt / Germany